シンプルで
地に足のついた生活を選んだ

# ヒッピーと呼ばれた
# 若者たちが起こした
# ソーシャルイノベーション

米国に有機食品流通をつくりだす

畢 滔滔 ［著］

東京　白桃書房　神田

# 謝　辞

Writing this book, like my other books, has been a long journey. During the journey, I was fortunate to meet so many mentors, not to mention friends, who provided me with different perspectives and helped me to grow as a scholar as well as a person. I thank everyone who has accompanied me on this journey, whether it be for one foot or ten miles.

　2017 年夏，青空の美しいある日，米国における主要な農業大学のひとつであるオレゴン州立大学（Oregon State University）の緑あふれる広大なキャンパスにおいて，同大学農学部（Department of Crop & Soil Science）のギャリー・スティーブンソン（Garry Stephenson）教授にインタビューする機会を得た。スティーブンソン教授は，1980 年代米国のファーマーズマーケットに関する研究にいち早く着手し，2008 年にファーマーズマーケットをテーマとした著作 *Farmers' Markets: Success, Failure, and Management Ecology*（『ファーマーズマーケット：成功と失敗，マネジメントのエコロジー』）を世に送り出した農学者である。
　インタビューの中で私は，スティーブンソン教授に次のような質問をなげかけた。「米国において有機農産物を買うことは，いわゆる『顕示的消費』なのでしょうか」。私の質問に対してスティーブンソン教授はすぐに否定の言葉を口にした。「いいえ。米国市民にとって有機農産物を消費することは，顕示的消費とはまったく異なるライフスタイルです。ほとんどの米国人は 3 万ドルや 4 万ドル（330 万円や 440 万円）もする車を喜んで買うけれども，（それと同種の動機で）有機農産物を買うことはありません」。
　スティーブンソン教授の見解は正しいと，いま私は思う。振り返ると，米国における有機農業に関する研究を始めた 2015 年から今日まで，年齢や性別，家族構成，職業などが全く異なる 73 名の関係者にインタビューを行い，そのたびごとに「どうして有機農業に携わる仕事をするようになったのですか」という質問を繰り返してきた。またその間，米国の大学キャンパスやカフェなどで出会った多くの人々と世間話をし，「あなたは有機農産物を買いますか。それは何故ですか」と問い続けてきた。興味深いことに，有機農産物に高い関心を持つ人の答えの中に，「ブランド」「グルメ」「ステータス」「奢侈」「見栄」「おしゃれ」「流行」「他人と差をつける」「ワンランク上の消費」「羨望」などというキーワードが登

i

場したことはただの一度もなかった。その代わり，全員が自然環境保護の必要性について熱心に語ってくれた。中には，ローカル経済に貢献するローカル農家・家族経営の農場を支援したいと語る人も少なくなかった。ある多忙な女性コンサルタントは，自宅から遠く離れたファーマーズマーケットに必ず足を運び，買い物をしていた。その理由について彼女は「地元の有機栽培農家に対するコミットメントですよ」と答えた。

　4年間にわたる調査を通じて，米国における有機農産物・有機畜産物・有機加工食品を合わせた有機食品市場・産業について2つのことがわかった。1つ目は，米国における有機食品産業は，大量消費社会・物質主義に抵抗し，(1)自らがコントロールできる人生，(2)よりシンプルなライフスタイル，(3)自然環境との共生を求めた人々が，自ら生産者，流通業者，消費者の3役を担ってつくりだした市場・産業である，という点である。2つ目は，新たにこの市場の消費者となった人々もまた，市場・産業をつくりだした人々が掲げた理念に深く共鳴している，という点である。今日の米国では，2000年代に成人を迎えたいわゆる「ミレニアル世代」が，有機食品の重要な消費者となっている。彼らもまた，有機食品産業をつくりだしたパイオニア達が堅持した理念に共鳴している。その理念に対する共鳴こそが，彼らが有機食品を消費する重要な理由のひとつとなっているといえよう。

　米国における有機農業およびその流通チャネルの発展史を説明する本書は，有機食品市場・産業をつくりだしたパイオニア達，そして彼らの理念に共鳴して同産業に携わるようになった人々の人生のストーリーでもある。本書を上梓することができたのは，これらの人々が，自らの人生のストーリーを快く私と共有してくれたおかげである。

　とりわけ次の方々は，インタビュー（対面および電子メールインタビュー）を通じて，貴重なデータ・情報を提供してくださった（肩書はインタビュー当時のもの）。Amber Holland 氏（ポートランド・ファーマーズマーケット〔Portland Farmers Market〕オペレーション・ディレクター），Anne Schwartz 氏（有機栽培農家），Annie LoPresti 氏（有機食品生協 ピープルフードコープ〔People's Food Co-op〕マネジャー），Barbara Bernstein 氏（ドキュメンタリー映画製作者），Chrissie Manion Zaerpoor 氏（有機畜産農家），Cindee Lolik 氏（有機食品生協ファーストオルタナティブ・ナチュラルフーズコープ〔First Alternative Natural Foods Co-op〕ジェネラルマネジャー），Claudia Wolter 氏（有機食品スーパー カペラマーケット〔Capella Market〕青果部門マネジャー），Craig Mosbaek 氏（ポートランド・ファーマーズマーケット創立者），Daniel Blocker 氏（有機食品スー

パーチェーン ニューシーズンズマーケット〔New Seasons Market〕新規出店担当マネジャー), David Lively 氏（有機農産物卸売企業 OGC 社〔Organically Grown Company〕創業者, 営業・マーケティング担当副社長), Elaine Velazquez 氏（ドキュメンタリー映画製作者), Harry Levine 氏（有機食品生協 オリンピアフードコープ〔Olympia Food Co-op〕マネジャー), Harry MacCormack 氏（有機栽培農家, コーバリス・アルバニ・ファーマーズマーケット〔Corvallis-Albany Farmers' Markets〕創立者, 有機農業推進運動活動家), Jamie Kitzrow 氏（有機栽培農家), Joe Hardiman 氏（有機食品生協 PCC コミュニティ・マーケット〔PCC Community Market〕青果部門マネジャー), Karlee Cottrell 氏（クースベイ市ダウンタウンファーマーズマーケット〔Coos Bay Downtown Association Farmers Market〕マネジャー), Koorosh Zaerpoor 氏（有機畜産農家), Lola Milholland 氏（有機加工食品起業家), Lynn Coody 氏（有機農業推進運動活動家・有機農業コンサルタント), Lynn Youngbar 氏（有機農業推進運動活動家・有機農業コンサルタント), Matt Mroczek 氏（ニューシーズンズマーケット 財務部長), Naoki Yoneyama 氏（ピープルフードコープ 理事長), Randy Lee 氏（PCC コミュニティ・マーケット CFO), Rebecca Landis 氏（コーバリス・アルバニ・ファーマーズマーケット ディレクター), Steve Crider 氏（有機農業推進運動活動家), Thao Tran 氏（有機農業推進運動活動家）のご協力に心より御礼を申し上げる。また, 多くのインタビュイーを紹介してくださった Thalia Zepatos 氏には感謝の気持ちでいっぱいである。

　本研究は, 科学研究費補助金（国際共同研究加速基金〔国際共同研究強化〕「サンフランシスコ市の商店街活性化：協働型計画の役割に関する理論的・実証的研究〔国際共同研究強化〕」2016-18 年度, 課題番号：15KK0135）による助成を受けた。同研究の遂行のため, 2017 年度, ポートランド州立大学ハットフィールド行政大学院（Mark O. Hatfield School of Government, Portland State University）において 1 年間の在外研究を行った。同大学院の西芝雅美准教授は, ホストファカルティになってくださった。また, 同大学院ジャック・コーベット（Jack Corbett）准教授および同大学スティーブン・ジョンソン（Steven Johnson）特命教授は, 研究内容について貴重なアドバイスをくださった。これらポートランド州立大学の先生方に感謝を申し上げたい。

　在外研究期間中, 本務校である立正大学では, 宮川満経営学部長および杉原周樹経営学研究科長をはじめ, 経営学部・経営学研究科の先生方が教務を分担してくださった。本柳亨先生は授業を分担してくださった。立正大学経営学部の先生方のご支援とご友情に厚く御礼申し上げる。

　出版事情が厳しい中，白桃書房が本書の出版を引き受けてくださったことにも感謝の意を表したい。編集部長の平千枝子さんおよび本書編集担当の伊藤宣晃さんからは，本書の内容について貴重なアドバイスをいただいた。また原稿執筆中の筆者を励ましてくださった。

　敬愛大学の金珍淑先生は原稿を読んでくださった。貴重なコメントをいただいたこと，また筆者を励ましてくださったことに感謝を申し上げたい。

　本研究の一部は，第 69 回日本商業学会全国研究大会および日本商業学会第 8 回全国研究報告会での発表と『一橋ビジネスレビュー』67 巻 3 号掲載論文を加筆修正したものである。日本商業学会第 8 回全国研究報告会における基調報告の機会をくださった岸谷和広先生（関西大学）をはじめとするプログラム委員会の先生方（南知恵子先生《神戸大学》，石淵順也先生《関西学院大学》，菅野佐織先生《駒澤大学》，岸本徹也先生《日本大学》，金昌柱先生《立命館大学》）に感謝を申し上げたい。また，第 69 回日本商業学会全国研究大会でセッションの司会者であった崔相鐵先生（関西大学）と流通科学大学の白貞壬先生，名古屋学院大学の濱満久先生からは，本研究に対して貴重なコメントをいただいた。さらに，『一橋ビジネスレビュー』に掲載される論文の原稿についても，立正大学の中村勝克先生，木村浩先生，浦野寛子先生，近藤大輔先生から貴重なコメントをいただいた。横尾良子さんには原稿の日本語校閲をしていただいた。本書が少しでも読みやすいものになっているとしたら，横尾さんのご努力のおかげである。以上の方々のご協力に深く感謝を申し上げる。

　本研究は，上述した科学研究費補助金に加えて，科学研究費補助金（基盤研究（C）「新産業都市における商店街の変遷：企業社会の影響に関する理論的・実証的研究」2016-19 年度，課題番号：16K03954）の支援を受けて実施されたものである。ご支援を賜ったことに深く御礼申し上げる。

令和 2 年 9 月

畢　滔滔

〈初出一覧〉

序章，第 2 章，第 3 章，第 4 章，第 6 章，第 7 章

「バック・ツー・ザ・ランド・ムーブメントと有機農業の発展」2018 年 9 月，『立正経営論集』51（1），pp. 21-51.

「米国における有機農産物の流通チャネルの発展：ファーマーズマーケットを中心に」2019 年 5 月，『日本商業学会第 69 回全国研究大会報告論集』，pp. 187-196.

「有機農産物卸売業：OGC 社の事例研究」2019 年 9 月，『立正経営論集』52（1），pp. 1-27.

「オレゴン州のファーマーズマーケット：ユージン農産物パブリックマーケットからコーバリス・ファーマーズマーケットへ」2019 年 9 月，『立正経営論集』52（1），pp. 29-64.

「米国における有機食品生協の発展：ピープルフードコープに関する事例研究」2019 年 11 月，『日本マーケティング学会コンファレンス・プロシーディングス』第 8 号，pp. 267-274.

「米国における有機農産物の生産と流通の発展：カウンターカルチャーの人々が起こした破壊的イノベーション」2019 年 12 月，『一橋ビジネスレビュー』67（3），pp. 42-52.

「有機農業，カリフォルニアキュイジーヌとスローフード」2020 年 3 月，『マーケティングジャーナル』39（4），pp. 20-29.

これらの単著論文をもとに再構成し，大幅に加筆・修正。

第 1 章，第 5 章，終章　すべて書き下ろし。

# 目　次

# カウンターカルチャーが起こした
# 破壊的イノベーション

## 第1節
## 問題の提起

### 1. クオリティオブライフに貢献している多様な有機食品小売店

　今日，米国の街を歩くと，有機栽培（organically grown）の農産物（以下，有機農産物と略す）を販売する様々なタイプの小売店や販売施設があることに驚くだろう。そして，日本で目にすることのない店の面白さに魅了されるはずである。

　例えば，オレゴン州ポートランド市（City of Portland, Oregon）には，アマゾンの傘下に入った全米展開の有機食品スーパーチェーンであるホールフーズマーケット（Whole Foods Market）の店舗や，地域の有機食品スーパーチェーンであるニューシーズンズマーケット（New Seasons Market）の店舗，有機食品生協ピープルフードコープ（People's Food Co-op）の店舗，さらにファーマーズマーケット（farmers' market）など様々な小売店・販売施設が存在しており，それぞれの店舗が，有機農産物を含む有機食品に関して豊富な品揃えを展開している。これらの小売店・販売施設は，1990年代はじめまで慣行食品（conventional foods），すなわち有機食品でない食品しか扱ってこなかったいわゆる「慣行食品スーパーチェーン（conventional supermarket chains）」のセイフウェイ（Safeway）やクローガー傘下に入ったフレッドメイヤー（Fred Meyer）と比べて有機食品の品揃えが充実しているだけでなく，各店舗それぞれが独自の品揃えを誇っている。特徴的な品揃えのみにととどまらず，有機食品スーパーや有機食品生協などは，量り売りの販売手法（写真序-2）や，市民に無料開放されたスペースの設置（写真序-3），ボランティアによる店舗運営など，日本でほとんど見られない販売・店舗運営手法を数多く取り入れ，買い物客やコミュニティの様々なニーズに応えようとしている。

　全米展開の有機食品スーパーチェーンや地域密着型の有機食品スーパーチェーン，有機食品生協それぞれの品揃えの特徴について，3つの商品に着目して比較

写真 序 -1　ポートランド市シェマンスキー公園（Shemanski Park）で開催される
　　　　　ファーマーズマーケット

シェマンスキー公園はポートランド市のダウンタウンに立地している。この公園では，毎年5月から10月までの間，
毎週水曜日午前10時から午後2時までファーマーズマーケットが開催されている。写真に写っているテントは，出
店農家のテントである。水曜日のみ，しかもたった4時間しか開催されないにもかかわらず，ダウンタウンで働く
人々や，ダウンタウンのレストランのシェフなどでいつもにぎわっている。
写真：筆者が撮影。

してみよう[1]。1つ目は，有機食品のうち最も重要とされる有機青果物の品揃え
についてである。2019年8月22日，ホールフーズマーケットのポートランド市
ダウンタウン旗艦店（店舗面積3000㎡超）で販売されていた青果物は，有機栽
培とそうでない，いわゆる慣行栽培（conventionally grown）の青果物がそれぞれ
ほぼ半分ずつであり，有機栽培の青果物のほとんどはカリフォルニア州産または
メキシコ産であった。同日，ニューシーズンズマーケットの店舗（店舗面積約
2000㎡）で販売されたすべての野菜，また果物の大多数は有機栽培のものであ
り，青果物の多くは地元オレゴン州産であった。一方，同日ピープルフードコー
プ（1店舗のみの展開，店舗面積約200㎡）では，有機青果物しか取り扱われて

---

1　品揃えに関する説明は，筆者の現地調査の結果による。

写真 序 -2　ニューシーズンズマーケットの穀物量り売りコーナー

穀物売り場にはプラスチック製の陳列ケースがずらりと並んでいる。上段の陳列ケースのそれぞれには黒いレバーがついており，レバーを下げると中の穀物が出てきて，レバーを元に戻すと止まる仕組みになっている。買い物客は店内に備えられているビニール袋または持参した容器をケースの下にあて，自分の好きな量だけ穀物を取り出すことができる。下段の陳列ケースの場合，買い物客自らがケースの蓋を開け，ケースに付属しているスクープで商品を取り出す。買い物客は，商品の入ったビニール袋または持参した容器に商品番号を記入しレジへと持っていく（持参した容器の重さも併せて記入しておく。レジの店員は，商品の重さから，その重さの分だけ代金を請求する。買い物客は購入前に，商品を少量出して試食することもできる。写真の左下部分には，秤と商品番号を書くためのペンを入れた小さなケースが写っている。陳列ケースの上部には，「なぜ量り売りの商品を購入するのか。それは，必要な量だけを買うため。1さじだけ買うもよし，10 ポンド［4.5 kg］買うもよし」と書かれた看板が掲示されている（［　］内は筆者による）。
写真：筆者が撮影。

いなかった。2 つ目の例は，有機農産物におけるもうひとつの主要商品である量り売りの米についてである。2019 年 8 月 22 日，ホールフーズマーケットのポートランド市ダウンタウン旗艦店では，有機米が 9 種類，慣行栽培の米が 6 種類販売されていた。一方，同日，ニューシーズンズマーケットの店舗では有機米19 種類が，ピープルフードコープでは有機米 10 種類が販売されており，いずれの店舗にも慣行栽培の米は置かれていなかった。3 つ目は，量り売りの調味料についてである。2019 年 8 月 22 日，ピープルフードコープの小さな店舗では，量り売りの有機調味料・有機ドライハーブがなんと 200 種類以上販売されていた

写真 序 -3　ニューシーズンズマーケット店舗内にあるだれでも自由に使えるスペース

平日夜 8 時，ニューシーズンズマーケットのフリースペースでは，ひとつのグループがカードゲームに興じていた。
写真：筆者が撮影。

（写真序 -4）。一方，ニューシーズンズマーケットの店舗では 100 種類の量り売りの調味料・ドライハーブが販売されており，そのうち 55 種類が有機調味料・有機ドライハーブであった。上記 2 つの店舗とは対照的に，ホールフーズマーケットのポートランド市ダウンタウン旗艦店には量り売りの調味料は置かれていなかった。有機農産物以外についても，それぞれの店舗の品揃えには大きな差が見られる。例えば，ホールフーズマーケットのポートランド市ダウンタウン旗艦店では加工食品を含む慣行食品を豊富に扱っているが，ピープルフードコープには慣行食品がほとんどない。一方，ピープルフードコープの小さな店舗では，量り売りの有機ポートランド産ケチャップ（写真序 -5）や，量り売りの有機みそを数種類販売しているが，これらの商品は，ニューシーズンズマーケットでもホールフーズマーケットでも取り扱われていない。このように，有機食品を取り扱う多様なタイプの小売店は，品揃えや販売方法についてそれぞれが差別化している。そのため，たとえ小さな店舗しか持たない有機食品生協であっても，高い

写真 序-4　ピープルフードコープの量り売り有機調味料・有機ドライハーブ売場

それぞれの瓶には，異なる種類の有機調味料・有機ドライハーブが入っており，瓶の蓋のラベルには商品名と成分，原産地が記載されている。瓶を横に倒して陳列しているため，陳列スペースの節約につながるとともに，買い物客にとっても商品が見やすくなっている。商品はアルファベット順に陳列されている。買い物客は，陳列棚に備えられている洗浄済みの金属スプーンを使ってほしいだけの量を瓶から取り出し，店にある無料ビニール袋や有料プラスチック容器，または持参した容器に入れ，商品番号と持参容器の重さを記入したうえでレジに持っていく。少量であれば，購入前に各調味料・ハーブを試食することも可能である。陳列棚には，ビニール袋やペン，ラベル，洗浄済みの金属スプーン，使用後のスプーンを入れるケースが備えられている。
写真：筆者が撮影。

集客力を誇っているのである。これらの店舗は，消費者の多様なニーズに対応すると同時に，好奇心旺盛な観光客達をも魅了している。

## 2. 本書の目的

　ここまでみてきたように，有機農産物の流通チャネルの多様性という点において，米国と日本の差は顕著であると言わざるを得ない。小川・酒井（2007）によると，日本の有機農産物の流通は，2000年代に入ってもなお，主として(1)会員制ネットスーパー，(2)生協，(3)数少ない有機食品スーパーのみに依存している。日本とは対照的に，米国の有機農家は大きく分けて4つの販売チャネルを

写真 序-5　ピープルフードコープにおかれている量り売りの食品

左から順に，量り売りの有機シロップ，ポートランド産有機ケチャップ，有機マスタードが並んでいる。
写真：筆者が撮影。

利用している。すなわち(1)卸売企業，(2)消費者への直接流通，(3)小売企業，(4)レ
ストランなどの飲食店への販売の４つである[2]。また，これらのチャネルそれぞ
れは，多様なタイプの小売企業や販売を請け負う組織によって構成されている。
本書では，1960年代後半以降発展し始めた有機食品スーパー，有機食品生協，
ファーマーズマーケット，さらに有機食品卸売企業・農業販売協同組合を「有機
食品流通企業・販売機関」と記すことにする。
　現在，有機農産物を取り扱う小売企業・販売機関は主に５つのタイプに分類
することができる。すなわち，(1)ホールフーズマーケットに代表されるような，
有機食品専門店として誕生し，数多くの吸収合併を経て，現在は有機食品と慣行
食品両方を取り扱うようになった全米展開の食品スーパー，(2)ニューシーズンズ

---

2　USDA (2015), *NASS Highlights: 2015 Certified Organic Survey* による。

マーケットのような，一定の地域のみで展開している有機食品スーパー，(3)ピープルフードコープのような，有機食品を主要な取扱商品とする有機食品生協，(4)ファーマーズマーケット，(5)セイフウェイのような慣行食品スーパーの5つである。(5)に分類される慣行食品スーパーの多くは，1990年代はじめまでは慣行食品のみしか取り扱っていなかったが，その後，慣行食品に加えて，少しずつ有機食品も取り扱うようになりつつある。これら5つのタイプの小売企業・販売機関のうち，慣行食品スーパーを除いた4つのタイプはいずれも，1960年代後半以降，起業家または活動家達によって創業・設立された小売企業・販売機関である。

　米国において，多様な有機食品流通企業・販売機関が発展したのはなぜなのか。また，それらの組織はどのように発展してきたのか。本書の目的は，まさにこうした問いに答えることにある。こうした問いに対する答えを探求するプロセスは，理論的および実践的意義を有しうる。理論的意義としては，公的支援や促進政策が存在しない環境の下で，起業家の輩出をうながす要因，あるいはそうした起業家のビジネスを成功へと導く要因を明らかにできる点が挙げられる。米国における有機農業および有機食品流通企業・販売機関の発展過程においては，制度的支援はまったく存在しなかった。

　一方，実践的意義としては，日本における多様な有機食品流通企業・販売機関の発展に向け，多くの示唆を与えうる点が挙げられる。日本では，米国と同じように，1970年代以降徐々に有機農業が発展し始めた。実のところ，米国の有機農業は，その発展初期，日本の有機農業から多大な影響を受けている。生産の側面においては，日本人農家である福岡正信の著作『自然農法：わら一本の革命』（英訳本 *The One-Straw Revolution: An Introduction to Natural Farming*）や，彼自身が米国で開催した講演やセミナーが，多くの米国人に刺激を与えるとともに，有機農法について貴重な情報を提供した。一方，流通の側面においては，日本で有機農業の発展初期に導入された農家と消費者の直接流通手法「産消提携システム」が，米国の有機農家達の手本となった。米国版 *Teikei* システムとして誕生した農家と消費者の直接流通手法「コミュニティ・サポート・アグリカルチャー（Community Supported Agriculture: CSA）」は，いまもなお米国の有機農家達が利用する販売チャネルのひとつであり続けている。このように，かつて米国の有機農業は日本の有機農業から多大な影響を受けた。

　しかし，40年以上を経た現在，米国の有機農業はむしろ日本のそれより発展しているといえる。例えば，2016年における有機農業の作付面積割合を見てみると，日本が0.2%であったのに対して，米国は0.6%に達していた[3]。また，有

機農産物の販売チャネルの多様性という点においても，米国と日本との差は顕著である。米国の経験は，日本における有機食品流通企業・販売機関の発展，さらに有機農業の発展に対して重要な示唆を与えるであろう。

第 **2** 節

# 米国の有機農産物
## 認証基準とその制定の経緯

## 1．有機農産物の認証基準

　米国オーガニック・トレード協会（Organic Trade Association: OTA）の調査によると，2008 年から 2017 年まで，有機食品（organic foods）の年間売上高の増加率は米国食品全体のそれをはるかに上回り，2017 年，有機食品の年間売上高は，米国食品全体の年間売上高の 5.5% を占めたという[4]。米国では，有機食品は大きく(1)有機農産物（青果物，穀物，油料種子，マメ科植物），(2)有機畜産物（肉類，乳製品，卵），(3)有機加工食品の 3 つに分類される。これら 3 つのうち，有機農産物は，1960 年代後半から最も早く発展し始め，また，今日まで一貫して消費者に最も多く購入されている有機食品である。米国農務省（U.S. Department of Agriculture: USDA）の報道によると，有機食品産業の発展初期以降，有機青果物は，最も高い売上高を誇る有機食品であり続けている。2012 年，有機青果物の年間売上高は有機食品全体の 43% を占め，これは年間売上高第 2 位の乳製品 15% をはるかに上回っていた[5]。実際，有機青果物に有機穀物・有機パンを加えたいわゆる有機農産物についていえば，2012 年，その年間売上高は有機食品全体の半分を超えていた[6]。そういう意味において，有機農産物は最も主要な有機食品であるといえよう。

　本書は，有機食品のうち，とりわけ有機農産物に焦点を当てて，それを取り扱う有機食品流通企業・販売機関の発展要因を探る。有機農産物とその流通企業・販売機関に焦点を当てる理由は 2 つある。ひとつは，米国における有機食品産

---

3　FiBL & IFOAM-Organics International（2018），*The World of Organic Agriculture: Statistics & Emerging Trends 2018* による。

4　Organic Trade Association, *2018 Organic Industry Survey* による。

5　USDA ウェブサイト「有機食品市場概観（Organic Market Overview）」（https://www.ers.usda.gov/topics/natural-resources-environment/organic-agriculture/organic-market-overview/，最終アクセス日：2019 年 9 月 9 日）による。

6　同上。

業の発展は有機農業からスタートしたものであり，今日も有機農産物は消費者が最も多く購入している有機食品であるためである。もうひとつは，米国において有機農産物に次いで2番目に重要な有機食品である有機畜産業が発展したのは，有機食品流通企業・販売機関が出そろった1990年代以降のことであるためである（Weber et al., 2008）。有機農産物の流通チャネルの発展は，有機食品の流通チャネルの発展そのものであるともいえよう。

　米国では，有機農産物でない農産物は慣行栽培農産物と呼ばれている。USDAは，2000年になって初めて有機食品の認証基準を公表し，主に次の3つの基準を満たす農産物を有機農産物として認証している（Dimitri & Greene, 2002）。有機農産物とは(1)生物的防除や堆肥で土づくりを行うなど，生態系の機能を活かした方法で生産し，(2)遺伝子組み換え技術を使用せず，(3)収穫時からさかのぼること3年間，使用禁止物質を含まない土壌で生産してきたことを証明できる農産物である。使用禁止物質には，ほとんどの化学合成肥料と農薬が含まれている。例えば，化学合成殺虫剤（synthetic active pesticide products）をみると，慣行農産物生産では，900種類以上の殺虫剤が米国環境保護庁（U.S. Environmental Protection Agency: EPA）に登録されているのに対して，有機農産物の生産では25種類のみの使用が条件付きで許可されているだけである[7]。栽培方法に加えて，有機農産物の取り扱い方法についてもUSDAによって規定されている。有機農産物は，慣行農産物とは別に保管・出荷されなければならず，化学合成防カビ剤・防腐剤・燻蒸剤を含まない容器で出荷・梱包されなければならない（Dimitri & Greene, 2002）。

## 2. 認証基準の制定の経緯
### カウンターカルチャーの運動として台頭した有機農業

　有機農産物の生産と流通が台頭し始めたのは1960年代後半のことであるが，USDAは2000年になって初めて有機食品の認証基準を公表した。こうした長いタイムラグの存在は，有機農業が化学肥料や農薬を大量に使用する慣行農業に対抗するカウンターカルチャーとして発展してきたという経緯と関係している。

　第二次世界大戦後，米国における農業振興政策の最大の目標は，生産性の向上にあった。こうした農業政策には，食料品を安く入手したいという国民のニーズ

---

7　OTAウェブサイト「連邦有機認証基準における使用許可および使用禁止物質リスト（National List of Allowed and Prohibited Substances）」（https://ota.com/advocacy/organic-standards/national-list-allowed-and-prohibited-substances，最終アクセス日：2019年9月9日）による。

を満たそうとする米国政府の思惑の他，冷戦が大きな影響を及ぼした（Hamilton, 2018）。食料品を安く，大量に提供することにより，資本主義経済の方が社会主義経済より合理的であることを知らしめようとしたのである（Hamilton, 2018）。農業における生産性向上を実現するべく，米国政府は農業技術の研究開発およびその普及に対して積極的な投資を行った（Hightower, 1973; Hamilton, 2018）。第二次世界大戦後から 1960 年代にかけて，米国の公的農業研究機関は，農業生産性の向上をめざし，(1)機械化，(2)化学物質の使用，(3)品種開発の 3 つに研究の重点をおいていた（Hightower, 1973; Gardner, 2006; Hamilton, 2018）。結果として，慣行農業は米国における支配的な農業生産方法となった。

　一方，有機農業は，化学物質を大量に使用する慣行農業に対抗するカウンターカルチャーとして，1960 年代後半から発展し始めた。当時食品のオーソリティらが有機農業に示した態度については，1971 年から 1976 年まで米国農務長官を務めていたアール・バッツ（Earl Butz）の以下の発言の中に端的に示されている。カウンターカルチャーとしての有機農業の特徴を顕著に表しているといえよう（Butz, 1971, p. 19. 強調は筆者による）。

　　　必要であれば，米国の農業を有機農業へと逆戻りさせることも可能である。私達は有機農業のやり方を知っている。しかし，その前に，有機農業に立ち戻ることによって餓死するであろう 5000 万人の米国人を誰にするかを，我々は決定しなければならない！

　慣行農業に対抗する社会運動の一環として発展した有機農業は，その発展過程において「制度的支援または公的助成金を受けることはなかった」（Clark, 2001, p. 31）。そのため，制度的支援の一環として非常に重要であるはずの全米統一の認証基準の制定および認証プログラムの実施についても，長い間着手されることはなかった。全米統一の有機食品の認証基準が長い間制定されなかった状況およびその影響について，USDA の研究機関である「経済研究サービス（Economic Research Service: ERS）」の研究者キャロリン・ディミトリ（Carolyn Dimitri）とキャサリン・グリーン（Catherine Greene）は以下のように指摘している（Dimitri & Greene, 2002, p. 8. ［ ］内は筆者による）。

　　　［有機農業が発展し始めた］1970 年代はじめ，民間組織とりわけ非営利団体が有機認証基準を作成した。そうすることで，有機農法の発展をサポートし，消費者詐欺を防ごうとしたのである。1980 年代後半になると，いくつ

かの州もまた，同じような目的で有機認証サービスを提供し始めた。しかし，パッチワークのようにばらばらに制定され，内容的にも必ずしも一致していなかった複数の有機認証基準の存在は，有機食品の流通上，様々な問題を引き起こした。

　1990年になってようやく，米国議会は「有機食品生産法（Organic Foods Production Act of 1990: OFPA）」を可決した。同法において，有機食品の全米認証基準を制定することが定められた。しかし，その基準の制定を担ったUSDAが2000年12月に最終的な有機認証基準を公表するまでには，さらに10年間の年月を要した。こうして，有機農業が台頭し始めてから約30年の月日を経て，USDAはようやくそれを公式に認めたのである。

### 1980年代農場危機，OFPA，Alar恐怖と有機農産物に対する認識の高まり

　1990年に米国議会が「OFPA」を可決した背景には，1980年代米国で発生した農場危機があった（Gershuny, 2017）。1980年代，米国の農家は大恐慌以来最も深刻な経済危機に直面した[8]。1980年代，農業州として知られるアイオワ州では，約3分の1の農場が倒産を余儀なくされた[9]。倒産した農家では自殺者が続出し，アイオワ州やイリノイ州の農家達が首都ワシントンDCにトラクターで集結し，抗議活動を行う事態にまで発展した。1980年代の農場危機を招いた諸要因のひとつとして，農場機械と農業設備，燃料，化学肥料などオペレーションコストが非常に高いことが挙げられた。本書第1章で詳しく説明するが，米国では，第二次世界大戦後，農業生産における機械化および化学物質の大量使用が進んだことで，農場における生産関連のオペレーティングコストが上昇した。結果として，総収入に占めるオペレーティングコストの比率は上昇し続けた。1970年代，米国の農産物輸出の拡大および農産物の価格高騰により農家の収入が上昇した。好景気が続くことを期待した農家は，より多くの土地と機械，設備

---

8　1980年代米国の農場危機の状況およびその原因に関する説明は，Iowa Public Television, "Causes of the Farm Crisis"（http://www.iptv.org/video/story/4997/causes-farm-crisis，最終アクセス日：2019年9月9日）; Linda A. Cameron (2019), "During the 1980s Farm Crisis, Minnesota Lost More Than 10,000 Farms," *Minnpost*, May 28, 2019（デジタル版。デジタル版のため，頁数が記されていない。以下同），およびGershuny (2017) による。

9　Iowa Public Television, "Causes of the Farm Crisis" による。本書では，書籍・論文・調査報告書のほか，テレビ番組，新聞，一般誌などのメディアから得られた情報も参考にしている。こうしたメディアから得られた情報については，脚注に①制作者・著者名（ある場合），②タイトル，③放送局・掲載紙（誌）名，④掲載年月日および⑤頁（ある場合）を明記し，他の情報と区別している。巻末の参考文献には，書籍・論文・調査報告書のみをリストアップしている。

を購入するため，多額の融資を受けた。しかし，1980年代になると，輸出の減少と農産物価格の下落により農家の収入は大きく減少した。こうして，多くの農家が負債問題に陥ったのである。

1980年代の農場危機を経験した連邦政府は，1980年代終盤，「ローインプット・持続可能な農業（Low-Input Sustainable Agriculture: LISA）」を推進する連邦補助プログラムをスタートさせた（Gershuny, 2017）。LISAが提唱した農業生産手法には，輪作や単一作物・単一家畜の大量生産にとって代わる作物・家畜の多様化，土壌と水の保全，生物的防除などが含まれていた[10]。こうして，1980年代終盤に入り，連邦政府はようやく有機農業に関心を示すようになった。

1980年代の農場危機に加えて，1989年に米国で発生した「Alar恐怖（Alar Scare）」[11]なる出来事は，米国で一般消費者が有機食品の存在を知るきっかけとなり，1990年OFPAの可決に消費者からの支持を与えた。Alarは「ユニロイヤル化学社（Uniroyal Chemical Company）」が発売していた農薬ダミノジッドの商標名である。Alarは，1968年に発売が開始され，米国において赤いリンゴの栽培に広く使用されていた。この農薬を使うことで，未熟なリンゴが樹から落下することを防ぎ，リンゴの赤色発色を促進し，さらに，リンゴの保管期間を延長することができた。こうした農薬の機能により，リンゴ生産者の生産効率は高まり，コストの低下に寄与していた。ところが1989年2月26日，大手放送局CBSは，著名なニュース番組「60ミニッツ（60 Minutes）」において，非営利団体NRDC（Natural Resources Defense Council）の研究結果に基づき，農薬ダミノジッドが癌を引き起こす可能性があることを指摘した。その後の数カ月間，米国の大手テレビ局と主要新聞紙はAlarとリンゴについて集中的に報じた。加えて，女優のメリル・ストリープが，市民グループ「農薬の使用を制限することに賛成する母親などのグループ（Mothers and Others for Pesticide Limits）」の創設者の一人として，テレビのトーク番組でAlarの使用をやめようと訴えた[12]。こうした一連の報道により，残留農薬の問題が米国の一般消費者に大いに注目されるようになった。結果として，CBSによる報道の直後から，米国の多くの公立学校はリ

---

10　USDAウェブサイト「ローインプット・持続可能な農業（Low-Input Sustainable Agriculture）」（https://naldc.nal.usda.gov/download/IND20390284/PDF，最終アクセス日：2019年9月9日）による。

11　Alar恐怖に関する説明は，Rosen（1990）およびSmith（1998）による。

12　Nicholas K. Geranios (1989), "Meryl Streep, Apple Industry Trade Barbs Over Alar," *AP News*, March 9, 1989（デジタル版），および "The Lessons of the Alar Scare," *Chicago Tribune*, June 14, 1989（デジタル版）による。

ンゴおよびリンゴ製品を学校給食で扱わなくなった。また，慣行食品スーパーは，慣行栽培のリンゴやそれを原材料にした加工食品を店頭から撤去した。一方，慣行食品スーパーを含む食料品店には，有機リンゴとそれを原材料にした加工食品を求める顧客が殺到した。Alar 恐怖は，米国人一般が有機農産物を認識するきっかけとなった。これ以降，米国では有機農産物に対する消費者の関心が高まった。

第 **3** 節

# 米国における有機食品流通企業の発展
## カウンターカルチャーの運動がもたらした破壊的イノベーション

　上述のように，有機農業は 1960 年代後半から発展し始めていたものの，2000 年までの長きにわたり，全米には統一した認証基準が存在しなかった。こうした経緯により，1960 年代後半から発展し始めた有機食品流通企業・販売機関には，次の 3 つの特徴が見られた。1 つ目は名称における多様性である。「有機食品」「有機食品店」と銘打った企業・機関もあれば，「自然食品」「自然食品店」あるいは「健康食品」「健康食品店」を用いるところがあるなど，様々な名称が使われていた。2 つ目は，2000 年までの長きにわたり，USDA による有機認証基準・認証プログラムが存在しなかったため，有機食品流通企業・販売機関がその発展期に取り扱っていた有機食品と言えば，非営利団体が有機認証を行った商品，または生産者が有機栽培生産であることを自己申告した商品であったという特徴である。この点について，今日米国において最大の組合員数を誇る有機食品生協 PCC コミュニティ・マーケット（PCC Community Markets）の青果部門マネジャーであるジョー・ハーディマン（Joe Hardiman）は次のように証言している。「1970 年代，納品してくれた農家が『有機栽培の手法で育てている』と言いさえすれば，私達はそれを有機農産物として取り扱っていた。もちろん，それらの農家は私達が人となりを良く知っていた人物達であったが」[13]。USDA による有機認証基準・認証プログラムが存在しなかったために，有機食品の生産の拡大が阻害された側面も否めない。有機食品流通企業・販売機関の多くはその発展期において，十分な有機食品を仕入れることができず，有機食品に加えて慣行食品を取り扱うことを余儀なくされていた。これは有機食品流通企業・販売機関の 3

---

13　Joe Hardiman に対する筆者のインタビュー調査（調査日：2018 年 1 月 30 日）による。

つ目の特徴である。このように，取り扱う有機食品の有機認証がきちんと行われていなかったり，品揃えのすべてが必ずしも有機食品ではなかったりと不完全な形ではあったが，有機食品流通企業・販売機関は，誕生初期から積極的に有機農産物をはじめとした有機食品を取り扱おうとしていた点で，慣行食品流通企業とは根本的に異なる。こうした理由により，本書では，主に1960年代後半以降誕生し，誕生初期から積極的に有機食品を取り扱っていた流通企業・販売機関を，有機食品流通企業として扱うことにする。また，混乱を避けるために，その名称については，「健康」食品・食品店などの表現は用いず，「有機」または「自然」食品・食品店という名称を使用する。

## 1．食品産業の破壊的イノベーション

　有機農産物の生産と流通は，米国の食品産業に破壊的イノベーションをもたらした。というのも，有機農産物の生産と流通は，慣行農産物の生産・流通とは「異なる価値基準を市場にもたらした」からである（Christensen, 1997, p. xix）。両者の価値基準の違いは，具体的に2つの側面に現れている。1つ目は，提示する商品の機能的価値の側面である。慣行農産物の生産と流通はマスマーケットをターゲットにしたものであり，均一的で，見た目がきれいな農産物を，安く，便利に購入できるという価値を消費者に提供するものであった（Hightower, 1973; Hamilton, 2018）。一方，有機農産物の生産と流通企業は必ずしもマスマーケットをターゲットとはせず，提示する商品の機能的価値は，農産物の地域性と多様性，自然さ，新鮮さであった。両者の2つ目の違いは，企業理念である。慣行農業・慣行食品流通企業は，効率性を追求し，人間と自然環境の関係について前者が後者を制御するという人間中心的な考え方を基本としていた。さらに，顧客や従業員，仕入れ先，農業労働者など多様な企業関係者のうち顧客の利益のみを重視するという理念に基づいて経営が行われていた。この点は，家族が食卓を囲んで団らんを楽しむ祝日，感謝祭（Thanksgiving Day）に向けて1962年11月23日号の *Life*（『ライフ』誌）が組んだ「感謝祭特集号：食の恵み」という記事にはっきりと示されている（*Life [Special Issue]: Bounty of Food*, November 23, 1962, p. 53. 強調は筆者による）。

　　　今日，米国の農家は自然を支配できるようになっている。（中略）米国の農家は自分の意のままに自然をあやつり，消費者の好みに合わせて農産物や畜産物を生産する。気候と土壌が農業生産に適さないような場所でさえ，土の化学成分を変化させることにより，農産物を栽培することができる。

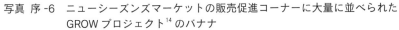

写真 序-6　ニューシーズンズマーケットの販売促進コーナーに大量に並べられた
　　　　GROW プロジェクト[14]のバナナ

写真上部のポスターには次のような文言が書かれている。「GROW プロジェクトのバナナ：有機バナナ，1 ポンド 99
セント。あなたが GROW バナナを買うと，商品代金の一部は栽培農家とその家族，コミュニティの生活改善に寄付
されます。寄付金は，農家家族とコミュニティに対する教育プロジェクトや彼らに健康保険を提供する事業に使われ
ます」。また，写真下部には，「GROW プロジェクト：高品質有機バナナ」と大きくプリントされた段ボールが陳列
台として使われている様子が写っている。こうした陳列の工夫からも，ニューシーズンズマーケットが GROW プロ
ジェクトを積極的に宣伝していることが見て取れる。
写真：筆者が撮影。

　こうした慣行農業・慣行食品流通企業の理念とは対照的に，有機農業・有機食
品流通企業は，人間中心・顧客利益至上主義の考え方に反発した。消費者の利益
の擁護に加えて，地球環境保護，さらに農業労働者や従業員の健康と利益の擁護
を通じたより公正・平等な社会の実現を理念として掲げている[15]。例えば，量り

---

14　GROW プロジェクトに関する説明は，本書第 4 章を参照されたい。
15　Matt Mroczek（調査日：2017 年 4 月 12 日），Rebecca Landis（調査日：2017 年 7 月 18 日），
　　David Lively（調査日：2017 年 11 月 10 日），Claudia Wolter（調査日：2018 年 1 月 14 日），
　　Joe Hardiman および Randy Lee（調査日：2018 年 1 月 30 日），Harry MacCormack（調査日：
　　2018 年 8 月 6 日）に対する筆者のインタビュー調査による。

売りの販売手法を導入している有機食品流通企業の目的は，包装資材などのごみを減らすことに加えて，必要な量だけを買うことで，消費者が持つ資源および食品の浪費を減らすことにある。また，多くの有機食品流通企業は，農家に財政的支援を提供するプログラムに参加しているだけではなく，これらの支援プログラムの情報を，店内ポスターや販売促進イベントを通じて顧客と共有し，顧客の参加をも呼び掛けている（写真序 -6）。このように，1960 年代後半以降米国で発展し始めた有機農業・有機食品流通企業は，慣行農業・慣行食品流通企業とは異なる商品評価基準を採用し，異なる価値を消費者に提示しようとしている。

## 2. カウンターカルチャーに属する流通の「ずぶの素人」が引き起こしたイノベーション

　1960 年代後半以降，米国において多様な有機食品流通企業・販売機関を創業・創設し，流通イノベーションを起こしたのは，既存の大手流通企業ではなかった。イノベーションの担い手となったのは，それとは真逆の，流通の「ずぶの素人」達である。彼らの多くは，当時の米国で主流であった，いわゆるメインストリーム・ライフから逸脱したカウンターカルチャーに属する若者であった。彼らの中には，都市から農村部へと移住した「バック・ツー・ザ・ランダー（Back-to-the-Landers）」と呼ばれる人々や，公民権運動やベトナム反戦運動に参加した学生活動家，生活協同組合活動家，コミューンで共同生活を実践していた若者など，実に様々な人が含まれていた。興味深いことに，彼らを有機食品運動へと導く役割を果たすはずの社会運動組織（social movement organization: SMO）は存在しなかった。それにもかかわらず，彼らは，社会運動が活発化した 1960 年代後半から 1970 年代にかけてのほぼ同じ時期に，有機食品ビジネスに参入し，業務内容も組織形態も異なる様々な企業・機関を創業・創立した。有機農場の経営を始める者もいれば，農業販売協同組合や有機農産物卸売企業，有機食品スーパー，有機食品生協，ファーマーズマーケットなどの有機食品流通企業・販売機関を立ち上げる者，有機食品の発展を促進する非営利団体を創立する者，業界誌を創設する者もいるなど，彼らが手掛けるビジネスは実に多彩であった。一見バラバラに見えた彼らであったが，バック・ツー・ザ・ランダー達の経験談を記した出版物や，有機農場経営に関するハウツー本・雑誌，有機食品流通企業の業界誌など，カウンターカルチャーに属する人々が出版・刊行した多様な出版物によって緩やかなつながりを持ち，ある種のネットワークを形成していた。このように，多様な流通企業・販売機関，さらにそれらをサポートする企業・機関が，同時期にそろって台頭し，彼らの間にネットワークが形成されたことは，米

国における有機食品流通企業の確立に重要な役割を果たしたといえよう。

　米国における有機食品流通企業・販売機関の発展は，1960年代後半から1970年代にかけて，多くの若者達が有機食品関連ビジネスに参入し，かつ，彼らが創業・創立した企業・機関の一部が，その後の競争で生き残った結果としてもたらされたものである。(1)なぜ，1960年代後半から1970年代にかけて，多くの米国の若者が有機食品関連ビジネスに参入したのか。また，(2)なぜ，1960年代以降，豊富な経営資源を持ち，規模が大きく，高い知名度をほこる慣行食品スーパーとの競争に直面してもなお，流通の素人達が創業・創立した企業・機関は生き残ることができたのか。これらの2つの問いに対する答えこそが，米国における有機食品流通企業・販売機関の発展要因を理解するカギとなる。本書では，これらの2つの問いに対する答えを探っていく。

### 第4節
## 研究の方法および本書の構成

### 1. 研究の方法

　本書では，(1)1960年代後半から1970年代にかけて，多くの米国の若者が有機食品関連ビジネスに参入した理由，および，(2)彼らが創業・創立した企業が生き残った要因について，オレゴン州における5つの代表的有機食品流通企業・販売機関に関する事例研究を通じて検討する。本書で取り上げる企業・機関は以下の通りである。すなわち，(1)2015年度年間売上高ベースでノースウエスト地域（ワシントン州，オレゴン州，モンタナ州，アイダホ州，ワイオミング州が含まれる）最大手の有機農産物卸売企業であったOGC社（Organically Grown Company），(2)オレゴン州最大手の地元有機食品スーパーチェーンであるニューシーズンズマーケットおよび(3)同州にも多くの店舗を持つ全米展開の有機食品スーパーチェーンであるホールフーズマーケット，(4)オレゴン州の最大都市ポートランド市で最も歴史が古く，かつ現在もなお同市に残る2つの有機食品生協のうちのひとつであるピープルフードコープ，(5)オレゴン州内の人口3万人以上の主要都市で最初に設立された現代的ファーマーズマーケットであり，現在もなお高い集客力を誇っているコーバリス・ファーマーズマーケット（Corvallis Farmers' Market）の5つである。オレゴン州は米国における有機農業の先進地域として知られる。そのため，本書ではオレゴン州を研究の対象地域として選定した。実際，USDAが初めて公表した全米有機農業に関する調査「2008年有機農業サーベイ（*Organic Survey 2008*）」によると，オレゴン州は，有機認証を取得し

た有機農畜産物の年間売上高について，全米50州のうち，カリフォルニア州およびワシントン州，ペンシルベニア州に次いで第4位にランクインしている。また，最新の調査結果である「2016年有機農業サーベイ（*Certified Organic Survey 2016*）」でも，オレゴン州は第4位の座を維持している。本書は，有機農業の先進地域であるオレゴン州における代表的有機食品流通企業・販売機関を事例として取り上げ，これらの企業・機関の発展プロセスを掘り下げて分析することで，1960年代後半から1970年代にかけて，多くの米国の若者が有機食品関連ビジネスに参入し，その後の競争に生き残った要因を明らかにする。

　本研究は事例研究の手法を用いる。事例研究こそが，本研究のリサーチクエスチョンを検討する上で最も適切な研究手法であると考えられるためである。具体的には，卸売および主要な小売業態における代表的な企業・販売機関について，その創業・創立プロセスを明らかにするとともに，発展を取り巻く環境や，創業・発展の過程で重要な役割を果たしたキーパーソンの特徴，企業が下した意思決定について詳細に記述する。こうした作業を通じて，内的妥当性および外的妥当性の高い結論を得ることができると考えられる。

　本研究で用いられたデータは，インタビュー調査および2次データ収集を通じて得られたものである。筆者は，2017年4月から2019年9月までの間に，計73名の関係者に対してインタビュー調査を実施した。その内訳は，農家25名，有機食品加工企業のオーナー4名，有機食品流通企業・販売機関の創業・創立者・経営者23名，大学関係者・研究者9名，農業コンサルタント・有機農業の促進活動にかかわる活動家10名，有機農業に関するドキュメンタリーを制作したメディア関係者2名である[16]。これら73名のうち18名に対しては，複数回インタビューを実施した。

　2次データとしては，主に3つのデータを収集した。1つ目は，米国における主要な農業大学のひとつであるオレゴン州立大学のスペシャルコレクション・アーカイブリサーチセンター（The Oregon State University Libraries Special Collections & Archives Research Center）に所蔵されているオレゴンティルス・アーカイブ（Oregon Tilth Archive）である。同アーカイブ内のすべての文章資料および画像資料を収集し，分析を行った。オレゴンティルスは，有機農業を促進する非営利団体として1975年に設立された。有機農業促進団体として米国で最も

---

16　これらの73名の関係者の中には，農場のオーナー・経営者であると同時に有機農業の促進にかかわる活動家でもあり，さらに大学で非常勤講師を務めているといったように，2つ以上のカテゴリに属する人がいる。ここでは，主要な仕事に基づいてインタビュイーを分類した。

長い歴史を持つ団体のひとつであり，今日もなお米国における主要な有機農業促
進団体として知られる。オレゴンティルスは，1986年に有機農産物の認証基準
を独自に作成し，認証プログラムをスタートさせた。オレゴンティルスによる有
機認証は，今日もなお信頼性の高い認証として採用されている。オレゴンティル
ス・アーカイブには，オレゴンティルス創立以来の理事会議事録，有機農業に関
する教育プログラムの実施報告書，有機認証基準の作成に関するすべての文書資
料，有機認証プログラムの実施報告書，オレゴンティルスが刊行したニュースレ
ター，オレゴン州の有機農家の名簿など，同州の有機農業の発展に関する詳細な
記録が保管されている。筆者は，オレゴンティルス・アーカイブに保管されてい
るすべての資料を収集し，分析することで，同州における有機農業の発展を取り
巻く環境や，主要な促進団体の活動，主要な農場・流通企業の活動に関する情報
を得た。2つ目の2次データは，テキサス州オースティン市にあるオースティン
歴史センター（Austin History Center）に所蔵されている資料である。筆者は1
つ目の資料と同様に，同市で創業し，2017年にアマゾンに買収されるまでの間，
全米最大の有機食品スーパーチェーンとして君臨していたホールフーズマーケッ
トに関するすべての文書資料および画像資料を収集し，分析した。3つ目の2次
データは，インタビュー調査の対象となった関係者個人が保管している資料であ
る。

　本書は，インタビュー調査を通じて収集された膨大な1次データと，上述の2
次データに基づいて執筆された。

## 2．本書の構成

　本書は2部9章で構成されている。本章では，本書の目的および研究の方法
について説明してきた。続く第I部「カウンターカルチャーと米国の有機食品」
は，第1章から第3章までの3章で構成される。米国における有機食品流通企
業・販売機関は，既存顧客の満たされていないニーズを起業家が認識し，そうし
た流通の真空状態を埋める形で誕生したものではない。むしろ，有機農産物の生
産を手掛けるようになったカウンターカルチャーの人々が，自らの生産物を流通
させる必要性にかられてチャネルを構築した結果として生まれたものである。自
らも有機農産物の主要な消費者であった彼らは，その後有機農産物を使った料理
を次々と考案し，料理本を出版し，レストランを開くことによって，有機食品の
さらなる発展を助けてきた。つまり，カウンターカルチャーの人々は，生産，流
通，消費のすべてを自ら担うことで，有機農産物・有機食品という市場をつくり
だしたのである。この点において，米国における有機農業および有機食品流通企

業の発展は，他の多くの新商品やその販売チャネルの発展と大きく異なっている。第Ⅰ部では，こうした米国の有機農業および有機食品流通企業の発展プロセスが持つ特徴を明らかにする。

第1章では，有機農業・その流通機関の誕生を取り巻く環境に着目する意味で，第二次世界大戦後から1960年代における米国の食品供給システムの特徴を概説する。戦後米国の食品業界では慣行農業および慣行食品流通企業こそがメインストリームであり，有機農業に対する制度的支援はまったく存在しなかった。ここでは，米国の有機農業とその流通機関が，慣行食品供給システムに対抗するカウンターカルチャーとして誕生し，発展したことを指摘する。

第2章では，有機農産物の生産者に着目し，米国において有機農業の本格的発展をもたらした社会運動「バック・ツー・ザ・ランド・ムーブメント（Back-to-the-Land Movement）」について説明する。具体的には，バック・ツー・ザ・ランド・ムーブメントのイデオロギーおよび運動参加者の特徴，参加者の活動内容を詳細に紹介する。こうした作業を通じて，カウンターカルチャーの人々が有機農業に参入した理由を解明し，また，彼らの活動が米国の有機農業の発展に果たした役割を明らかにする。

第3章では，米国における有機農産物発展初期の主要な消費者・伝道者であったヒッピー（hippie）達に着目し，彼らが有機農産物を使った料理を考案し，それを普及させたプロセスについて説明する。ヒッピー達は，有機農産物を使った料理「ヒッピーフード（hippie food）」を考案し，またヒッピーフード料理本を出版することでそれを普及させようとした。さらにヒッピーシェフ達は「カリフォルニアキュイジーヌ（California cuisine）」に代表される新しいタイプのキュイジーヌすなわち料理法をもつくりだした。こうした説明を通じて，ヒッピー達が普及させたヒッピーフードや，彼らが発展させた新しいタイプのキュイジーヌが，有機農産物に市場を提供したという意味で，米国有機農業の発展に大きく貢献したことを指摘する。

第Ⅱ部「事例研究」は，オレゴン州における代表的有機食品流通企業・販売機関に関する事例研究の結果を記したものである。第Ⅱ部は，第4章から第7章までの4つの章で構成される。

第4章では，有機農産物卸売企業の発展について，OGC社に関する事例研究を詳説する。事例研究を通じて以下の3点が明らかになった。第1に，米国の有機卸売企業は，有機農産物を生産する小規模農場と，その生産物を取り扱う小規模有機食品店とをつなぐ卸売機能の必要性から誕生したこと。第2に，こうした卸売機関の必要性を認識し，かつそれをビジネスチャンスとしてとらえ起業

のために立ち上がったのは，バック・ツー・ザ・ランダーを中心としたカウンターカルチャーに属する流通の素人達であったこと。第3に，有機食品卸売企業・販売機関の創業・創立者達は，環境保護および公正・公平な社会の実現を目指すという企業理念を掲げ，また，積極的な市場開拓と絶え間なく組織改革を行ったこと。こうした組織としての在り方・姿勢こそが，有機食品卸売企業・販売機関がその後も成長を遂げることになる最も重要な要因のひとつである。

　第5章では，有機食品スーパーチェーンの発展について，ホールフーズマーケットおよびニューシーズンズマーケットに関する事例研究を紹介する。事例研究を通じて以下の3点が明らかになった。第1に，1970年代から1980年代にかけて，有機食品スーパーという流通イノベーションをもたらしたのもまた，カウンターカルチャーに属する流通の素人達であった点。第2に，有機食品スーパーチェーンが発展を遂げることができた要因は，創業者側のみならず慣行食品スーパー側にもあった点。創業者側の要因として，(1)彼らが流通以外の他の分野で蓄積した知識や経験を店舗運営に応用した結果，様々なイノベーションが生み出されること，(2)彼らが1970年代から1980年代前半にかけて，情報交換のためのネットワークを自ら構築したこと，(3)彼らがサードパーティー・ロジスティクスを積極的に活用したことが挙げられる。一方，第3点として，慣行食品スーパー側の要因としては，1990年代まで慣行食品スーパーの多くが，有機食品を有望な市場として認識せず，そのことが有機食品スーパーに発展する隙間を与えたことが挙げられる。

　第6章では，有機食品生協の発展について，ピープルフードコープに関する事例研究を紹介する。事例研究を通じて3つのことが明らかになった。第1に，米国の有機食品生協は，1960年代後半に高まりを見せた「ニューウエーブ食品生協（"new wave" food co-ops）」運動から発展したことである。第2に，米国のニューウエーブ食品生協運動は，1960年代日本で発展した食品生協運動とは異なり，大量消費社会・物質主義に反抗した運動であったこと。そのためニューウエーブ食品生協の多くは，シンプルな生活という新しいライフスタイルを提案し，その理念に適合した品揃えとして自然・有機食品を積極的に取り扱い続けてきた。第3に，ピープルフードコープに代表される現在も生き残っている有機食品生協は，持続的な組織改革を実施し，また特定の顧客層にターゲットを絞り，有機食品スーパーチェーン以上に有機食品の品揃えにこだわっていること。慣行食品スーパーチェーンだけではなく，有機食品スーパーチェーンとの差別化をも実現していることこそ，有機食品生協が成功をおさめた重要な要因のひとつである。

第7章では，ファーマーズマーケットの発展について，コーバリス・ファーマーズマーケットに関する事例研究を紹介する。事例研究を通じて2つのことが明らかになった。第1に，1970年代以降の米国で見られた，いわゆる「現代的ファーマーズマーケット」の発展は，バック・ツー・ザ・ランド・ムーブメントから大きな影響を受けたこと。第2に，現代的ファーマーズマーケットを成功へと導いたのは，USDAをはじめとする公的機関による強力な支援ではなく，ファーマーズマーケットの創設者達による次のような取り組みであったこと。すなわち，ファーマーズマーケットの創設者達は，(1)ファーマーズマーケットのマーケティング・プランを入念に検討し，(2)能力が高く，マーケット管理にコミットする専属管理者を雇用し，(3)様々な分野で地域コミュニティの振興に携わる団体・活動家達と広いネットワークを築いていた。

　終章では，本書の2つのリサーチクエスチョン，すなわち(1)なぜ，1960年代後半から1970年代にかけて，米国の多くの若者が有機食品関連ビジネスに参入したのか，また，(2)なぜ，彼らによって創業・設立された有機食品流通企業・販売機関はその後も生き残ることができたのか，という2つの質問に答えた上で，米国の経験が日本に与える示唆を述べる。リサーチクエスチョンに対する答えは3点にまとめられる。第1に，有機食品運動を含む，1960年代後半から1970年代にかけて米国で起きたカウンターカルチャーの運動は，戦後から1972年まで米国で見られた未曾有の長期的繁栄という特殊な歴史背景の下で生じた。豊かさの時代が長期的に続いていたが故に，若者とりわけ中産階級出身の若者達にとって，メインストリームの生活から離脱することは容易であった。第2に，これらの若者達が有機食品関連ビジネスを始めた主な動機は，「元気の良いロボット（cheerful robots）」と揶揄されるような生き方をしたくなかったこと（Mills, 1951/2002, p. 233），および「大量消費・使い捨て」という戦後米国のライフスタイルにとって代わるライフスタイルを提唱し，また，自ら実践しようとしたことにある。第3に，有機食品流通企業・販売機関が生き残ることができた理由は主に3つある。すなわち(1)伝統的慣行食品スーパーが抱えていた問題が，有機食品流通企業・販売機関に発展の隙間を与えたこと，(2)有機食品流通企業・販売機関が有機食品市場というニッチマーケットにあえて集中する集中化戦略をとり続けたこと，(3)有機食品流通企業・販売機関が企業の社会的責任を果たしながら，同時にきちんと利益を出す方法を見出したことの3つである。こうした米国の経験は，(1)人材育成，(2)起業に対する公的支援の在り方，(3)有機食品流通企業のマーケティング戦略の策定，(4)小売店舗の経営という4つの側面で，日本における有機食品流通企業の発展および流通イノベーションの促進に多くの示唆

を与えると考えられる。

第 I 部
カウンターカルチャーと米国の有機食品

# 第 1 章

# 有機農業の誕生を取り巻く環境
## 第二次世界大戦後から
## 1970 年までの食品供給システム

## はじめに

　有機食品と慣行食品は，その米国社会における位置づけを歴史的にたどると，正反対のものであったことがわかる。第二次世界大戦後，慣行食品供給システムは，米国農務省（USDA）をはじめとする公的機関により「技術進歩」「効率的な生産方法」「当然の趨勢」などとして公認され（Hightower, 1976, p. 98），米国における支配的な食品供給システムとなった。慣行食品のサプライチェーンは，(1)化学物質や農業機械の使用を特徴とする農業生産，(2)化学添加物の使用と広告宣伝を特徴とする加工食品生産，(3)大手流通企業に集中した食品流通といった要素から構成される。有機農業は，こうした慣行食品供給システムに対抗するカウンターカルチャーとして，1960 年代後半に誕生したものである。

　本章では，有機農業の誕生を取り巻く環境に着目する意味で，第二次世界大戦後から 1960 年代における米国の食品供給システムの特徴を概説する。次の第 1 節では，当該時期の食品供給システムを構成する農業生産の特徴を解説する。第 2 節では，同食品供給システムを構成する加工食品生産を，第 3 節では食品流通の特徴を説明する。最後に本章をまとめる。

## 第 **1** 節
## 農業生産および農村社会の変化

　第二次世界大戦後，米国における農業振興政策の最大の目標は，生産性の向上にあった。こうした農業政策には，豊富な食料品を安く入手したいという国民のニーズを満たそうとする米国政府の思惑の他，冷戦が大きな影響を及ぼした（Hamilton, 2018）。歴史家シェーン・ハミルトン（Shane Hamilton）によれば，1953 年に米国の情報機関が制作したプロパガンダパンフレットには「1 ポンドのパンを買うために，モスクワの労働者はニューヨークの労働者の 2 倍働かね

ばならない。また，モスクワ市民が同じ量の牛肉を買うためには，ニューヨーク市民の 5 倍の購買力，牛乳に至っては 6 倍の購買力が必要である」と書かれていたという（Hamilton, 2018, p. 118）。社会主義経済の非合理性を宣伝するためである（Hamilton, 2018）。農業における生産性向上を実現するべく，米国政府は農業技術の研究開発およびその普及に対して積極的に投資した（Hightower, 1973; Hamilton, 2018）。機械化，化学物質の大量使用，品種開発・改良を通じて農業生産の効率向上を目指した政府による農業振興政策の下，戦後米国の農業生産および農村社会は大きく変化した。本節では，この点について，統計データに基づいて説明する。

## 1．農業生産技術の変化

　米国において 1910 年代に確立した近代的農業生産は，第二次世界大戦後の生産技術の大きな変化を経て，その生産性を飛躍的に向上させた（Ulrich, 1989; Gardner, 2006）。

　戦後，米国の農業生産の現場では，農業機械の使用が急速に普及した。表 1-1 は 1910 年から 1970 年まで，米国の農場が所有した農業機械の推移を示したものである。この表をみると，第二次世界大戦後から 1960 年までの間に，米国農場の間で農業機械が急速に普及したことがわかる。トラクター，コンバイン，コーンピッカー，フォレージハーベスターという主要な農業機械はいずれも，第二次世界大戦後になってから所有台数が大きく増加している。1960 年までに農

表 1-1　米国の農場が所有する農業機械の推移（1910 年〜1970 年，単位：1000 台）

| 年 | トラクター | コンバイン | コーンピッカー | フォレージハーベスター |
|---|---|---|---|---|
| 1910 | 1 | 1 | 0 | 0 |
| 1920 | 246 | 4 | 10 | 0 |
| 1930 | 920 | 61 | 50 | 0 |
| 1940 | 1,567 | 190 | 110 | 0 |
| 1945 | 2,354 | 375 | 168 | 20 |
| 1950 | 3,394 | 714 | 456 | 81 |
| 1960 | 4,685 | 1,042 | 792 | 291 |
| 1970 | 4,790 | 850 | 620 | 331 |

出所：U.S. Department of Commerce（1975）により筆者が作成。

業機械の普及が一巡したことを受け，それ以降は所有台数が増加しない機械が増えたものの，機械の大型化はさらに進んだ（Gardner, 2006）。

　また，米国では 1940 年から 1980 年にかけて，化学肥料使用量の平均年間増加率は 4.5 ％という高い水準を維持した（Gardner, 2006）。化学肥料に加えて農薬の使用量もまた，第二次世界大戦後に大きく増加した（Osteen, 1993）。殺虫剤 DDT とマラチオン，さらに除草剤 2, 4-D は，1950 年代に入ると一般的に使用されるようになった（Gardner, 2006）。Gardner（2006）によると，1972 年米国農業における農薬の使用量は 1945 年同使用量より 10 倍増加したという。

## 2. 農業生産技術の変化の結果

　第二次世界大戦後に見られた農業生産技術の変化は，農業生産性の著しい向上および農村社会の変化をもたらした。図 1-1 は，1939 年から 1970 年まで米国の主要農産物である飼料穀物，食用穀物，野菜，果物・ナッツ，さとう原料，油糧原料について，農業労働者 1 人 1 時間当たりの産出量指数の推移を表したものである。図に示されるように，第二次世界大戦後，年により多少のバラツキはあ

図 1-1　農業労働者 1 人 1 時間当たりの産出量指数の推移（1939 年～1970 年，1967 年＝100）

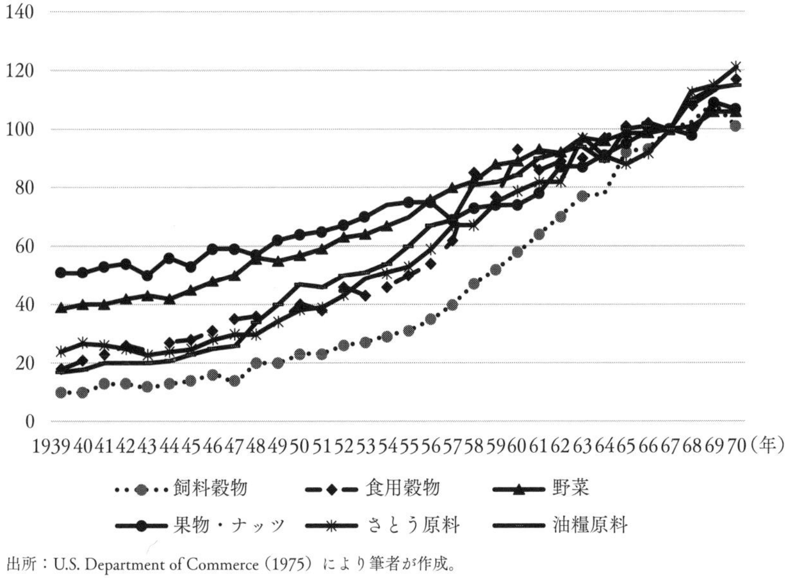

　　　…●… 飼料穀物　　　—◆— 食用穀物　　　—▲— 野菜
　　　—●— 果物・ナッツ　　—※— さとう原料　　— 油糧原料

出所：U.S. Department of Commerce（1975）により筆者が作成。

るものの，すべての農産物について，農業労働者 1 人 1 時間当たりの産出量は
増加の傾向にあった。1970 年飼料穀物の農業労働者 1 人 1 時間当たりの産出量
は 1945 年の 7.21 倍であり，また，食用穀物，野菜，果物・ナッツ，さとう原
料，油糧原料はそれぞれ，4.18 倍，2.36 倍，2.02 倍，4.84 倍，5.00 倍であった。
1945 年から 1970 年まで，農業労働者 1 人 1 時間当たりの産出量の平均年間増加
率をみると，飼料穀物が 8.2% 増，食用穀物が 5.9% 増，野菜が 3.5% 増，果物・
ナッツが 2.9% 増，さとう原料が 6.5% 増，油糧原料が 6.7% 増であった。

　1945 年，米国では農業労働者一人当たり消費者 14.6 人分の食料を生産してい
たが，1970 年になるとその値は 47.1 人分に上昇した（U.S. Department of Com-
merce, 1975）。第二次世界大戦後，米国の農業生産性が著しく向上したことがわ
かる。

　第二次世界大戦後，機械化および化学物質の大量使用，品種改良技術の普及に
より，農業生産性は著しく向上した。それと同時に，農村社会にも 2 つの変化
が生じた。ひとつは，農場の数が大幅に減少し，平均農場規模が大きく拡大した
ことである。農業生産は大規模な農場に集中するようになった。もうひとつは，
農場における生産関連のオペレーションコストが上昇した，という変化である。

　図 1-2 は，1910 年から 1970 年までの，米国における農場数および平均農場規
模の推移を表したものである。第二次世界大戦後から 1970 年までの間に農場の

図 1-2　米国における農場数および平均農場規模の推移（1910 年〜1970 年）

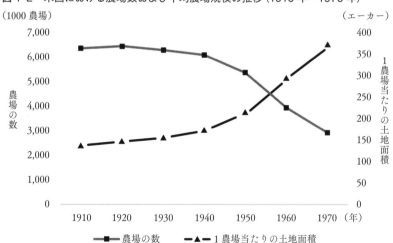

注：すべての年のデータには，アラスカ州およびハワイ州のデータが含まれる。
出所：U.S. Department of Commerce（1975）により筆者が作成。

数が大きく減少した一方，1農場当たりの土地面積は大幅に増加し，平均農場規模が拡大したことがわかる。戦後，中小規模の農場が減少し，農業生産はより規模の大きい農場に集中するようになった（U.S. National Commission on Food Marketing, 1966b; Wilde, 2013; Hamilton, 2018）。

　農場規模の変化に加えて，第二次世界大戦後，農場のオペレーションコストが増大した。表 1-2 は，1910 年から 1970 年までの農場における農業生産から得られた総収入と農業オペレーティングコストの推移を示したものである。1910 年から 1945 年までの間は，生産物資の価格が高騰した戦時中を除き，農業生産から得られた総収入に占めるオペレーティングコストの比率は36.1% を超えることはなかった。しかし戦後になると，総収入に占めるオペレーティングコストの比率は上昇し続け，1970 年には 49.0% に達した。

　戦後の農業生産においては，自給による生産方法は影をひそめ，化学肥料や農薬，飼料，機械などの農業生産資材を購入するコスト，さらに機械の修理サービスなどを依頼するコストが必要不可欠な支出となった（Dudley, 2003）。農業は，かつては低コストで営むことができる産業であったが，戦後はコストの高い産業へと変化した。こうした状況の下，豊富な資金を持つ農家が規模拡大を実現する一方（Ulrich, 1989），生産物資の購入資金を負担できない農家は貧困に陥るか，

表 1-2　農場の農業生産から得られた総収入および農業生産のオペレーティングコストの推移（1910 年〜1970 年）

| 年 | 総収入[1]<br>（100 万ドル） | オペレーティングコスト[2]（雇用労働者のコストを除く，100 万ドル） | 総収入に占めるオペレーティングコストの比率（%） |
|---|---|---|---|
| 1910 | 5,780 | 1,642 | 28.4 |
| 1920 | 12,600 | 4,202 | 33.3 |
| 1930 | 9,055 | 3,273 | 36.1 |
| 1940 | 8,382 | 3,840 | 45.8 |
| 1945 | 21,663 | 7,611 | 35.1 |
| 1950 | 28,461 | 11,518 | 40.5 |
| 1960 | 34,154 | 16,045 | 47.0 |
| 1970 | 50,522 | 24,748 | 49.0 |

注：1．農業生産から得られる総収入には，政府からの補償や，農家世帯自らが消費するために生産した農産物の価値，家賃収入は含まれない。
　　2．オペレーティングコストには，購入した飼料および家畜，種子・球根・苗木・樹木，化学肥料・農薬・石灰の代金，修理代，他のコストが含まれる。人件費および減価償却，税金，借金の利子，家賃は含まれない。
出所：U.S. Department of Commerce（1975）により筆者が作成。

農場を手放さざるをえなくなった（Hamilton, 2018）。ニクソン政権の下で農務長官を務めたアール・バッツが米国農業のあり方について発言した「規模拡大ができなければ離農しなさい（get big or get out）」というコメントは，まさしく戦後米国農業の特徴を如実に表現した言葉であった（Barnett, 2003, p. 166; O'Sullivan, 2015, p. 100; Hamilton, 2018, p. 154）。戦後米国の農場数は急速に減少したが，これは中小規模の農場の廃業によるものであった。

　Gardner（2006）は，第二次世界大戦後の米国農業の特徴として，(1)平均農場規模が拡大し，生産と収入が大規模農家に集中したこと，(2)外部から購入する農業生産資材とサービスの重要性が高まったこと，さらに(3)食品のサプライチェーンにおける垂直統合と契約生産が増加したことを挙げ，こうした特徴を「農業の『工業化』（"industrialization" of agriculture）」と呼んでいる（Gardner, 2006, p. 72）。

## 第2節
## 加工食品生産

　第二次世界大戦以前と比較して，戦後から1960年代にかけて，米国の食品流通は次の側面で大きく変化した。すなわち(1)流通する食料品の特徴，(2)流通の経路，(3)流通企業の規模，(4)サプライチェーンを構成する組織間の関係の4つである。本節および次の第3節では，1966年米国食品流通調査委員会（National Commission on Food Marketing，以下，調査委員会と略す）が発表した一連の調査報告書の内容に基づいて，戦後の米国における加工食品生産と食料品流通の特徴について説明する。本節では，加工食品生産に焦点を当てる。

　調査委員会は，1964年に制定された公法88-354（Public Law 88-354）に従って設立された委員会である。調査委員会の義務は，「第二次世界大戦後，米国の食品流通構造に生じた変化を調査し，その変化の効果を評価する」ことと定められていた。調査委員会は超党派の委員会であり，15人のメンバーによって構成されていた。すなわち上院仮議長に任命された上院議員5人，下院議長に任命された下院議員5人，および大統領に任命された公共委員5人の計15人であった。

　調査委員会は1965年1月から1966年6月までの18カ月間にわたり，全米の10都市において14回の公聴会を開き，また，64の企業および11の業界団体，6つの農業協同組合の代表，10人の個人に対して非公開のインタビュー調査を実施した。さらに，4つの連邦機関，すなわちUSDA，連邦取引委員会（Federal

Trade Commission: FTC)，米国労働統計局（Bureau of Labor Statistics: BLS），米国国勢調査局（Bureau of the Census）が，調査委員会にデータおよび分析結果を提供し，複数の民間企業と個人が，調査委員から委託された研究を実施した。以上の調査・研究の結果をふまえた上で，1966 年後半，調査委員会は報告書 *Food from Farmer to Consumer*（『米国の食品流通』）と，この報告書の基礎となった 10 件のテクニカル・スタディを公表した。この節では，本報告書およびテクニカル・スタディの内容に基づき，第二次世界大戦後から 1960 年代における米国の加工食品生産の特徴を説明する。

## 1. 流通する食料品の変化：包装済の高度加工された食料品

　調査委員会の調査によると，1963 年米国における農場生産物の売上高は 265 億ドル[1]，漁業海産物の売上高は 3 億 7700 万ドルであった一方，輸入された食品の総額は 36 億ドル[2] であった（U.S. National Commission on Food Marketing, 1966a）。輸入食品の総額が米国の農業生産物売上高と比べて非常に少ないことから，1960 年代米国で流通・消費された食料品のほとんどは，米国国内の農場の生産物と，それを原料にして米国国内で生産された加工食品であったといえる。

　一方，消費者の食品支出をみると，1964 年自宅で消費する食料品（food at home: FAH）の支出総額は 587 億ドル，外食（food away from home: FAFH）の支出総額は 240 億ドルであり[3]，FAH が全食料品支出の 71.0% を占めた。また，消費者の全支出において食料品支出が 20% を占め，住居（12.9%）や自動車（6.1%），衣服類（8.3%）などすべての消費カテゴリーの中で最も比率が大きかった（U.S. National Commission on Food Marketing, 1966c）。

　第二次世界大戦以前と比較すると，戦後米国国内市場で流通した食品の最大の特徴として，「『早くて簡単』が時代の風潮だ」という表現に示されるように（Levenstein, 1988/2003, p. 203），包装済かつ高度加工され，調理の手間があまりかからないものが主流となった点が挙げられる（USDA, 1969; Levenstein, 1988/2003; Deutsch, 2010; Knupfer, 2013）。調査委員会は，戦後世帯所得が増加したことと，家事に費やす時間を減らして他の活動に時間を使いたいという主婦のニーズが生まれたことにより，こうした変化が生じた分析した（U.S. National

---

1　農場で消費された生産物および，農場と農場の間で直接取引された生産物は含まれていない。

2　加工食品および加工されていない食品の両方が含まれる。

3　FAH および FAFH には酒類が含まれていない。USDA, *Nominal Food Expenditures, with Taxes and Tips, from Previously-Published Estimates* による。

Commission on Food Marketing, 1966a）。新しい化学食品添加物が次々と開発された ことで「主婦の日常が楽になった」と消費者は喜び，その安全性などに疑問を投げかけることはほとんどなかった（Levenstein, 1988/2003, p. 202）

　調査委員会の調査によると，1964年，「ドライ（Dry）」カテゴリーに分類された包装済の加工食品，具体的には，離乳食，ベーキングミックス，キャンディー，朝食用シリアル，コーヒー，紅茶，調味料，クラッカー，クッキー，包装済のデザート，ジャム，ゼリー，ペットフード，ピクルス，サラダドレッシング，ショートニング，スナック，ソフトドリンク，スープ，シロップは，米国の食料品雑貨店（grocery stores）の食品売上高の4分の1を占めたという（U.S. National Commission on Food Marketing, 1966a）。

　青果物カテゴリーにおいても，戦後になると冷凍野菜・果物の生産量と消費量が急速に上昇し，缶詰野菜・果物[4]の生産量と消費量も戦前を上回った。1947年から1964年にかけて，包装済の冷凍野菜・果物の生産量は6億9200万ポンドから約6倍の40億ポンドとなり，缶詰野菜・果物の生産量は103億ポンドから140億ポンドへと増加した。1945年には，米国国内の農場が販売した果物のうち，53%が新鮮果物として，47%が加工用として販売されたが，1962年になると，38%が新鮮果物として，62%は加工用として販売されるようになった[5]。1945年，米国消費者一人当たりが消費した新鮮野菜・果物の量は274.2ポンド，加工野菜・果物の量は154.0ポンドであったが，1963年になると，新鮮野菜・果物の消費量が179.0ポンドに低下した一方，加工野菜・果物の消費量は200.1ポンドに増加した[6]。

　さらに，肉類や家禽肉についても，戦後は，包装済かつ高度加工された食品が主流となった[7]。例えば，調査委員会の調査によると，1947年米国で市販された鶏肉の80%は，屠殺放血され，脱毛された丸鶏であったが，1963年になると，流通する鶏肉の多くは，頭頸部および脚部，内臓を除去された上で冷蔵包装され，直ぐ料理できる状態に加工された丸鶏または部分肉となった。また，多くの

---

4　缶詰野菜・果物には，缶詰野菜・果物ジュースが含まれる。以下同。青果物の生産量と消費量に関するデータは，U.S. National Commission on Food Marketing（1966a, b）による。

5　いずれも果物の重量ベースで計算された比率である。

6　新鮮野菜・果物の量は，農場出荷時の重量である。また，加工野菜・果物の量は，使用された野菜・果物の新鮮な状態での重量である。加工野菜・果物には，冷凍・缶詰野菜・果物，野菜・果物ジュース，ドライ野菜・果物などが含まれる。なお，すべての数字にメロン，ジャガイモ，サツマイモ，自家栽培のものは含まれていない。

7　肉類と家禽類の流通に関するデータは，U.S. National Commission on Food Marketing（1966a）による。

鶏肉は，それを主要原料にした缶詰スープ，調理済み冷凍食品に加工されるようになった。

　一方，加工されていない青果物についても，戦後になると，品種数が少なく，均一的で，見た目が美しい青果物が大量生産され，大量流通するようになった（Hamilton, 2018）。こうした変化の背景には，戦後バイイング・パワーをますます強めた慣行食品スーパーチェーンからの圧力があった（Hamilton, 2018）。例えば 1930 年代のニューヨーク州の農家は 200 品種以上のリンゴを生産していたが，戦後慣行食品スーパーチェーンが取り扱うリンゴの品種はわずか 10 品種に過ぎなかったという（Hamilton, 2018）。均一的で，見た目がきれいな青果物を低価格で販売することこそが，慣行食品スーパーチェーンが得意とする集客戦略であった。これを実現するためには，そのような青果物を低コストで大量に仕入れる必要がある。そのため，慣行食品スーパーチェーンは，少品種の青果物を大量に仕入れることで仕入れコストおよび店舗の運営コストを減らそうとした。と同時に，取引価格だけではなく，青果物のサイズや色などについても農家に細かい仕様を押しつけるようになった（Hamilton, 2018）。巨大な販売力を持つ慣行食品スーパーチェーンからの圧力に直面した農家は，生産する品種を売れる品種のみに絞るとともに，農薬や化学肥料を大量に使い，大型農機具を導入して，「まだらがひとつもなく」「色鮮やかで」「見た目がすべて同じで美しい青果物」を効率的に大量生産するしかなかった（Hamilton, 2018, p. 34, p. 160）。結果として，米国市場で流通する青果物は，品種の多様性が乏しく，農薬と化学肥料を大量に投入して生産された「標準化された青果物（standardized produce）」のみとなっていった（Hamilton, 2018, p. 20）。

## 2. 食品メーカーの変化：企業規模の拡大と集中度の上昇

　第二次世界大戦後，食品メーカーの規模は拡大し，食品製造業における大手企業への集中度が高まった。調査委員会の調査によると，1965 年，ドライカテゴリーに分類された加工食品のほぼすべての生産において，高い集中度が見られたという[8]。1965 年，売上高上位 4 メーカーの合計市場シェアをみると，離乳食が 95 ％，スープが 90 ％超，ケーキミックスが 75 ％超，ショートニングが 65 ％超，コーヒーが 55 ％であった。ドライカテゴリーの加工食品に加えて，1963 年，缶詰野菜・果物製造業においても，売上高上位 8 社の合計市場シェアが

---

8　加工食品産業の集中度に関するデータは，U.S. National Commission on Food Marketing（1966a）による。

34％，冷凍野菜・果物製造業においても，上位8社の合計シェアが37％であることが，調査委員会の調査によって明らかになった。調査委員会は，缶詰および冷凍野菜・果物製造においても大手製造業者への集中度は高いと結論づけた。

戦後，大手食品メーカーは企業買収を積極的に行い，規模の拡大を図った。加えて，もともと原材料加工を主要事業としていた大手メーカーが，より加工度の高い食品の生産に積極的に進出するようになった。この点は，大手製粉会社の戦略にも顕著に表れている[9]。米国の製粉工場の数は1948年から1964年までの16年間で，1192から562へと半減した。一方，同時期の生産量の減少率は8.7%にとどまっており，戦後製粉工場の急速な減少は主に中小規模の製粉工場の廃業によるものであったことがうかがえる。戦後，大手製粉企業は加工度の高い製品の生産に積極的に進出した。例えば，1963年まで米国の最大手製粉会社であったジェネラルミールズ社（General Mills, Inc.）は，1965年自社の17の製粉工場のうちの9つを閉鎖すると同時に，冷凍パン生地，ピクルス，サラダ製品，スナックなど加工度が高い食品の生産に着手しただけではなく，化学添加物やプラスチック製品の生産にも進出した。

こうした戦後米国の食品産業の特徴について，調査委員会は「幅広い製品ラインをもつ数少ない大手食品メーカーが，穀物や野菜・果物という加工度の低い商品を，より便利に消費される食品へと高度に加工する」産業に変わったと結論付けた（U.S. National Commission on Food Marketing, 1966a, p. 63）。

## 3. 大手食品メーカーの競争戦略

第二次世界大戦後，買収および加工度の高い食品分野への進出を積極的に行ったことで企業規模および製品ラインの拡大を実現した大手食品メーカーは，新製品開発および広告宣伝に膨大な資金を投入する戦略をとった（U.S. National Commission on Food Marketing, 1966a; USDA, 1969）。

例えば，戦後米国家庭の朝食の代名詞ともなった朝食用シリアルの製造企業を見てみよう[10]。1964年，最大手4社は58のアイテムを市場に投入した。しかし，実際，最も売れた5アイテムの売上高が4社の総売上の3分の1以上を占め，また，最も売れた10アイテムの売上高が4社の総売上高の約6割を占め

---

9　製粉産業に関するデータは，U.S. National Commission on Food Marketing（1966a, d）による。
10　朝食用シリアルの製造企業および大手食品メーカー全体の新製品開発戦略に関するデータは，U.S. National Commission on Food Marketing（1966a）による。

た。売上に対する貢献度が低いアイテムが数多く存在し，これらのアイテムが小売店の棚を占めている状況を認識していたにもかかわらず，大手メーカーは新商品を投入し続ける戦略を堅持した。その理由について大手メーカーは，多様な新商品を市場に投入し続けることにより，自社ブランドに対する消費者の忠誠心を高めることができるからであると説明している。

　このような新商品開発を積極的に実施する手法は，大手食品メーカーに広く見られた戦略であった。実際，調査委員会の調査対象となった大手食品メーカー18社が，1964年に新製品開発および既存製品の改良に投入した金額は，1954年の3倍にのぼったという。

　戦後，大手食品メーカーは，広告宣伝についても積極的な投資を行うようになった[11]。調査委員会の調査によると，米国の食品メーカーが支出した広告宣伝費は，1950年には4億3510万ドルであったが，1964年になると3.2倍の13億8980万ドルとなったという。1962年，食品メーカーが支出した広告宣伝費は，全米すべての会社が支出した広告宣伝費の12%，全米すべての製造企業が支出した広告宣伝費の21%を占めた。食品メーカーのうち，とりわけ積極的に広告宣伝を行ったのは大手食品メーカーであった。1964年，売上高上位20の食品メーカーの製品は，食品テレビコマーシャルの半分以上を，食品の雑誌広告の約60%を占めた。

　こうして大手食品メーカーは，積極的な新製品開発と広告宣伝により，自社の商品を一般消費者に広く知らしめることに成功した。食料品店は，広く認知された大手食品メーカーの商品を取り扱わざるを得なくなっていった。一方，数多くの中小食品メーカーには，広告宣伝を行うだけの余力がなかった。結果として商品の知名度は低いままで，主に低価格を売りにして消費者を惹き付けるしかなかった（U.S. National Commission on Food Marketing, 1966a）。

<br>

第3節

# 食品流通

## 1.　慣行食品スーパーチェーンの発展

　米国の食品小売においては，1910年から1930年までの間に，チェーンストア

---

11　食品メーカーの広告宣伝費のデータは，U.S. National Commission on Food Marketing（1966a, d）による。

(chain) が市場シェアを拡大した[12]。「チェーンストア」とは，11 店舗以上の直営店を有する小売企業である。1920 年から 43 年間米国最大の小売企業として君臨した A&P 社（Great Atlantic & Pacific Tea Co.: A&P）は，チェーンストアとして発展を始め，1930 年代初頭には約 1 万 5000 店舗を有するに至った。チェーンストアは，数多くの店舗を傘下におさめることで大量仕入れを実現できるようになる。仕入れコストの低下によって低価格販売が可能となり，これによって消費者の支持を得て市場シェアをさらに伸ばした。しかし，この時代のチェーンストアの店舗オペレーション自体には大きなイノベーションは見られず，従来の食料品雑貨店をひとつの企業・経営の下にチェーン化したものに過ぎなかった。

　一方，1930 年代台頭し始めた慣行食品スーパー（supermarket）は，店舗オペレーションの側面でセルフサービスという画期的なイノベーションを導入した（Wilde, 2013; Hamilton, 2018）[13]。セルフサービスは，消費者が買物かごや買物カートを使い，自ら陳列棚から包装済の商品をピックアップし，集中レジで一括精算する販売方法である。セルフサービスの導入によって，慣行食品スーパーの店舗運営コストは著しく削減された。また，店舗レイアウトの変化により単位面積当たりの売場の売上高が大きく増加した（Freeman, 2011; Hamilton, 2018）。前述の A&P 社は，1930 年代半ばまで，所有する食料品店を慣行食品スーパーに変えようとはしなかった。しかし 1930 年代後半になると，新興慣行食品スーパーチェーンとの激しい競争にさらされるようになり，戦略を転換した。1938 年，A&P 社は 1100 店舗の慣行食品スーパーを保有した（Hamilton, 2018）。

　戦時中，米国政府が食料品の配給を主に独立系食料品店を通じて行ったこともあり，独立系食料品店の衰退には一時的に歯止めがかかったように見えた（Hamilton, 2018）。しかし戦後になると，複数の食品部門を有する慣行食品スーパーが大量仕入れと大量販売，セルフサービスを特徴とする小売業態として大きく発展し，米国の食料品小売を支配するようになった（Markin, 1963; Deutsch, 2010）。また，冷戦時代になると，工業化された農業生産と同じように，慣行食

---

12　チェーンストアに関するデータは，U.S. National Commission on Food Marketing（1966a, c）; Freeman（2011）; Hamilton（2018）による。

13　米国において，全店舗でセルフサービスを採用した最初の食料品店は，1916 年にテネシー州メンフィス市にオープンした「ピグリーウィグリー（Piggly Wiggly）」であり（Freeman, 2011; Hamilton, 2018），ピグリーウィグリーはその後フランチャイズチェーンを展開した。ピグリーウィグリーは，1928 年にオハイオ州シンシナティ市に本拠を置く慣行食品スーパー・クローガー社に 3 分の 2 の権利を売却し，後に慣行食品スーパー・セーフウェイを創業することになるビジネスマンに北カリフォルニアおよびハワイの店舗を売却した（Freeman, 2011）。

品スーパーもまた，資本主義経済がもたらす豊かさ，米国の自由と民主主義の象徴として米国政府によって持ち上げられ，世界中で宣伝された（Belasco, 2007; Deutsch, 2010; Hamilton, 2018）。

## 2. 小売構造の変化

第二次世界大戦後米国の食料品小売店の店舗数は，1948年の37万8000店舗から1963年の24万5000店舗へと大きく減少した（U.S. National Commission on Food Marketing, 1966a）。この時期米国の食料品小売業では，慣行食品スーパーチェーンやその他食料品を取り扱う小売チェーン[14]（以下，小売チェーンと略す），「組織された小売グループ（affiliated group）」の市場シェアが大きく拡大した一方，チェーン化されていない独立小売企業のシェアが大きく減少した。組織された小売グループには，卸売企業が小売チェーンに対抗するために食料品小売店を組織したボランタリーチェーン（voluntary group）と，食料品小売店同士が連合して組織した組合（cooperative）[15]とがあった。

実際，1948年から1963年まで，小売チェーンのシェアが34.4%から47.0%へ，小売グループのシェアが35.4%から43.9%へと増加した一方，独立小売企業のシェアは30.2%から9.1%へと大きく減少した[16]。戦後，とりわけ1950年代なかば以降，大手小売チェーンは既存の食料品店を積極的に買収した。また，大手卸売企業は，組織したボランタリーチェーンの加盟店を積極的に増やすことでシェアの拡大を図った。

調査委員会の調査によると，調査対象となった全米218都市圏の市場それぞれにおいて，売上高上位4社の食料品小売企業の売上高がその地域の全食料品店の売上に占めたシェアは，1954年の45.4%から1963年の50.1%へと増加したという。1960年代まで連邦政府は独占禁止法に違反する行為を厳しく取り締まったが（Gardner, 2006），大都市圏においては地域内の大手食料品小売企業4社が地元市場の半分のシェアを握る状況にあった。

## 3. 主要な食料品の流通経路：短い流通経路

第二次世界大戦以前と比べて，戦後，米国の主要な食料品の流通経路は短く

---

14 例えば，コンビニエンスストア・チェーンや百貨店チェーンがその例である。
15 これらの組合は，卸売部門を設置して共同仕入れを行い，また，共同で広告宣伝などを行っていた。
16 小売チェーン，小売グループ，独立小売企業および大手食料品小売企業のシェアに関するデータは，U.S. National Commission on Food Marketing（1966a, c）による。

なった。この点は，青果物の流通の変化にもはっきりと表れている[17]。戦前，青果物の流通は次のような経路をたどっていた。農家は自分の生産物を近くの出荷ポイント（shipping points）に届ける。出荷ポイントでは，シッパー（shippers）と呼ばれる業者が農家から生産物を受け取り，等級付けをし，梱包して買い手に発送する。シッパーが果たす役割は3つある。1つ目は，買い手を探す機能である。買い手は通常，都市部の卸売企業や慣行食品スーパーチェーンである。2つ目は，買い手と取引価格について交渉する機能である。3つ目は，梱包と輸送を手配してそのコストを負担するという機能である。シッパーは手数料をもらい，受け取った商品販売代金から自らの手数料を引いた金額を農家に支払う。シッパーの中には自ら農業生産に携わる企業もあるが，そのほとんどは自社生産物だけではなく，多くの農家の生産物を取り扱う。シッパーを通す以外に，農業販売協同組合（marketing cooperatives）が組合員の生産物の販売業務を行うケースもある。こうして出荷された青果物のほとんどは，消費地である都市のターミナル市場（terminal markets）に送られ，そこで卸売企業またはオークション会社が青果物を受け取る。これらの会社は青果物をジョッバー（jobbers）と呼ばれる卸売商に販売し，ジョッバーが小売企業に販売する。

　こうした戦前の青果物の流通経路は，戦後大きく変化した。この点について，最終消費者に販売される青果物と，缶詰や冷凍野菜・果物のように食品メーカーに販売される青果物それぞれについて見ていこう。

　最終消費者に販売される青果物の流通経路は戦後になると大きく変化した。最も大きな変化は，ターミナル市場の役割が低下した点である。1958年，全米展開の小売チェーンが仕入れた青果物の約70%は出荷ポイントから直接仕入れたものであった。同様に，地域の小売チェーンの直接仕入れの比率は52%，小売組合の同比率は21%，ボランタリーチェーンの同比率は30%であった。衰退し続けるターミナル市場にかつて存在したオークション会社はなくなり，また，卸売企業およびジョッバーの多くは廃業した。

　一方，缶詰や冷凍野菜・果物を製造する食品メーカーは，果物・野菜の安定大量供給を必要とするため，作物を植える前に農家と契約を結び，新鮮青果物を調達するようになった。1964年，冷凍野菜・果物メーカーの原料の75%，また，缶詰野菜・果物メーカーの原料の70%は，農家と契約を結ぶことで供給されたものであった。一方，これらのメーカーの生産物の販売チャネルに関しては，知

---

17　戦前と戦後青果物の流通経路に関するデータは，U.S. National Commission on Food Marketing（1966a, b, f）による。

名度の高いブランドを有する大手メーカーと，それを持たないメーカーとでは大きく異なった。大手メーカーは通常，大手小売チェーン・グループと直接取引をし，また，両者の間で長期契約を結んでいた。一方，知名度の高いブランドを持たないメーカーは，ブローカー[18]を活用して自社ブランドの製品を販売するか，流通企業のプライベート・ブランド（PB）商品を生産していた。1963 年，調査委員会の調査対象となった小売チェーン 113 社が仕入れた冷凍野菜の 48.9%，缶詰果物の 30.1%，缶詰野菜の 26.2% は PB 商品であった[19]。また，121 のボランタリーチェーンの同比率はそれぞれ 31.2%，23.1%，24.2%，45 の小売組合の同比率はそれぞれ 27.5%，23.8%、18.7%，独立卸売企業の同比率はそれぞれ30.3%，30.1% と 30.7% であり，PB 商品の比率が非常に高かった。

　こうした青果物の流通に見られた経路の変化は，他の主要な食料品の流通にも同様に見られた。図 1-3 は，調査委員会が調査を行った 1960 年代半ば，米国国

図 1-3　米国の国内市場における主要な食料品の
　　　　流通経路（1960 年代半ば）*

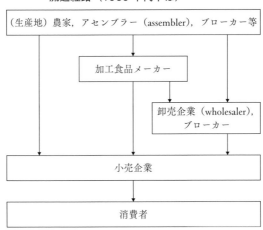

注：＊レストランや学校などの機関消費者への販売を除く。
出所：U.S. National Commission on Food Marketing（1966a）により筆者が作成。

18　ブローカーは，売買取引を仲介する人もしくは機関であり，通常は仲介する商品の所有権と在庫を持たない。ブローカーは主に，売り手の代理人（selling broker）と買い手の代理人（buying broker）に分類される。
19　調査された業者は，大規模業者だけではなく，中小規模業者も含まれる。また，比率はこれらの業者の仕入れ価格に基づいて計算された。

41

内市場における主要な食料品について最終消費者への流通経路を示したものである。この図に示されるように，農場生産物や海産物のうち，一部は未加工の状態で消費者に販売されたものの，多くが食品メーカーに原料として納入された。大手小売企業および大手小売組合は主要な生産地に事務所を設置してバイヤー[20] を常駐させ，バイヤーが農場やアセンブラーと呼ばれる業者，またはブローカーから農産物を調達するようになった。アセンブラーは，生産地において，農家の生産物の集荷，売買，物流サービスといった機能のすべてまたはその一部を提供する業者であると米国国勢調査局によって定義されている。アセンブラーは卸売企業である場合もあれば，販売組合または他の機関である場合もある[21]。また，加工食品の流通について，知名度の高いブランドを持つ食品メーカーと上述した大手買い手との直接取引も増えた。

## 4. 組織間関係：農家のパワーの弱体化

　第二次世界大戦後，食品メーカーや流通業者に対して農家が持つパワーは弱くなった。この点は，食料品小売価格に占める農産物販売価格の比率の低下に示されている。例えば，USDA によって作成された「食料品マーケットバスケット（Market Basket）」指標を見てみよう。食料品マーケットバスケットには，1960年から 1961 年にかけて被雇用者家族（独身世帯を含む）が購入した 62 の食料品[22] が含まれており，それぞれの食料品の年間購入量の比重を考慮に入れて指標が作成された。USDA は食料品の小売価格と，その主要な原材料である農産物の農場販売価格を調査した。1947 年の食料品マーケットバスケットでは，消費者が支払った小売価格に占める農産物販売価格の比率は 51% であったが，1965 年になると，その比率は 39% にまで低下した（U.S. National Commission on Food Marketing, 1966e）。

　戦後食料品小売価格に占める農産物の販売額が低下した原因について，調査委

---

20　これらのバイヤーは自社のみのために仕入れを行っていたが，彼らが所属する小売組織は，通常これらのバイヤーに加えて，複数のチャネルから農産物を調達していた。U.S. National Commission on Food Marketing（1966b）による。

21　U.S. Bureau of the Census (1958), *Transportation of Fresh Fruits and Vegetables by Agricultural Assemblers: 12 Months Ended June 30, 1957,* および U.S. National Commission on Food Marketing（1966b）による。

22　牛肉や豚肉などの肉類，チーズやミルクなどの乳製品，鶏肉や卵，パン，コーンフレーク，リンゴなどの果物，セロリやトマトなどの新鮮野菜，缶詰トマトなどの缶詰野菜，冷凍フライドポテトや冷凍エンドウ豆などの冷凍野菜，缶詰スパゲティ，サラダオイル，砂糖などが含まれた。U.S. National Commission on Food Marketing（1966e）による。

員会は食品流通産業に原因があると指摘した。具体的には，(1)労働者賃金の上昇が生産性の向上を上回ったこと，および(2)燃料，電力，家賃，保険料，設備のメンテナンス料，容器包装材料など人件費以外のコストが上昇したことが挙げられた（U.S. National Commission on Food Marketing, 1966a）。

　こうした調査委員会の指摘の一方で，戦後の農業生産のあり方もまた原因のひとつであると考えることができよう。調査委員会が高く評価したように，戦後「肥料や殺虫剤などの農薬の使用および，その他の農業技術の急速な進歩により，農産物の生産量は著しく増加した」（U.S. National Commission on Food Marketing, 1966a, p. 8）。しかし，調査委員会も指摘したように，このように大量生産された均一的な慣行農産物は，最終消費者にとっても，食品メーカーにとっても差別化できない商品であった。差別化できず，かつ常に供給過剰の状態にあった農業生産物は，当然価格競争に陥った。特に，若鶏肉や卵，缶詰野菜・果物，冷凍野菜・果物など，加工の程度が低い食料品については，戦後小売企業がこぞって PB を導入し，安い価格での集客をはかった。こうした動きもまた，原材料である農産物が差別化できていなかった状況を表わしていると考えられる。戦後米国の食料品において差別化が可能であったのは，加工の程度がより高い食品のみであった。大手食品メーカーは，差別化されていない原材料を低価格で購入し，広告宣伝によって加工食品の差別的価値を消費者にアピールしたのである（U.S. National Commission on Food Marketing, 1966a）。

## おわりに

　本章では，有機農業の誕生を取り巻く環境として，第二次世界大戦後から1960年代にかけての米国における食料品生産と食料品流通の特徴を概説した。

　戦後米国の農業生産は，(1)機械化および(2)化学物質の大量使用，(3)品種開発を積極的に導入することで，農業の「工業化」を実現した。こうした農業生産方法は，生産性の向上をもたらした一方，差別化できない慣行農産物の過剰供給と，規模が小さい農場の廃業を引き起こした。

　一方，大手食品メーカーは，差別化できない慣行農産物を低価格で大量に購入し，添加物を加えて加工食品を生産した。さらに，広告宣伝を通じて加工食品の差別的価値を消費者にアピールした。知名度の高いブランドを持っていた大手食品メーカーは，大手小売企業との交渉において必ずしも弱い立場にはなかったが，高知名度のブランドを持たない中小の食品メーカーは，価格競争に陥ったり，流通企業の PB 商品の製造業者となるほかなかった。

　戦後から 1960 年代にかけて，米国の食料品小売店の店舗数は大きく減少した。小売チェーン，大手卸売企業が組織したボランタリーチェーン，さらに食料品店同士が連合して組織した組合が市場シェアを拡大した一方，チェーン化されていなかった独立食料品店は市場シェアを急速に失い，その多くは廃業を余儀なくされた。食料品の流通においても，大手小売企業・小売グループによる農産物生産地での直接調達や，大手食品メーカーとの直接取引が増加し，流通経路は戦前より短くなった。

　一方，遺伝子操作や化学物質の使用など，農業生産方法の内実に関する知識のなかった消費者は，外見が美しい青果物を品質の良い青果物だと信じ込み，それを安い価格で購入できることに満足していた（Hightower, 1973）。また，大手食品メーカーの広告宣伝や大手小売企業の陳列から影響を受け（USDA, 1969），添加物を入れて生産された加工食品を，健康に良い食料品・便利な食料品として捉えていた（Levenstein, 1988/2003）。とりわけ，全米規模で広告宣伝を展開していた大手食品メーカーの商品は，「品質が高く，信頼できる」商品として消費者からの高い支持を得た（U.S. National Commission on Food Marketing, 1966f, p. 82）。

　このように，第二次世界大戦後から 1960 年代にかけて，大規模農場や大手企業に支配され，化学物質を大量に使用する慣行食品の供給システムは確固たる地位を確立していった。こうした環境の中，農産物自体による差別化が可能であることなど，農業政策の立案者や専門家，また既存の農家や食品メーカー，流通業者の誰もが想像しえなかったであろう。しかし，まさにこの同じ環境の中，1960 年代後半から 1970 年代にかけて，農業経験や食品流通経験に乏しいバック・ツー・ザ・ランダー達が，有機農業の実践を始めた。そして，彼らと彼らの支持者達は，慣行食品しか取り扱わない既存の流通機構という高い壁に直面し，自ら有機農産物の流通経路の構築に着手したのである。

# 第 2 章

# バック・ツー・ザ・ランド・ムーブメントと
# 有機農業の発展

## はじめに

　米国における有機農業の実践は，1940年代にJ. I. ロデール（J. I. Rodale）がペンシルベニア州で農場を購入したことに遡る。ロデールはその地で，イギリス人アルバート・ハワード（Albert Howard）が1920年代から提唱していた有機農法を実践し始めた（O'Sullivan, 2015）。ハワードは1873年生まれで，1905年から農業顧問としてインドに派遣された。1920年代に入ると，天然の腐葉土を肥料に用いて育てた野菜が味・栄養の面でより優れていると唱えるようになり，廃棄される野菜などを使って腐葉土をつくる方法を開発した人物としても知られる[1]。1934年，ハワードは，その農業に対する貢献によりナイト爵位を与えられた。また，1940年には，自らの思想と新たに開発した農法をまとめた書籍 *An Agricultural Testament*（『農業に関する宣言』）を出版した。

　一方，ロデールは，1898年にニューヨーク市のユダヤ人家庭で生まれ，ニューヨーク大学およびコロンビア大学で1年間会計学を学んだが，いずれの大学もその後中退した。米国内国歳入庁（Internal Revenue Service: IRS）で会計検査官を務めたり，会計事務所で働いたりした後，1931年に出版ビジネスを起業した。この出版ビジネスを立ち上げたことがきっかけとなり，ロデールはハワードの *An Agricultural Testament* を読み，感銘を受けたという（Jackson, 1974）。1940年，ロデールはペンシルベニア州で農場を購入し，ハワードが提唱した腐葉土を肥料として使う農法を実践するようになった。同時期の1940年代，ロデールは *Organic Gardening*（『オーガニック・ガーデニング』誌）と *Organic Farmer*（『オーガニック・ファーマー』誌）という2つの雑誌を創刊し（Jackson, 1974），「有機農法（organic methods）」という言葉を米国に導入した（O'Sullivan, 2015）。ロデールは，有機農法を「農産物の栽培あるいは食品の調理において，化学肥料，

---

1　アルバート・ハワードは1947年没。

土壌改良剤（conditioners），殺虫剤などの農薬，防腐剤を使用しない方法」と定義していた（O'Sullivan, 2015, p. 12）。

　第二次世界大戦後の 1954 年，ロデールが設立した出版社「ロデール出版社（Rodale Press）」は，*Organic Gardening* と *Organic Farmer* を統合し，*Organic Gardening and Farming*（『オーガニック・ガーデニング・アンド・ファーミング』誌，以下，*OGF* と略す）を創刊した（Jackson, 1974）。ロデール出版社は，*OGF* の他にも，有機農業に関するハウツー本や，都市から農村に移住し，有機農法で農場経営を行ったパイオニア達が書いた経験談を数多く出版した。

　ロデールによる有機農法の実践は，米国における有機農業の幕開けであった。*OGF* は有機農業を実践しようとする米国人に大きな影響を及ぼし，彼らにとって重要な情報源のひとつとなった（O'Sullivan, 2015）。しかし，米国において有機農業の本格的発展をもたらしたのは，1960 年代後半から 1970 年代にかけて高まりを見せた社会運動「バック・ツー・ザ・ランド・ムーブメント」である（Youngberg et al., 1993）。この点は *OGF* の購読者数の変化によっても裏付けられている。1950 年，オーガニック・ガーデニングとオーガニック・ファーマーの両誌の購読者数は約 25 万人であったが（Jackson, 1974; O'Sullivan, 2015），1960年代末になると，*OGF* の購読者数は 100 万人に上った（Jackson, 1974）。

　本章では，バック・ツー・ザ・ランド・ムーブメントについて説明する。第 1節では，バック・ツー・ザ・ランド・ムーブメントのイデオロギーおよび参加者の規模を紹介する。第 2 節では，運動の参加者の特徴について，米国の社会学者の調査や，参加者向け雑誌の購読者調査の結果に基づいて明らかにする。第 3節では，運動の参加者のうち，途中で運動をドロップアウトした人々に着目し，運動から離れた理由や，離れた後の生活について説明する。最後に，バック・ツー・ザ・ランド・ムーブメントが米国における有機農業の発展に及ぼした影響をまとめる。

## 第 1 節
## バック・ツー・ザ・ランド・ムーブメント

　バック・ツー・ザ・ランド・ムーブメントとは，1960 年代半ばから 1970 年代にかけて，毎年数千人の都市出身者・都市生活者が農村地帯に移住し，小規模な農場をリースまたは購入したり，コミューンを設立して共同生活を実践した社会運動である。1970 年代終わりまでに，米国の都市部から北米の農村部に移住した人の数は 100 万を超えた（Simmons, 1979）[2]。また，米国の農村部に設立され

たコミューンの数は5000から1万ほどに上ったと推測されている（Gardner, 1978）。1960年代半ばから1970年代にかけてバック・ツー・ザ・ランド・ムーブメントに参加した人々は，バック・ツー・ザ・ランダーと呼ばれている。バック・ツー・ザ・ランダー達は，自らの農場またはコミューンで有機農産物を栽培し，それらの生産物を販売するチャネルを構築した。

　Jacob（1997）が指摘したように，バック・ツー・ザ・ランド・ムーブメントの根底には，米国の都市生活に隅々まで浸透した物質主義（materialism）に抵抗したいという精神があった。また，こうした精神は，ヒッピームーブメントなど，1960年代米国で高まりを見せた様々な社会運動の根底にあった精神と共通していたという（Jacob, 1997）。バック・ツー・ザ・ランド・ムーブメントと結びついたイデオロギーは，(1)人生をコントロールする自由を企業から取り戻すこと，および(2)シンプルな生活をすることで地球環境に対する破壊を止めることであった[3]。こうしたイデオロギーを受け，バック・ツー・ザ・ランダー達は農村へ移住し，農村において自給自足のシンプルな生活を実践しようとした。

　こうしたバック・ツー・ザ・ランド・ムーブメントの根底にある精神と，運動に結び付いたイデオロギーについて，1975年，バック・ツー・ザ・ランダーのジョン・ヴィヴィアン（John Vivian）は，自らの経験に基づいて次のように述べている（Vivian, 1975, pp. 1-2. ［　］内は筆者による）。

　　およそ10年前，ルイーズ［Louise：ジョンの妻］と私は，典型的な米国型超消費者生活について，何かが間違っていると考えるようになった。（中略）ルイーズと私は，消費者であること，すなわち都心に通勤して退屈な仕事をこなし，生活用品でいっぱいの郊外のマイホームや派手な車，その他米国人としての成功を象徴するような本質的でない物たちの代金を払うことに，飽き飽きするようになった。

　　そのため，私達は退屈な仕事をやめ，それまでの生活を清算してより良い生活を求めた。（中略）今日私達は，ニューイングランドの森の中，丘の麓にある農場で生活している。私達が生きる場所は，果樹園であり，畑であり，家畜で一杯の家畜小屋とつながった古民家である。（中略）都市部出身

2　1960年代終わり，ベトナム戦争の兵役から逃れるため，あるいは自分の子供を兵役から逃れさせるため，カナダの農村部へと移住した米国人もいた。
3　"John Shuttleworth: Editor/Publisher of the Mother Earth News," *Mother Earth News*, March/April 1970（デジタル版），および "John Shuttleworth, Founder of Mother Earth News, Interview Part Ii," *Mother Earth News*, March/April 1975（デジタル版）による。

の私達は，20世紀後半の問題だらけの米国都市生活を拒絶し，農村生活を選択した。私達が送る農村生活は，18世紀の人々の生活様式であると同時に，21世紀の人々のあるべき姿でもある。（中略）私達は，化学肥料を使用せず，有機農法で食品を栽培する。衣服や陶器，道具を自分の手で作り，木工や配管工事なども自ら行う。エネルギーの多くは，薪と自分達の筋力によってまかなっている。

　（中略）有機農家は，自然と協力し，自然の法則に従い，環境に与える影響を最小限に抑えるような方法で農業を行う。（中略）生活必需品の多くを自給し，慎重に商品を選んで最小限の買い物をすることで，農家は地球上の限りある資源，または再生不可能な資源をほとんど消費しない人となりうる。また，自給自足する農家のもうひとつの利点は，彼らが経済面において相対的に独立している点である。つまり，景気がどのように変化しても，農家が解雇されることはない。農場と家畜と森さえあれば，たとえ食料不足・燃料不足・就職難が突然襲ってきたとしても，子供達が凍えたり，空腹になったりすることはない。


第 2 節

# バック・ツー・ザ・ランド・ムーブメントの社会運動組織（SMO）

　1960年代に米国で高まりを見せた多くの社会運動とは異なり，バック・ツー・ザ・ランド・ムーブメントには，運動の参加者と支持者を募る社会運動組織（SMO）が存在しなかった。運動の参加者と支持者を動員する役割を果たしたのは，多様な出版物であった。これらの出版物は主に2種類に分類することができる。ひとつは，都市から農村へと移住し，農場経営を実践した人々が出版した経験談である。もうひとつは，都市から農村への移住と農場経営に関するハウツーを提供する雑誌と書籍である。

## 1. 経験談

　1970年代，都市から農村へ移住した人々によって書かれた経験談が数多く出版された。こうした経験談は，(1)バック・ツー・ザ・ランド・ムーブメントが発生する以前のパイオニア農村移住者が出版した書籍の復刻版と，(2)バック・ツー・ザ・ランダー達自身が出版した本とに二分される。

### 復刻版

　復刻版のうち，バック・ツー・ザ・ランダー達に最も大きな影響を及ぼしたの

は，スコット・ニアリング（Scott Nearing）とヘレン・ニアリング（Helen Nearing）夫妻が 1954 年に出版した *Living the Good Life*（『より良い人生を生きて』）である（Agnew, 2004; Brown, D., 2011）。1930 年代，当時 50 歳に達していたスコット・ニアリングは，自分より 20 歳若いパートナーであるヘレンとともにバーモント州の農村に移住し（後にメイン州に転居），自家農場で自給自足の生活を送った。ニアリング夫妻は，有機農法を実践し，化学添加物や加工食品を食べることを避け，自然のホールフーズ（whole foods）や生の農産物の栄養価値を唱えていた（Nearing & Nearing, 1970/1989）。1954 年ニアリング夫妻は，自らの経験をまとめ，*Living the Good Life* を出版した。

　興味深いことに，同書がベストセラーになったのは，1970 年に同書の復刻版が出版された時であった。復刻版刊行の 1 年目，同書は 5 万部も売れ，「バック・ツー・ザ・ランド・ムーブメントのバイブル」と呼ばれた（Brown, D., 2011, p. 44）。1970 年代，メイン州にあったニアリング夫妻の農場は，バック・ツー・ザ・ランダーとその予備軍がこぞって訪れる場所となった。ニアリング夫妻はそこで多くの若者を迎え，自らの生活経験を説明した（Jacob, 1997; Agnew, 2004; Brown, D., 2011）。

　ニアリング夫妻の *Living the Good Life* の他，1933 年に出版されたラルフ・ボルソディ（Ralph Borsodi）の *Flight from the City: An Experiment in Creative Living on the Land*（『都市からの逃亡：農村におけるクリエイティブな生活の実験』，以下，*Flight from the City* と略す）もまた，1972 年に復刻版として再刊行された。経済学者であり（O'sullivan, 2015），ニューヨーク市で専門職として働いていたボルソディは，過度の工業化により，被雇用者とその家族が景況や企業経営に運命をコントロールされて不安定な状況にあることに危機感を覚えた。また都市部におけるスモッグや騒音，埃だらけの劣悪な生活環境に対する不満を募らせていた。1920 年代，ボルソディは，ニューヨーク市から，当時はまだ農村地帯であったニューヨーク市郊外へと家族を連れて移り住んだ。ボルソディ家族は，自家農場で果物と野菜を栽培すると同時に，ミルクや卵なども生産し，自給自足の生活を送った（Borsodi, 1933/2012）。1933 年，ボルソディは自らの農村生活・農場経営の体験をまとめて，*Flight from the City* を出版した。

　*Flight from the City* の中でボルソディは，農場購入のコストや，鳥と羊の飼育，布を織ることから手掛ける洋服づくり，子供の自宅での教育など，自らの農村生活・農場経営の経験を詳細に解説することで，農村での自給自足生活が経済的に実現可能であることを示した。それだけではなく，同書は，都市から農村への移住がもつ 2 つのメリットを力強く指摘した。ひとつは，失業のリスクが常にと

もうなう被雇用者という不安定な生活から脱し，自立かつ安定した生活を手に入れることができるという点である。もうひとつは，都市で食べる食品，すなわち質の低い原材料と人工着色剤，合成香料とで製造された「健康を害する」食品を食べることをやめ（Borsodi, 1933/2012, p. 23），「化学添加物不使用の食品（pure food）と新鮮な食品」を食べられる，というメリットである（Borsodi, 1933/2012, p. 24）。

　バック・ツー・ザ・ランダー達の経験談

　前述のような復刻版に加えて，バック・ツー・ザ・ランダー達自身が書いた経験談も数多く出版された。代表的な作品として，レイモンド・ムンゴ（Raymond Mungo）の *Total Loss Farm: A Year in the Life*（『トータル・ロス・ファーム：農村での1年』，以下，*Total Loss Farm* と略す）および，スティーブン・ギャスキン（Stephen Gaskin）の *Hey Beatnik! This is The Farm Book*（『ハイ，ビートニック！これはザ・ファームを語る本だ』，以下，*Hey Beatnik!* と略す）が挙げられる。

　ムンゴは1946年に生まれ，ボストン大学在学中に学生運動のリーダーとなった。アンダーグラウンドの報道機関 LNS（Liberation News Service）を設立し，政府が報道しないベトナム戦争についての情報や学生運動に関する情報などを発信していた（Spiotta, 2014）。1968年夏，ベトナム戦争反戦運動の結末やヒッピームーブメントの行く末に失望し，自らが夢見る根本的な社会変革を生み出そうと考えたムンゴは（Brown, D., 2011），8人の友人と共同でバーモント州の農村地帯に90エーカー（36ヘクタール）の土地を購入した。同地において農場・コミューン「トータル・ロス・ファーム（Total Loss Farm）」を設立した彼らは，バック・ツー・ザ・ランダーとなった。ムンゴが出版した *Total Loss Farm* は，そのタイトルにも示されるように，ムンゴ達仲間が農場・コミューン「トータル・ロス・ファーム」で過ごした1年目の生活の体験談であった。*Total Loss Farm* は，刊行されるやいなやすぐに注目され，同書の第1章は著名な雑誌 *The Atlantic Monthly*（現 *The Atlantic*：『ジ・アトランティック』誌）1970年5月号のカバーストーリーに取り上げられた。また，E.P. Dutton & Co., Inc. 社がハードカバー版を出版したのに続き，Bantam ペーパーバックおよび Avon ペーパーバック，Madrona Publishers 社のペーパーバックが相次いで刊行された（Mungo, 1970/2014）。

　一方，スティーブン・ギャスキンは，*The New York Times*（『ニューヨークタイムズ』紙）によってヒッピーグル（hippie guru）と称された人物である[4]。ギャ

---

4　スティーブン・ギャスキンに関する説明は，Douglas Martin（2014）, "Stephen Gaskin, Hippie Who Founded an Enduring Commune, Dies at 79," *The New York Times*, July 3, 2014, p. B12;

スキンは 1935 年生まれで，高校を中退して海兵隊に入隊した。除隊後はサンフランシスコ州立大学（San Francisco State University）で言語学学士・修士号を取得した。1960 年代半ば，ギャスキンはしばしの間サンフランシスコ州立大学で「魔術（witchcraft）」などの授業を教えていたが，同大学文学部が彼との契約を更新しないことが決まった後，1967 年から約 4 年間にわたり，サンフランシスコで「月曜夜クラス（Monday Night Class）」なるものを主催した（Gaskin, 1974）。それは，ギャスキンが毎週月曜日の夜，大学のキャンパスや公会堂などで自らの思想について説教するクラスであった。月曜夜クラスは，1970 年に *The New York Times* が記事として取り上げるほど，全米で注目されるようになっていた。

　1970 年，ギャスキンは，リベラル派のキリスト教聖職者達に，全米の教会で説教して欲しいと招かれ，信者達とともに 25 台のスクールバスに分乗して全米 42 の州を回った。サンフランシスコに戻ったギャスキンは，信者達と別れるのは寂しいとして，テネシー州の農場で共同生活を送ることを信者達に提案した。再びスクールバスでテネシー州へと向かったギャスキンと約 300 人の信者達は，1 エーカー当たり 70 ドルという破格の値段で 1014 エーカー（410 ヘクタール）の土地を買い[5]，農場・コミューン「ザ・ファーム（The Farm）」を設立した。

　1974 年，ギャスキンとザ・ファームの生活者達は，自らの生活やギャスキンの思想・説教をまとめて，*Hey Beatnik!* を出版した。同書では，ギャスキンの思想の他，ザ・ファームが約 600 人の住民の食料を確保するためにどのような作物をどのように生産しているか，有機農業を実践しようとしたものの雨が多いテネシー州では結局化学肥料・農薬の使用量を徐々に減らす方法へと変更せざるを得なかったこと，給水システムの建設，コミューンでの食事のレシピ，住民の癒しと娯楽，コミューン内での子育て，学校設立，産婆介助の下での出産など，農村生活・農場経営のあらゆる側面が写真を交えて紹介されていた。ギャスキン達のザ・ファームおよびそれに関する出版物は，インターネットがなかった時代にヒッピー・有機農家・DIY 愛好者に重要な情報源として活用されていた雑誌

---

"A 35-Year-Old Guru Ministers to Hippies of Northern California," *The New York Times*, September 21, 1970, p. 48; Steve Chawkins (2014), "Stephen Gaskin Dies at 79; Founder of The Farm Commune," *Los Angeles Times*, July 5, 2014（デジタル版），および Gaskin（1974）による。

5　1970 年代前半，あるバック・ツー・ザ・ランダーがカリフォルニア州で農地を購入した際，その価格は 1 エーカー当たり約 3000 ドルであった（Cheney, 1975/2001）。また 1968 年，別のバック・ツー・ザ・ランダーがオレゴン州で農地を購入した際には，1 エーカー当たり 625 ドルの値段を支払った（Houriet, 1971）。こうした価格と比べると，ギャスキン達が購入した土地の値段がいかに安かったかがわかる。

*Whole Earth Catalog*（『ホールアースカタログ』誌）に取り上げられた[6]。

　ムンゴとギャスキンの著作の他，女性のバック・ツー・ザ・ランダーによる著作もいくつか出版された。例えば，1975 年に刊行されたマーガレット・チェイニー（Margaret Cheney）の *Meanwhile Farm*（『ミーンワイル・ファーム』）は，出版後ベストセラーとなった（Cheney, 1975/2001）。チェイニーは，サンフランシスコのベイエリアで仕事をし，生活を送っていたが，そうした生活の中で感じた憂うつや，夫との死別による悲しみ，60 年代社会変革に対して抱いていた希望が裏切られた失望感など，負の感情から逃れたいとの思いを強くした。70 年代，心の晴朗を求めたチェイニーは，1 人の女性友達と一緒にカリフォルニア州の農村で 5 エーカー（2 ヘクタール）の土地を買い，農場「ミーンワイル・ファーム（Meanwhile Farm）」を始めた。*Meanwhile Farm* は，女性 2 人による農村生活・農場経営の体験談を紹介した本である。同書の中でチェイニーは，農地の購入から井戸掘り，有機農産物生産など自分達の生活に加えて，近隣に住むバック・ツー・ザ・ランダー達の様子をヴィヴィッドに描いた。バック・ツー・ザ・ランダー達と地元の人々との交流や，米国の田舎町の様子，バック・ツー・ザ・ランダー達が持っていた環境保護に対する高い意識，女性解放運動に対する考え方など，同書で扱われたトピックは多岐に亘った。

## 2. ハウツー雑誌・書籍
### ハウツー雑誌

　1970 年代，バック・ツー・ザ・ランダーおよびその予備軍達に最も広く読まれた雑誌は，隔月雑誌 *Mother Earth News*（『マザーアースニュース』誌）であった（Vivian, 1975; Jacob, 1997; Agnew, 2004）。同誌は，1970 年にジョン・シャトルワース（John Shuttleworth）と妻のジェーン（Jane）によって創刊された雑誌である[7]。1937 年生まれのジョン・シャトルワースは，卒業生総代として高校を卒業し，大学で 4 年間勉強するための奨学金を獲得した。しかし，大学とは「米国の軍事・産業複合体のために働く労働者や，大量消費をする消費者を育てる機関に過ぎず，満足する生活の送り方や潜在能力を開発する方法を教えてくれる機関ではない」と考えるようになった彼は，1958 年に大学を中退する。いわゆる

---

6　*The Next Whole Earth Catalog*, Second Edition, October 1981。
7　John Shuttleworth の経歴および *Mother Earth News* の創刊の経緯については，"John Shuttleworth: Editor/Publisher of the Mother Earth News," *Mother Earth News*, March/April 1970（デジタル版），および "John Shuttleworth, Founder of Mother Earth News, Interview Part Ii," *Mother Earth News*, March/April 1975（デジタル版）による。

「ドロップアウト」の先駆け的人物である。その後の約 10 年間，シャトルワースは，30 回か 40 回の転居と，80 回か 100 回の転職を繰り返した。1970 年，*Whole Earth Catalog* から大きな影響を受けたシャトルワース夫妻は，*Mother Earth News* を創刊した。シャトルワース夫妻は環境保護に強い関心を持っていた。

　ジョン・シャトルワースが *Mother Earth News* を創刊した狙いは 2 つあった。(1)人々が自らの運命をコントロールする自由を取り戻すための手助けをすること，および(2)自然環境に対する破壊を止めさせることであった[8]。そのため同誌は，ニアリング夫妻などパイオニア達に対するインタビューを積極的に掲載し，バック・ツー・ザ・ランダー達の生活を紹介すると同時に，農場経営・農村生活に関する幅広い分野のハウツーを紹介した。同誌が提供した情報は，共同で土地を買う人を募集するための広告の打ち方から，土地の購入方法，農場移転前に行うべき準備，乳牛の飼育法，オーガニック・ガーデンの根覆いの方法，全粒粉を使った料理のレシピ，殺虫剤を使わない害虫駆除法など多岐に亘った。*Mother Earth News* は，バック・ツー・ザ・ランダー達とその予備軍に刺激を与え，また，農場経営・農村生活に関する情報を提供する雑誌として人気を博した（Jacob, 1997; Agnew, 2004）。創刊 7 年後の 1977 年，同誌の購読者数は 55 万人に達した[9]。

**ハウツー本**

　1970 年代，雑誌のほか，農場経営のハウツー本も数多く出版された。とりわけロデール出版社から刊行された 2 冊のハウツー本は，*OGF* とともに，農場経営と農法，有機農場と有機農法に関して，バック・ツー・ザ・ランダー達にとって重要な情報源となった。

　その 1 冊は，自らもバック・ツー・ザ・ランダーであったジョン・ヴィヴィアンが 1975 年に書いた *The Manual of Practical Homesteading*（『実践的農場経営マニュアル』）である。ヴィヴィアンは 1960 年代に経営学修士号（MBA）を，彼の妻のルイーズは初等教育の修士号を取得している。彼らはいわゆる高学歴カップルである。ヴィヴィアン夫妻は大学院修了後，専門職従事者として夫婦で共働きし，都心に勤め，郊外の一戸建て住宅で生活していた。しかし，数年の間「収入が上昇し続け，スポーツカーを購入し，世界中旅行して回るような生活を続け

---

8　"John Shuttleworth, Founder of Mother Earth News, Interview Part Ii," *Mother Earth News*, March/April 1975（デジタル版）による。
9　"News From Mother: Who Reads Mother Anyway?," *Mother Earth News*, September/October 1977（デジタル版）による。

た後」，ヴィヴィアン夫妻は都市生活に対する不満を募らせるようになった（Vivian, 1975, p. 3）。ヴィヴィアン夫妻が都市生活に不満を感じた原因は，「通勤電車，ルーチン化した退屈な仕事，不必要なほどに速い生活リズム，スモッグ，汚い街，犯罪」といった都市生活上の問題に留まらなかった。彼らは「これまでの人生は，表面的な満足感や快適性，利便性，ステータスを求めること以外の何ものでもなかった」と感じるようになったという（Vivian, 1975, p. 3）。自分達が満足できる人生を求めて，ヴィヴィアン夫妻はニューイングランドの農村地帯にさびれた農場を見つけ，それを購入してバック・ツー・ザ・ランダーとしての生活を始めた。

　1975 年，ジョン・ヴィヴィアンは，家族 4 人が数年間農場で生活し，農業を営んだ経験に基づき，*The Manual of Practical Homesteading* を出版した。同書においてヴィヴィアンは，春夏秋冬それぞれの季節に沿って，農場で行われる作業およびその方法を，作物や動物，道具の絵・写真を交えながら詳しく説明した。例えば，有機農家にとって最も重要な種の選び方と良い種子を提供する農家に関する情報，冬の農閑期に砂糖楓から樹液をとりメープルシロップやカエデ糖をつくる方法，巣箱の作り方，早春に栽培する野菜の種類とその栽培の仕方，飼育する鳥やウサギについて使用目的に沿った品種選定方法，鶏小屋やウサギのケージの作り方，鳥やウサギの飼育方法，初夏における養蜂と果物の栽培方法，根覆いと天然肥料（manure）を使って栄養豊富な土壌をつくる方法，夏野菜の栽培方法，秋に収穫した果物と野菜を保存食に加工する方法，冬期の家畜飼料を準備する方法，家畜の屠殺方法など，農場経営のハウツーが詳細に説明されていた。

　*The Manual of Practical Homesteading* に加えて，1977 年にロデール出版社によって出版されたジェフ・ヒューイット（Geof Hewitt）著の *Working for Yourself: How to Be Successfully Self-Employed*（『自己雇用：成功のノウハウ』）もまた，バック・ツー・ザ・ランダー達にとって重要な情報源となった。同書は，*The Next Whole Earth Catalog: Access to Tools*（『ザ・ネクスト・ホールアースカタログ：アクセス・ツー・ツール』誌）に，仕事を辞めて農場など自らのビジネスを起こしたい人に「大きな刺激を与える本」として紹介された（p. 306）。ヒューイットはジョン・ホプキンス大学とアイオワ大学の 2 つの大学で修士号を取得した後，ハワイ大学で 1 年間教員を務めた。1971 年，大学の仕事を辞めてバーモント州に移り住み，フリーランスのライターとなった（Hewitt, 1977）。同書は，有機農場・牧場を含む農場のスタート方法・経営方法について，実在の農家の経験に基づき，詳細な情報を綴ったものである。同書で紹介された農場の種類は，有機野菜・ハーブ，有機種子，有機羊乳をつくる農場から，養蜂農家・ミード酒メーカー，

ワイナリー，シードルメーカー，クリスマスツリー農場，さらにミミズの繁殖農家まで多岐に亘った。また，それぞれのタイプの農場のスタート・経営方法について，初期投資および主要なリスク，必要とされる流動資金，季節ごとの農場労働に投入しなければならない時間，農場を経営する傍ら農場以外の場所でフルタイム・パートタイムの仕事に従事する時間の有無，生産物の販売チャネルとマーケティングの方法といった詳細な情報を提供した。興味深いことに，さらに，生産物や生産方法を文章にまとめて雑誌に寄稿したり，ラジオ局やテレビ局の番組に出演したりすることによって，農家自らが生産物をマーケティングすることの重要性を強調した。

　ロデール出版社の出版物の他，1975年，女性バック・ツー・ザ・ランダーのパトリシア・クロフォード（Patricia Crawford）が，自らの農場経営経験に基づき，農場経営のハウツー本 *Homesteading: A Practical Guide to Living off the Land*（『農場経営：実践的ガイド』）を刊行した。同書は，バック・ツー・ザ・ランダー達，とりわけ女性バック・ツー・ザ・ランダー達にとって重要な情報源となった。クロフォードは，学者としての大学の仕事を辞めてバック・ツー・ザ・ランダーになった人物である（Crawford, 1975）。この本においてクロフォードは，都会人が農村に移住する際に直面する問題や慣れていない事項，農場の立地選択，商業用農産物（例えば果物，ナッツ，花など）の栽培法，生産物の販売方法，農閑期である冬に収入を得る方法など，農場経営に関する様々な問題についてアドバイスを提供した。

## 第3節
## バック・ツー・ザ・ランダーのプロフィール

　バック・ツー・ザ・ランダーについて，公的機関によって行われた調査と統計は存在しない。また，彼らが広大な農村部に分散して生活していたため，その全貌をとらえることは難しい（Jacob, 1997）。1992年，社会学者ジェフリー・ジェイコブ（Jeffrey Jacob）は，バック・ツー・ザ・ランダー向けのニュースレター *Countryside*（『カントリーサイド』）の購読者に対して，12頁に及ぶ質問票調査を実施した（以下，ジェイコブ調査と略す）[10]。その調査の結果は，バック・

---

10　*Countryside* は，バック・ツー・ザ・ランダーであった JD ベランガー（JD Belanger）が，1969年に創刊したニュースレターである。ベランガーはウィスコンシン大学でジャーナリズムを専攻した後，妻とともに農村に移住した。1エーカー（0.4ヘクタール）の農場を経営す

ツー・ザ・ランダー達のプロフィールと生活を把握する重要なデータとなっている。また，ジェイコブ調査を含めた一連の調査結果をまとめた研究書 *New Pioneers: The Back-to-the-Land Movement and the Search for a Sustainable Future*（『新しいパイオニア達：バック・ツー・ザ・ランド・ムーブメントと持続可能な将来の探求』）は，バック・ツー・ザ・ランダーに関する研究の古典としても知られる。以下では，1992 年のジェイコブ調査の結果に基づき，バック・ツー・ザ・ランダーのプロフィールについて説明する。

## 1．ジェイコブ調査

　1992 年に実施されたジェイコブ調査の回答者の平均年齢は 47 歳であり，また，彼らの多くは，最終教育を終えてからの社会人生活のうち，約半分を都市で，残りの半分を農村で過ごしていた（Jacob, 1997）。回答者が経営する農場，あるいは働いている農場の規模をみると，平均面積は 19 エーカー（8 ヘクタール）であり，1992 年米国の農場平均面積 491 エーカー（199 ヘクタール）と比べると非常に小さいことがわかる。また，回答者のうち 92% は農場を所有し，そのうち 42% はローンを完済していた（Jacob, 1997）。こうした調査の結果に基づき，ジェイコブは，バック・ツー・ザ・ランダー達の多くは自ら選んだライフスタイルに多大な投資をしているとコメントした（Jacob, 1997）。

　ジェイコブ調査によって，バック・ツー・ザ・ランダーのプロフィールに関して 2 つの特徴が明らかになった。ひとつは，彼らは高学歴であり，また，その多くは農業経験がほとんどないままに農村に移り住んだ，という点である。表 2-1 は，最終学歴について，ジェイコブ調査の回答者およびその配偶者の状況と，全米平均との比較を示している。この表に示されるように，高校を卒業しなかった人の比率は，全米 25 歳以上の平均が 21.6% であったのに対し，ジェイコ

---

る傍ら，*Countryside* を始めた。1980 年代末 *Countryside* の購読者は 2 万人を超えた（Jacob, 1997）。1992 年，ジェイコブはベランガーの協力を得て，その購読者リストにアクセスした。ジェイコブは購読者リストの中から，(1)カリフォルニア州および(2)テキサス州，(3)ミズーリ州，(4)ミネソタ州，(5)メイン州，(6)ジョージア州の 6 つの州それぞれからランダムに 200 人を抽出し，計 1200 人に質問票を郵送した。結果として 698 人から回答が得られた（回答率 58%）。58% という回答率についてジェイコブは，同種の質問票調査の中でも非常に高い回答率だとコメントしている（Jacob, 1997）。回答者がバック・ツー・ザ・ランダーであるかどうかを判別するべく，ジェイコブは質問票の中に「住んでいる農場は家畜を飼育できるほど大きな規模であるか」という問いを入れた。この問いに肯定的に答えた 565 人を，ジェイコブはバック・ツー・ザ・ランダーとして扱った。565 人の州別構成比は，カリフォルニア州 17%，テキサス州 15%，ミズーリ州 13%，ミネソタ州 17%，メイン州 22%，ジョージア州 16% であり，州間の差は大きくはなかった。

表 2-1　最終学歴についてジェイコブ調査の回答者と全米 25 歳以上の平均値との比較
（1992 年）

| 最終学歴 | 回答者*(%) | 全米平均(%) |
|---|---|---|
| 高校未卒業 | 7 | 21.6 |
| 大学中退または在学中 | 25 | 22.1 |
| 大卒以上（うち修士号または博士号の取得者） | 33（12） | 21.4（NA） |

注：＊回答者自らの学歴だけではなく，回答者が報告したその配偶者の学歴状況も計上されている。なお，回答者数
　　は 563 人であった。
出所：U.S. Census Bureau, CPS Historical Time Series Tables: (Table A-1) Years of School Completed by People 25 Years
　　and Over, by Age and Sex: Selected Years 1940 to 2019; (Table A-2) Percent of People 25 Years and Over Who Have
　　Completed High School or College, by Race, Hispanic Origin and Sex: Selected Years 1940 to 2019 (https://www.
　　census.gov/data/tables/time-series/demo/educational-attainment/cps-historical-time-series.html, 最終アクセス日：
　　2020 年 10 月 9 日)，および Jacob (1997), p. 39, Table 2 により筆者が作成。

ブ調査の回答者とその配偶者の比率は 7% と非常に低かった。一方，大卒以上の
比率は，全米 25 歳以上の平均が 21.4% であったのに対して，ジェイコブ調査の
回答者とその配偶者の比率は 33% と非常に高かった。大学中退者を含めると，
ジェイコブ調査の回答者とその配偶者のうち 58% は大学経験があり，また，
12% は修士号または博士号を有していた。彼らが取得した学位の分野は，人類
学修士から野生動物学博士まで多岐に亘っていた（Jacob, 1997)。

　ジェイコブ調査の回答者およびその配偶者の学歴について見てみると，女性の
学歴の高さが際立っている。1992 年，全米 25 歳以上で大卒以上の学歴を持つ人
口の比率は，男性の 24.3% に対して，女性は 18.6% と低い値を示していた 。一
方，ジェイコブ調査の回答者およびその配偶者のうち，大学中退および大卒以上
の学歴を持つ人の比率は，男性より女性の方が 3% 高かった（Jacob, 1997)。

　農村に移住する前に農業経験があったかとの設問に対して，ジェイコブ調査の
回答者とその配偶者のうち，「大いにあった」と答えた人の比率は，男性が
34%，女性が 20%，平均 27% に過ぎなかった。一方，「経験が全くない・あまり
ない・少しだけあった」と答えた人の比率は，男性が 66%，女性 80%，平均
73% であった。こうした調査結果からバック・ツー・ザ・ランダー達の多くは，
都市出身の高学歴者であったことがうかがえる。

　バック・ツー・ザ・ランダーのもうひとつの特徴は，自給自足という理念を持
ちながらも，農村の厳しい生活環境の下で生き残るために，イデオロギーに関し
ては純粋主義の立場をとらず，実用主義の立場で生活を営んでいた，という点で
ある。表 2-2 は，ジェイコブ調査の回答者の収入源別構成比を示している。こ
の表に示されるように，44% の回答者は，農場を経営しながらも，自分または

表 2-2　ジェイコブ調査の回答者の収入源別構成比（1992 年）

| 主要な収入源 | 回答者の比率（%） |
|---|---|
| 農場以外のフルタイム雇用から得られる収入 | 44 |
| 年金 | 18 |
| アルバイトまたは季節労働から得られる収入 | 17 |
| 自らの農場で立ち上げたビジネス（例えば，キャビネット作り） | 15 |
| 基本的に自給自足の生活 | 3 |
| 野菜や果物など市場価値が高い農産物の栽培と販売 | 2 |
| 他人の農場での住み込み労働 | 1 |

出所：Jacob (1997), p. 53, Table 5 により筆者が作成。

配偶者，あるいは両者によるフルタイム雇用から得た給料を主要な収入源としていた。彼らは週末や早朝，夜の時間帯を利用して農場の仕事をこなした。また，回答者の 18% は年金収入を主な収入としていた。さらに，回答者の 17% はアルバイトや季節労働によって，15% は農場内でビジネスを立ち上げることで生活費を補っていた。こうした調査結果から，バック・ツー・ザ・ランダー達には兼業農家が多いことがうかがえる。一方，専業農家として農場経営だけで生計を維持している回答者は 5% に過ぎなかった。

## 2. *Mother Earth News* の購読者調査

ジェイコブ調査の結果は，1977 年 *Mother Earth News* が購読者のプロフィールを調査した結果とも整合的である[11]。1977 年に実施された *Mother Earth News* の購読者調査によると，同誌の購読者の平均年齢は 32.6 歳であり，男性が 52%，女性が 48% であった。表 2-3 は，*Mother Earth News* の購読者調査の結果を示したものである。この表に示されるように，同誌の購読者のうち，高学歴者の比率は非常に高く，同誌購読者の世帯年収の中央値は全米平均をはるかに上回っていた。*Mother Earth News* の購読者には専門職業人が多く，その業種は，大学の学長から，音楽家，医師，弁護士，建築家，図書館司書など幅広い分野に亘っていた。購読者の多くが高い教育を受けていたことと関連するかもしれないが，同誌

---

11　*Mother Earth News* の購読者調査の結果は，"News from Mother: Who Reads Mother Anyway?," *Mother Earth News*, September/October 1977（デジタル版）による。

表 2-3　1977 年 *Mother Earth News* の購読者調査の結果

| 調査項目 | 結果(%) |
|---|---|
| 大学中退者・大卒者の比率（大学院中退・修了者の比率） | 59（18） |
| 世帯年収の中央値（全米平均） | $18,000<br>（$13,572） |
| 主な職業・収入源 | |
| 　専門職業人 | 35.9 |
| 　職人 | 13.7 |
| 　自営業者 | 9.7 |
| 　肉体労働者・販売員 | 9.5 |
| 　専業農家 | 4.9 |
| 　学生 | 2.3 |
| 食品に投入される化学添加物と防腐剤について懸念を持つ人の比率 | 92.7 |
| 有機農産物を選好する人の比率 | 86.3 |
| 自宅用の農産物を自ら栽培している人の比率 | 82.5 |

出所：U.S. Bureau of the Census（1978），および "News From Mother: Who Reads Mother Anyway?," *Mother Earth News,* September/October 1977（デジタル版）により筆者が作成。

　の購読者の趣味が 1970 年代の一般的な米国人のそれとは大きく異なっていたこともまた，*Mother Earth News* の調査で明らかになった。例えば，同誌の購読者の 6.7% は全くテレビを見ず，42.8% はテレビを見る時間が週 7 時間以下と，一般的な米国人よりはるかに少なかった。一方，過去 12 カ月の間にハードカバーの書籍を 3 冊以上購入した人および，ペーパーバックの書籍を 3 冊以上購入した人の比率はそれぞれ 78.6% と 87.7% という高い値を示した。同誌の購読者には音楽演奏愛好者が多く，ギター，ピアノ，ハーモニカ，オルガンを演奏できる人の割合はそれぞれ 26.5%，25.8%，12.8%，10.5% に達した。
　表 2-3 に示されるように，*Mother Earth News* の購読者のほとんとは，食品に投入される化学添加物と防腐剤について懸念を持ち，86.3% の人は有機農産物を選好し，82.5% の人は自宅用の農産物を自ら栽培していた。こうしたことから，*Mother Earth News* の購読者のうち，専業農家の比率は 4.9% とさほど高くないが，ほとんとの人が有機農業に対して関心を持っていたことがわかる。こうした調査結果に基づき，*Mother Earth News* は，同誌の購読者達は「高い教育を受け，

良い職業に就き，活発かつ知的で，成熟して信頼できる人々であり，慣行とは異なる物事，例えばオルタナティブ・エネルギー源や，有機農法，リサイクルに対して，恐れずに興味を示し，それらを勇敢に受け入れている」とコメントした。

## 3. 社会学者の調査の結果

　1970 年代，米国の社会学者達は全米各地の農村に分布していたコミューンについて調査を実施した。これらの調査の結果もまた，ジェイコブ調査と同様の結果を示した。例えば，社会学者アンジェラ・アイダラ（Angela Aidala）とベンジャミン・ザブロッキ（Benjamin Zablocki）は，1974 年から 1976 年にかけて，6 つの大都市圏（ボストン，ニューヨーク，アトランタ，ミネアポリス・セントポール，ヒューストン，ロサンゼルス）に分布していた 60 のコミューンについて質問票調査およびインタビュー，観察調査を行った。こうした調査結果に基づき，彼らは 1970 年代半ばの米国農村部におけるコミューン生活者のプロフィールを明らかにした（以下，アイダラ・ザブロッキ調査と略す）。15 歳以下の子供を除いたコミューン生活者の平均年齢は 26 歳であり，そのうち 82% はベビーブーム世代（1946 年～1959 年生まれ）であった。また，99% が白人であり，男性の比率は 54% であった。

　表 2-4 は，アイダラ・ザブロッキ調査で明らかになったコミューン生活者のプロフィールと全米平均との比較を示したものである。この表に示されるように，全米の一般的な成人のみならず，彼らと年齢層や人種が同じ米国人達と比べても，コミューン生活者には顕著な特徴が見られた。同じ年齢層の白人の米国人と比べて，コミューン生活者達自身の教育水準が著しく高かっただけではなく，その両親の教育水準もまた非常に高いものであった。教育水準の違いを反映し，コミューン生活者が被雇用者であった場合，同じ年齢層の白人と比べて専門職に従事している比率が高かった。また，コミューン生活者には，結婚して子供を持つといった伝統的な家庭を築いている人が少なかった。一方，コミューン生活者が育った環境についてみると，そのほとんどが実の親に育てられ，同じ年齢層の白人と比較すると兄弟の数が少なかった。すなわち，コミューン生活者の多くは，安定した核家族家庭で育った人々であった。

　アイダラ・ザブロッキ調査のほか，ジャーナリストのロバート・フーリエ（Robert Houriet）が 1968 年から 1970 年にかけて全米各地のコミューンを取材した結果もまた，ジェイコブ調査の結果を支持する内容であった。その取材によると，コミューン生活者の多くは高学歴の都市の人であった。また彼らは，自給自足の理想を持ちながらも，生計を維持するために，教師や電気技師など専門職

表 2-4　1970 年代半ば（1974 年〜1976 年）コミューン生活者のプロフィールと
全米平均との比較

| 属性項目 | コミューン生活者[1]（%） | 全米 | |
|---|---|---|---|
| | | 18 歳以上の人口の平均(%) | コミューン生活者と同じ年齢層の白人の平均[2] (%) |
| 平均年齢(歳) | 26 | 42 | 26 |
| 大卒者の比率 | 52 | 14 | 19 |
| 人口に占める男性の比率 | 54 | 45 | 54 |
| 非白人の人口の比率 | 1 | 12 | 0 |
| 婚姻状況 | | | |
| 　独身 | 71 | 14 | 29 |
| 　既婚 | 14 | 68 | 63 |
| 　離婚・別居・死別 | 15 | 18 | 8 |
| 子供がいる人口の比率 | 15 | 75 | 53 |
| フルタイム被雇用者の比率 | | | |
| 　男性 | 57 | 59 | 67 |
| 　女性 | 23 | 28 | 36 |
| 専門職業の従事者の比率 | 46 | 14 | 16 |
| 親の教育レベル | | | |
| 　父親が大卒者の比率 | 45 | 7 | 11 |
| 　母親が大卒者の比率 | 34 | 4 | 7 |
| 兄弟の人数(人) | 2.5 | 4.3 | 3.4 |
| 実の父・母の家庭で成長した人の比率 | 90 | 76 | 81 |

注：1. 15 歳以上の人口である。
　　2. コミューン生活者の男性と女性の比率を考慮に入れた加重平均である。
出所：Aidala & Zablocki（1991），p. 92, Table 1 により筆者が作成。


に従事したり，フェンスやドアなどをデザイン・製造するビジネスを立ち上げたり，他人の農場で肉体労働を行ったりしていた。中には，フードスタンプ（food stamp：生活扶助のための食料品割引切符）の申請をしている者までいたという（Houriet, 1971）。フーリエの取材調査もまた，ジェイコブ調査やアイダラ・ザブ

ロッキ調査の結果と整合的であった。

　ヒュー・ガードナー（Hugh Gardner）は，1970 年から 1973 年にかけて，米国の農村部にあった 13 のコミューンの形成と変遷や，コミューンで暮らす人々の生活を調査し，コミューン生活者の年齢，出身階級，学歴に関してアイダラ・ザブロッキ調査の結果と類似する特徴を発見した（Gardner, 1978）。Gardner（1978）は，安定した中産階級の核家族家庭で成長した若者が，出身家庭のライフスタイルや価値観に反発する現象に着目し，自らの調査結果をまとめた本に *The Children of Prosperity*（『繁栄の子供達』）というタイトルを付けた。

　自らが育った裕福な中産階級の生活に反旗を翻した若いバック・ツー・ザ・ランダー達の考え方について，元バック・ツー・ザ・ランダーのエレノア・アグニュー（Eleanor Agnew）は次のように記している（Agnew, 2004, p. 125．［　］内は筆者による）。

　　大学の卒業式が終わった［1968 年］5 月のある晴れた日，母と私はフォルクスワーゲンのディーラーに入った。母は中産階級の婦人らしく，スカートとトップスといういでたちで，髪の毛もきちんとセットしていた。彼女は小切手をとり出して，さらさらと車の代金の全額を記入した。彼女の隣に立っていた私は，軽蔑と嫉妬，感謝が入り混じったような感覚を覚えた。たしかに，当時フォルクスワーゲンの車はそれほど高い物ではなかったが，彼女がサラサラと小切手を書き，即座に車を取得したことに軽蔑の念を抱いた。彼女の行動はとても中産階級的に見え，また，私と友人が批判していた過度の物質主義社会を体現しているように感じられた。

第 4 節

# メインストリーム・ライフに戻ったバック・ツー・ザ・ランダー

　バック・ツー・ザ・ランダーの中には，農村生活を続けた者だけでなく，都市・郊外で被雇用者として働く，いわゆるメインストリーム・ライフに戻った者も少なからずいた（Houriet, 1971; Cheney, 1985; Miller, 1999; Agnew, 2004）。しかし，メインストリーム・ライフに戻ったバック・ツー・ザ・ランダー達は，農村での生活経験を失敗として捉えていたわけではなかった。むしろその経験があったからこそ，「自分はたくましく，品性を備えた人間」に成長できたと考えていた（Agnew, 2004, p. 239）。さらに彼らは，農村生活で培った「質素で，思いやりがあり，栄養豊富で健康に良い食材を摂取し，運動をすることで健康的に

過ごし，自然環境保護を重視する」という精神および生活習慣を自らのメインストリーム・ライフに持ち込んだ（Agnew, 2004, p. 240）。彼らの多くは，都市や郊外での生活に戻った後も，自宅の庭で有機農産物を育てた（Agnew, 2004）。彼ら自身が有機食品の忠実な消費者であり続けただけでなく，彼らの子供達の多くもまた，小さい頃から有機食品に囲まれて育ったことで，大人になっても有機食品を消費し続けた[12]。

　エレノア・アグニューは，メインストリーム・ライフに戻った元バック・ツー・ザ・ランダーの１人である。メインストリーム・ライフに復帰した後，大学院博士課程を経て大学教員となったアグニューは，自分自身の生活および元バック・ツー・ザ・ランダー四十数人とその家族の生活を記録し，*Back from the Land: How Young Americans Went to Nature in the 1970s, and Why They Came Back*（『都市への回帰：米国の若者は 1970 年代にどのように農村へと移住し，なぜまた都市に戻ったのか』，以下，*Back from the Land* と略す）を出版した。同書は，メインストリーム・ライフに戻った元バック・ツー・ザ・ランダー達に関する貴重な記録となっている。以下では，主に *Back from the Land* およびその他元バック・ツー・ザ・ランダー達の回顧録に基づき，元バック・ツー・ザ・ランダー達がメインストリーム・ライフに戻った理由と，都市回帰後の彼らの生活について説明する。

## 1. メインストリーム・ライフに戻った理由

　農場でのシンプルな生活，言い換えると，現代的な家庭用品や器具を使用しない生活は，骨の折れる作業をともなうものであった。確かに，井戸から水をくみ上げて行う洗濯や，燃料用の木材を一冬分用意する作業は重労働であったが，それらはバック・ツー・ザ・ランダー達が農村生活をやめた直接的な理由ではなかった（Cheney, 1975/2001; Cheney, 1985; Agnew, 2004）。また，生計を立てるために，バック・ツー・ザ・ランダー達の多くは，通常の大卒者が従事しないような肉体労働をせざるを得なかったが，それとて彼らが農村生活をやめた原因ではなかった（Cheney, 1975/2001; Cheney, 1985; Agnew, 2004）。例えば，アグニュー自身，生活費の不足分を稼ぐために，自家農場から 40km も離れたレストランでウエイトレスとして働いたり，新聞社のフリーランス・レポーターや，大学の秘書として働いたりした。しかし，このことを理由に彼女は農村を離れた訳ではな

---

12　David Lively（調査日：2017 年 11 月 10 日）および，Lola Milholland（調査日：2018 年 2 月 15 日）に対する筆者のインタビュー調査による。

かった（Agnew, 2004）。

　バック・ツー・ザ・ランダー達がメインストリーム・ライフに戻った理由は主に 3 つあった。1 つ目は，自分または子供のケガや病気で医療保険が必要となったことである（Agnew, 2004）。2 つ目は，子供の数が多くなり，子供達を養うために，安定した収入が必要になったことである（Agnew, 2004）。3 つ目は，農村生活を通じて，自分が本当に求めるキャリアに目覚めたことである（Houriet, 1971; Cheney, 1985; Agnew, 2004）。バック・ツー・ザ・ランダーの中には，大学卒業後，自らがどのようなキャリアと生活を望んでいるのかを見極められないまま会社勤めをスタートさせた人もいた（Agnew, 2004）。彼らは，勤め人生活の中に幸福を感じることはできなかった。そうしてバック・ツー・ザ・ランダーになったものの，農村での生活を通じて，自らの創造性に目覚め，自分が本当にやりたいことは何なのかという問いに対する答えを見つけた。彼らは農村を去ることを決意し，都市へと回帰したのである（Agnew, 2004）。

## 2. メインストリーム・ライフに戻った後の生活

　バック・ツー・ザ・ランダーのカップルがメインストリーム・ライフに戻る決意をした場合，結局はパートナー関係を解消し，一方が農村生活を続け，一方がメインストリーム・ライフに戻るというケースが多かった（Agnew, 2004）。元バック・ツー・ザ・ランダー達は，メインストリーム・ライフに戻った後も，農村での生活経験から影響を受け続けていたと考えられる。そのことは 2 つの側面に現れている。ひとつは都市回帰後に彼らが選択した職業であり，もうひとつは日常生活に関する彼らの考え方と生活習慣である。

　Agnew（2004）によると，元バック・ツー・ザ・ランダーの中には，メインストリーム・ライフに戻った後に，学者・大学教員になった人が非常に多かったという。そのほか，有機食品や環境保護に関連するビジネスの創業者・オーナー，非営利団体の創立者・マネジャーになった人も多かった。実際，Agnew（2004）に記録されている四十数人のバック・ツー・ザ・ランダーのうち，メインストリーム・ライフに戻った後の職業が明らかになっている人は 30 人弱であったが，そのうち大学教員となった者が 6 人，大学院生が 2 人，有機食品や環境保護に関連するビジネスまたはソフトウエア会社のオーナーとなった者が 4 人いた。他にはジャーナリスト，ドキュメンタリー映画の製作者，非営利団体の理事，植物園の管理者，弁護士などもいた。その一方，投資銀行や伝統的な大手企業に勤務した者はいなかったという。Agnew（2004）が指摘したように，バック・ツー・ザ・ランダー達は，「知的会話を楽しみ，生涯学習に意欲的で，知的

刺激を求める」人々であり，「他人を助けたり，社会に貢献することに高い関心を持つ」人々であった（p. 228）。こうしたバック・ツー・ザ・ランダーの特徴が，彼らの都市回帰後のキャリア選択にも影響を及ぼしたであろうことは想像に難くない。

　また，米国の宗教学者ティモシー・ミラー（Timothy Miller）は，メインストリーム・ライフに戻った元バック・ツー・ザ・ランダー達を数多くインタビューした結果，彼らには次のような特徴があることを明らかにした。元バック・ツー・ザ・ランダー達は，農村生活をしていた際に自ら掲げていた「良い親になり，責任感のある革新的な市民になり，社会にとって価値のある仕事をする」といった理念を，メインストリーム・ライフにも持ち込んでいたのである（Miller, 1999, p. 236）。メインストリーム・ライフに戻った後に彼らの多くが選んだ職業は，仏教でいう「正命（right livelihood）」[13]，すなわち人間の命に貢献する職業であったという（Miller, 1999, p. 236）。例えば，教員，医療関係の職業，アーティスト，聖職者，ソーシャルワーカー，有機食品店のオーナーやオルタナティブ・エネルギー企業の創業者などの起業家，コンピューター関係の職業などに就く者が圧倒的に多かった（Miller, 1999）。また，ミラーがインタビューした元バック・ツー・ザ・ランダーの中には弁護士となった人もいたが，企業の顧問弁護士になった人はほとんどおらず，その多くは公益や環境保護の分野で活躍していた。さらに，ミラーがインタビューした元バック・ツー・ザ・ランダー達は，その職業にかかわらず，環境保護運動活動家，社会変革を推進する活動家であり続けていたという（Miller, 1999）。

　農村での経験は，キャリア選択に加えて，元バック・ツー・ザ・ランダー達の日常生活に対しても影響を与えた。農村生活で培った考え方や生活習慣は，彼らがメインストリーム・ライフに戻った後も変わらなかった（Agnew, 2004）。メインストリーム・ライフに戻った後も，彼らは環境保護に高い関心を持ち，自家菜園で有機農産物を栽培し，有機食品を食して健康的な生活を送っていた（Agnew, 2004）。メインストリーム・ライフに戻ったことで，確かに商品供給をする有機農産物生産者ではなくなってしまったが，彼らは有機食品の忠実な消費者であり続けていたのである。さらに，小さいころから有機食品を食べて育った彼らの子供達もまた，身近な食品として有機食品に慣れ親しんでおり，その多くは成人し

---

13　「正命（right livelihood）」は八正道のひとつであり，本来は「「清浄な」正しい生活をする」というような意味であるが，Miller は，彼らバック・ツー・ザ・ランダー達の根底にある考え方を捉えて，ここでは「人間の命に貢献する職業」と言い表している。

た後も有機食品を選び続けた。

<h2 style="text-align:center">おわりに</h2>

　1960 年代終盤から 1970 年代にかけて高まったバック・ツー・ザ・ランド・ムーブメントは，米国の有機農業の発展に対して，商品供給と消費の 2 つの側面で大きな影響を及ぼした。

　まず供給の側面について見てみよう。自立した生活を求め，環境破壊を食い止めようとした高学歴の都市出身者達は，バック・ツー・ザ・ランダーとして農村に移住し，有機農産物・畜産物の生産を始めた。また彼らは，自らの移住経験やそこで得られた農場経営のノウハウを，書籍を通じて米国社会に発信するようになった。そうしたことがきっかけとなり，有機農産物・畜産物が徐々に市場に供給されるようになった。また，バック・ツー・ザ・ランダー達が出版した農村生活・農場経営に関する経験談やハウツー本は，彼らと同じような価値観を持つ若い米国人に対して，有機農場を営みながら生活することの楽しさだけでなく，そうした生活が経済的に成り立つ可能性をも示した。多くの雑誌や書籍が有機農業に関する様々な情報を提供したことで，有機農家の予備軍が育成された。

　一方，消費の側面においても，バック・ツー・ザ・ランド・ムーブメントは有機農業の発展に多大な影響を及ぼした。改めて言うまでもなく，バック・ツー・ザ・ランダー達自身は，有機農産物の忠実な消費者であった。彼らが出版した書籍や雑誌もまた，都市住民，とりわけ高学歴の住民の一部に影響を及ぼした。こうした書籍から影響を受けた都市住民は，有機農業の支持者となり，消費者となった。さらに，第 3 章以降説明するように，バック・ツー・ザ・ランダー達やヒッピー達が出版した料理本や開いたレストランは，自然のホールフーズや，豆腐，豆類，植物繊維の高い野菜など，1960 年代には「ヒッピーフード」と思われていた食品を一般的な米国人に広く知らしめる役割を果たした。今日，これらの食品は米国の「健康食品」を代表する食品となっている（Miller, 1999, p. 238）。

# ヒッピーフードと
# カリフォルニアキュイジーヌ
## 有機農産物発展初期の消費者と伝道者達

## はじめに

　有機農産物の市場が確立するためには，生産者のみならず，消費者と伝道者の存在が必要である。米国における有機農産物の発展初期，すなわち 1960 年代終盤から 1970 年代にかけて，その主要な消費者と伝道者となったのはヒッピー達であった。

　1960 年代終盤，ヒッピーを含む若者の反体制活動に大きな変化が生じた。「フード（food）」[1]が活動の中心となったのである。ヒッピー達はフードについて革命を起こすことで，米国の社会と政治に変革をもたらそうとした。1960 年代終盤から 1970 年代にかけて「ヒッピーフード」が反体制の若者の間で流行るようになり，また，ヒッピーシェフ達は「カリフォルニアキュイジーヌ」に代表される新しいタイプのキュイジーヌすなわち料理法をつくりだした（Belasco, 2007; Friedman, 2018; Kauffman, 2018）。ヒッピーフードや新しいタイプのキュイジーヌの発展は，米国における有機農産物に市場を提供したという意味で，有機農業の発展に大きく貢献した。

　本章では，ヒッピーフードおよびカリフォルニアキュイジーヌが誕生し，より多くの米国人に受け入れられるようになったプロセスを説明した上で，それらが米国の有機農業の発展に及ぼした影響を分析する。次の第 1 節では，ヒッピーについて概説した上で，1960 年代終盤にフードが反体制運動の中心となった経緯を説明する。第 2 節では，ヒッピーフードの特徴を，慣行食品と比べながら解説する。第 3 節では，ヒッピーフードの普及に大きく寄与した要素について

---

1　若者達の反体制運動において，「フード」は単なる食べ物を意味するのではなく，「社会意識の醸成および社会変革をもたらす活動」を促進する手段という，より重要な意味合いを持つ（Belasco, 2007, p. 17）。そのことを踏まえるならば，「食品」や「食料」という日本語訳ではなく，「フード」というカタカナ表記の方がそのニュアンスが伝わると考えられる。したがって，以下では「フード」という表記を用いることにする。

説明する。第4節では，カリフォルニアキュイジーヌの誕生と発展の歴史をたどる。最後に，本章をまとめる。

第1節
## なぜヒッピー達はフードに目をつけたのか？

### 1. ヒッピー

　ヒッピーは，「フリーク」や「フラワーチルドレン」などとも呼ばれ，1960年代の若者文化を実践した人々のことを指す。彼らは，1950年代に米国で共有されていた中産階級の価値観とライフスタイル，さらに米国の消費社会を拒絶した（Miles, 2003/2013; Strait, 2011）。ヒッピー達は，安定的かつ給料が高い職業に就き，猛烈な出世競争に参加して財産を増やし，近所の人に負けまいと見栄を張り，人を効率と有用性のみで評価する，といった中産階級の人生目標および生活様式を拒んだ（Miles, 2003/2013; Strait, 2011）。ヒッピーのほとんどは白人であり，彼らの多くは，まさに中産階級であった親達の生き方に反抗した（Cassity & Levaren, 2005; Miles, 2003/2013）。ヒッピー達の目に映った彼らの親達は，子供を良い仕事に就かせるための教育費と住宅ローンを支払うべく生涯「奴隷のように」働き続けたものの，結果として疲れ果て，多くの場合子供達からも疎まれ，また夫婦同士も互いに疎んじあっていた（Strait, 2011, p. 269）。自分達の親は，金銭と財産という観点からしか物事を見ず，「人間（people）」という観点を完全に忘却しているようにヒッピー達は感じた（Strait, 2011, p. 270）。さらにヒッピー達は，米国消費社会における中産階級の生活に嫌気がさしていた。例えば，郊外に大量に建てられた均一的な住宅に住み，他の人と同じような車を持ち，人々の思考能力や知性を阻害するようなホームコメディーを見る生活を，極度に退屈なものと感じていたのである（Miles, 2003/2013）。ヒッピー達は，自由と希望，個人の幸福，さらに変革と革命を求めた（Miles, 2003/2013）。

　ヒッピーの中には，農村部に移り住み，コミューンを設立したり，コミューンで生活する者も少なくなかった（Gaskin, 1974; Cassity & Levaren, 2005; Price, 2011; Rorabaugh, 2015）。つまり，ヒッピーの中には，バック・ツー・ザ・ランダーとして生涯，または人生の一時期を送った人が少なからずいたのである。そういう意味では，ヒッピー達は，生産者としても米国有機農業の発展に貢献した。と同時に，ヒッピー達は，米国における有機農業発展初期の最も主要な消費者であり，有機農産物をより多くの米国人に紹介した伝道者でもあった。

## 2. 1960 年代終盤における反体制活動の変化

　1960 年代終盤，ヒッピーを含む若者活動家達，とりわけ白人活動家達の反体制活動の中心は，公民権運動やベトナム反戦運動から「エコロジー（ecology）」（生態学[2]，生態）へと大きく変化した。その背景には，それまでの運動が予想したほどの効果を社会へもたらさなかったことに対する活動家達の失望感があった（Cox, 1994）。例えば公民権運動では，その主導権が人種的マイノリティグループに渡って以降，中産階級の白人の若者は必ずしも歓待されなくなっていった（Gosse, 2005）。また，ベトナム戦争に対する抗議活動も大きな効果を得られずにいた。彼ら若者が激しい活動を行ったにもかかわらず，大統領に当選したのは保守的な共和党候補であるリチャード・ニクソンであった（Belasco, 2007; Kauffman, 2018）。こうした状況の中，1969 年カリフォルニア大学バークレー校の所在地でもあるバークレー市で起きたピープルパーク（People's Park）事件が直接的なきっかけとなり，活動家達の関心はエコロジーへと向いていった。

### ピープルパーク

　ピープルパークが立地する土地は，カリフォルニア大学の所有地である。もともとこの土地には歴史的住宅が残され，そこに学生や固定住居のない人々約 200 人が住んでいた[3]。1968 年，カリフォルニア大学当局（以下，大学当局と略す）は，同地が「ヒッピーのたまり場となり，そのせいで犯罪が増加した」と主張し，130 万ドルを払って同地を強制収用し，建物をすべて取り壊した（Simon, 2011, p. 467）。大学当局は同地に駐車場や学生寮を建設する計画を相次いで立てたが，建設費調達のめどが立たず，土地は空き地のまま放置された（Albert, 1969/1984）。結局，その土地は未整備の無料駐車場となり，雑草が生え，ゴミが散乱する状態となった（Simon, 2011）。

　1969 年春，自称「ロビンフッド公園コミッショナー（Robin Hood's Park Commissioner）」という小さいグループが，著名なアンダーグラウンド新聞[4]*Berkeley*

---

2　生態学は，生物とそれを取り巻く環境との相互関係を研究する学問分野である。
3　ピープルパークのウェブサイト（http://www.peoplespark.org/wp/history/，最終アクセス日：2019 年 9 月 26 日）による。
4　ヒッピーを含む反体制活動家達は，メインストリームのメディアに強い不信感を持っていた。そのため，彼らは自らの手で数多くの新聞を創刊した。これらの新聞は「アンダーグラウンド新聞」と呼ばれ，1969 年時点，全米で約 400 のアンダーグラウンド新聞が刊行されていた（Cassity & Levaren, 2005）。1969 年，*Berkeley Barb*（『週刊バークレーバーブ』紙）の発行部数が 8 万 5000 部，*Free Press*（『週刊フリープレス』紙）（本拠はロサンゼルス）の発行部数が 9 万 5000 部に達したことからわかる通り，アンダーグラウンド新聞は，1960 年代から 1970 年代前半にかけて，米国の若者達に大きな影響を及ぼした（Gitlin, 1987）。

*Barb*（『バークレーバーブ』紙）4月16日号に文章を掲載した。放置された空き地を自分達の手できれいにし，野菜，草や花，木などを植えようと呼びかけたのである。ロビンフッド公園コミッショナーは，「バークレー市にはすでに多くの駐車場があるのに，大学当局はまたしても大金を投じて駐車場を建設しようとしているが」，「大学当局に醜悪な生活空間をつくりだす権利はない」などと主張した[5]。その呼びかけに応じて，4月20日日曜日，多くの人がピープルパークに集まり，ブルドーザー，シャベル，ホース，チェーンなどを使い，ゴミを片付け，表土をまき，野菜ガーデンをつくり，草や花を植えた。さらにピクニック用のテーブルとベンチを配置し，その場所をピープルパークと名付けた（Albert, 1969/1984）。

　ところが，大学当局と活動家達がピープルパークについて交渉を行っていた矢先，ロナルド・レーガン・カリフォルニア州知事が突如ピープルパークの閉鎖を決定した。1969年5月15日早朝，300人の警官がピープルパークにいた人を追い出し，パークを囲むようにフェンスを設置した。その後続いた抗議者と警官との衝突では，1人の見物人が死亡し，多くの負傷者が出た。また抗議活動を抑えるために国防軍の出動が命じられた。ピープルパークは全米で注目される場所となった。

### 活動の新しいキーワード：エコロジー

　ピープルパーク事件の後，エコロジーが，ヒッピーを含む若者の反体制活動のキーワードとなった。ヒッピーや活動家達の主要なメディアであるアンダーグラウンド新聞をみると，それまではほとんど出現しなかったエコロジーという言葉が，1969年以降頻繁に登場するようになる。例えば1969年，ニューヨーク市の著名なアンダーグラウンド新聞 *Rat*（『ラット』紙）は，「これから革命家達は生態学の観点から革命を考えなければならず」，「環境破壊に対する攻撃は，社会における支配構造と権力のメカニズムに対する攻撃である」と宣言した（Belasco 2007, p. 21）。この宣言に示されるように，ヒッピー達が唱えたエコロジーは，(1)環境破壊に反対するという意味だけではなく，(2)米国社会の支配構造に反抗し，抑圧的社会に変革をもたらすという意味合いをももっていた。

　エコロジーというコンセプトについて，活動家達は，詩人・環境保護活動家として活躍していたゲイリー・スナイダー（Gary Snyder）の主張に依拠した。スナイダーは，*Berkeley Barb* 1968年11月15-21日号において，「仏教と次の革命

---

5　Robin Hood's Park Commissioner (1969), "Hear Ye, Hear Ye," *Berkeley Barb*, April 16, 1969.

(Buddhism and the Coming Revolution)」というタイトルの文章を掲載し，以下のような主張を展開していた。「宇宙のすべての生物は相互依存関係にある」にもかかわらず，現代資本主義経済は，「人間の満たされることのない欲を刺激することの上に成り立つ」ため，「人間を驚異的な食欲を持つ腹ペコな幽霊の集団に変えた」。そうした人間集団は，「土壌および，森林，すべての動物を消費し，空気と水を汚染している」（Snyder, 1968/1984, pp. 431-432）。スナイダーの主張は，ピープルパーク事件以降ヒッピー達に大いに注目されるようになった。1969 年中頃，当時米国に存在した約 400 アンダーグラウンド新聞において，「ゲイリー・スナイダー」および「エコロジー・アクション」「DDT」「森林」「環境保護主義」などが頻出のことばとなった（Peck, 1985/1991; Belasco, 2007）。

　1960 年代終盤，若い活動家達の間で「エコロジーを意識した生活を送る（living ecologically）」ということばが流行るようになった（Belasco, 2007, p. 26）。それは，大量消費のライフスタイルを反省し，シンプルで自然なライフスタイルを送ることで自然と共存する理念を意味した（Roszak, 1969/1995）。とりわけフードはライフスタイルの変化の中心であった（Kauffman, 2018）。

　若い活動家達がフードに注目したのは，米国における環境破壊，さらに，政府と大手企業が癒着して国民を騙し，世界を支配しようとする構造は，フードにこそ端的に示されているとヒッピー達が考えたからである。1970 年代はじめ，アンダーグラウンド新聞は，DDT や食品用ラップフィルムを製造・販売する企業がナパーム弾や枯葉剤も製造していたこと，ベトナムを破壊した軍隊がバークレーの有機菜園をブルドーザーでならしたこと，ベトナム戦争における米軍の死者数を虚偽報告した米国政府が，今度は合成甘味料シクラメートが健康に与える悪影響についても嘘の報告を行っていたことをすっぱ抜いた（Belasco, 2007）。そして，加工されていない食料や有機栽培の農産物を食べることで，政府と大手アグリビジネスに対抗しようと呼びかけた（Belasco, 2007）。

　アンダーグラウンド新聞の呼びかけに，多くの若い活動家達が応じた。例えば，アイオワ大学（University of Iowa）の教員ジョン・レゲット（John Leggett）は，1972 年 1 月，同大学における学生運動の変化について，*New York Times* で以下のように語っている。「かつてガラスを割っていた過激派の学生活動家達は，いまやデーケアセンターや有機食品生協の運営で忙しく」，「ベビーシッター，菜園の栽培者，中絶カウンセラーとして働いている」。「彼らには政治闘争に負けたとの思いがあり，これからは目を外から内に向けて，自分の生活様式を変える変革に取り組まなければならないと信じている」[6]。エコロジーを意識した生活を送ろうとするヒッピー達は，ヒッピーフードをつくりだした。ヒッピーフードは単

なる食品ではなく，幅広い社会変革をもたらす手段であるとヒッピー達に捉えられていた（Bobrow-Strain, 2012）。

第**2**節

**ヒッピーフード**

　シェフから料理評論家・ジャーナリストに転身したジョナサン・カウフマン（Jonathan Kauffman）は，1970 年代はじめ，ヒッピーフードが反体制の若者達の間で広がりつつある様子について，次のように描いている（Kauffman, 2018, p. 10.　[　]内は筆者による）。

　　　それは彼［若い活動家］が，友人の住むコミューンを訪れて夕食を食べたときのことだった。出された料理は，どんぶりに盛られたブラウンライス（brown rice）[7] の上に，友人が「タマリ［tamari：醤油］」と呼んだ調味料でさっと炒めた野菜を乗せたものであった。料理を出しながら友人は，この一皿で自分は真の個人の変化と成長を遂げているのだと語り続けた。
　　　若い活動家は，友人の話が理に適っていると思いながら，最初の一口を試した。

　第 1 章で説明したように，第二次世界大戦後，米国では，化学肥料や農薬を大量に使用する慣行農業が支配的農業生産方法となった。また，添加物を投入し，包装された加工食品が，市場で流通する主要な食料品となった。1965 年，米国人 1 人当たり 3 ポンド（1.4 kg）の食品添加物を食べていた（Marine & Allen, 1972）。家庭料理において，新鮮野菜は缶詰・冷凍野菜にどんどん代替された。また，ベーカリーミックスや缶詰のスープ，乾燥させたスープパウダー，缶詰の肉などの加工食品が主な料理の材料として使われるようになった。この点を裏付けるひとつの例を見てみよう。1963 年に出版され，長い間ベストセラーであった *The New Good Housekeeping Cookbook*（『新版 グッドハウスキーピングクッ

---

6　John Leggett (1972), "Metamorphosis of the Campus Radical," *The New York Times*, January 30, 1972（デジタル版）.

7　以下で詳しく説明するが，ヒッピーフードにおいて，穀物が白ではなく茶色であることは非常に重要な意味合いをもっていた。そのことを踏まえると，玄米（brown rice）という日本語を用いるのではなく，ブラウンライスというカタカナ表記の方がそのニュアンスが伝わると思われる。したがって，以下ではブラウンライスという表記で統一する。

クブック』）をみると，レシピの大部分は缶詰やその他の包装済みの加工食品が食材として使われていた。実際，その本における「食料品の買い方」の章において，最初に紹介されたのは缶詰食品であり，「缶詰果物は最高品質の果物」「缶詰野菜は美味しくて便利」などの見出しが設けられていた。缶詰食品は新鮮な食材に劣らないどころか，むしろもっと品質が高く，そしてとても便利な食料品であると主婦達に伝えられていた。また，同書のレシピによると，1950 年代から米国で夕食料理として人気が高かった七面鳥カシューキャセロール（Turkey Cashew Casserole）に使われる主な材料は，(1)調理済みまたは缶詰の七面鳥・鶏，および(2)缶詰濃縮マッシュルームクリームスープであった。

　1960 年代終盤に誕生したヒッピーフードは，こうした料理と正反対のものであった。ヒッピーフードは，食材として全粒穀物，マメ科植物，新鮮・有機農産物，豆腐などの大豆製品を使い，調味料としてアジア料理，ラテンアメリカ料理，東欧料理で使われる調味料を取り入れた。また，発芽穀物のような栄養補助食品も積極的に使われた。これらの食材や調味料は，1960 年代の一般的な米国人からみると「食べても大丈夫なのか」と疑わしくなるようなものであったばかりか，見るだけでむかっとするようなものさえあった（Kauffman, 2018）。ヒッピー達は，「ブラウンライスを食べることは，長髪を伸ばすことと同じように政治的行為である」と主張した（Kauffman, 2018, p. 7）。新しいフードをつくりだすことで，七面鳥カシューキャセロールが代表する価値観を拒絶し，そのような米国料理を生み出したすべての勢力に反抗しようとしたのである（Kauffman, 2018）。

　ヒッピーフードが誕生した当初，フードの味以上にそのシンボリックな意味がヒッピー達に重要視された。ヒッピーフードが持つ意味，それが表す信念は，二元対立の構造を持つ 3 つのコード（定型的な解釈パターン）に表された。すなわち(1)自然なものとプラスチック的なもの（natural vs. plastic），(2)ブラウンとホワイト（brown vs. white），(3)スローフードとファストフード（slow foods vs. fast foods）の 3 つである（Belasco, 2007; Kauffman, 2018）。

## 1. 自然なものとプラスチック的なもの

　ヒッピー達がいうプラスチック的な食料品とは，「実験室で開発されて工場で大量生産された化学調味料や化学着色料，化学保存料，さらに人間味のない現代スーパーマーケット［慣行食品スーパー］のプラスチック棚に大量に陳列される，プラスチック包装材に包装された食料品」であり，「人間の手によって作られたものに見えず」，また，「プラスチックの味がし，土壌，森林，水から生まれ

たものの味がしない」もののことを指す（Kauffman, 2018, pp. 118-119.［　］内は筆者による）。Marine & Allen（1972）によると，1960年代平均的な慣行食品スーパーの品揃えアイテム数は約8000アイテムであり，そのほぼすべてにおいて化学添加物が使われていたという。ヒッピー達は，当時慣行食品スーパーで売られていた「ワックスを塗られ」，「いつも固く，濃い緑色がし，同じ長さ」のキュウリや，「成熟前に収穫され，その後化学物質で処理され，数週間を経ても赤い色と堅さが変わらない」トマトといったプラスチック的な食料品が，大手アグリビジネスや慣行食品スーパーに利益をもたらす一方，人間に対しては病気をもたらすと主張した（Belasco, 2007, p. 38）。

　一方，ヒッピー達は，農薬や防腐剤など化学薬品が使われていない食料品，全粒穀物，さらに包装されていない食品を自然な食料品として捉えた。化学薬品の使用に反対するという意味で「有機」と「自然」は類似しているため，これら2つのことばを同義語として使うことが多かった（Belasco, 2007）。ヒッピー達は，有機農産物や全粒穀物を使う一方，化学添加物が投入された包装済みの加工食品や，精製された砂糖や穀物の使用を拒否した。また彼らは，有機食品スーパーや有機食品生協[8]で食料品を購入する際，容器を持参して量り売りの食料品を好んで買った。ヒッピー達は，自然なフードを食べることで体が健康になると主張した（Belasco, 2007; Kauffman, 2018）。

## 2. ブラウンとホワイト

　ヒッピー達は，ホワイトのフードを拒否し，ブラウンのフードを食べようと唱えた。彼らにとってホワイトは，白いパン，インスタントマッシュポテト，皮をむいたリンゴ，ホワイトカラー，過失を隠すうわべだけのごまかし（white-wash），ホワイトハウス，人種差別者（white racism）を意味する（Belasco, 2007）。一方，ブラウンはブラウンライス，ホールウィートブレッド（whole-wheat bread）[9]，粗糖，野生の花から採れたはちみつ，醤油，サツマイモなどを意味する（Belasco, 2007; Bobrow-Strain, 2012）。

　ヒッピー達は，ホワイトのフードの中でも，とりわけ主食である白いパンを攻撃の的とした。米国の統制的・抑圧的社会および，それに服従する中産階級を表

---

8　第5章と第7章で説明するが，1960年代後半から1970年代にかけて，有機食品スーパーや有機食品生協の多くがヒッピーまたは学生活動家達によって創業された。

9　ホールウィートブレッドは，日本語に訳すと全粒粉のパンである。しかし，後述のように，ホールという言葉はヒッピー達にとって非常に重要な意味合いをもつ言葉である。以下では，「ホールウィートブレッド」という表記で統一する。

わす代表的な食品として捉えたのである。実際，早くも第二次世界大戦中，イギリスの栄養学者と米国の栄養学者はともに，白いパンの栄養価がホールウィートブレッドの栄養価より低いことを発見していた（Hall, 1974/1976）。小麦粉は，精製過程でふすまと胚芽が取り除かれることで白い粉となる。しかしこのふすまと胚芽に，ビタミンとミネラルが最も多く含まれているからである[10]。イギリスの栄養学者はさらに，ビタミン $B_1$ を添加した白いパンであっても，ホールウィートブレッドより明らかに栄養面で劣っていることを発見した（Hall, 1974/1976）。白いパンの栄養面での欠点が明らかになったにもかかわらず，米国のパンメーカーがホールウィートブレッドに生産を転換することはなかった。むしろビタミンを添加した白いパンの生産を堅持した（Hall, 1974/1976）。

　このように白いパンは，食品メーカーと流通企業がホールの穀物を加工してビタミンなどの栄養を取り除いた後，再びビタミンなどを添加したものである。この二度手間で増加したコストを理由に，より高い価格で販売されていた。一方，消費者の側は，技術進歩によってつくられた栄養価値の高い食料品としてそれを受け入れていた。Bobrow-Strain（2012）が明らかにしたように，1954 年，多くの米国人は市販されていた白い食パンを 1 日 3 枚から 7 枚食べており，33% に至っては白い食パンを 1 日 8 枚以上食べていたという（レーズンパンは含まず）。また，米国人の白い食パンの消費量を所得別にみると，所得上位 10% の米国人の消費量はほんの少し少なかったものの，残りの 90% の米国人の消費量にはほとんど差が見られなかったという（Bobrow-Strain, 2012）。このように，1950 年代，白いパンはまさに米国人の国民食であったといえよう。1969 年セオドア・ロザック（Theodore Roszak）は，そのベストセラー *The Making of a Counter Culture: Reflections on the Technocratic Society and Its Youthful Opposition*（『カウンターカルチャーの誕生：テクノクラティック社会と若者の反抗に対する反省』）において，白いパンをメタファーとして使い，大手企業と専門家達が政治と経済をコントロールしていた米国の状況を批判した。「絹綿のような柔らかくて咀嚼する必要もなく，さらにビタミンを添加された白いパンを国民に大量に与える」ことで，大手企業と専門家達は国民の努力と思考力，独立性を奪おうとしているとロザックは指摘した（Roszak, 1969/1995, p. 13）。

　白いパンに代表されるホワイトの食料品を批判したヒッピー達は，ホールウィートブレッドやブラウンライスに加えて，醤油，味噌，糖蜜，カレー，唐辛

---

10　後に，人間の健康に必要な植物繊維も精製プロセスで除去されていたことが明らかになった。

子など色が濃くて味の強い香辛料・調味料を積極的にヒッピーフードに取り入れた（Belasco, 2007; Kauffman, 2018）。有機食品専門店や有機食品生協では，ブラウンの卵，ブラウンの全粒穀物，搾りたてのブラウンのアップルジュースが販売され，また，ごくまれに使われる包装紙もブラウンとなった（Belasco, 2007）。

　ヒッピーフードの中でもとりわけ象徴的に扱われたフードは，主食のブラウンライスとホールウィートブレッドであった。とりわけ小麦が安く入手しやすい米国において，1960 年代終盤から 1970 年代にかけて，ブラウンのホールウィートブレッドを焼くことが，ヒッピーを含め，若い活動家の間で大人気となった。彼ら若者にとって，ホールウィートブレッドを焼くことは，栄養価値以上にシンボリックな意味で重要であり，それは彼らを取り囲む権力構造から，努力と思考力，独立性を取り戻す手段であった（Bobrow-Strain, 2012）。カリフォルニア州禅修行センターでシェフとして生活していたエドワード・エスペ・ブラウン（Edward Espe Brown）が 1970 年に刊行した *The Tassajara Bread Book*（『タッサジャラ・ブレッドブック』）は，1981 年までに 40 万部が売れた（Armstrong, 1981）。同書は後に，「これまで刊行されたものの中で最も影響力のある料理本」，「パン職人やシェフだけではなく，一時代の料理研究家にインスピレーションを与えた本」として，*The New York Times Magazine*（『ニューヨークタイムズマガジン』誌）に高く評価された[11]。

## 3. スローフードとファストフード

　第 1 章で説明したように，第二次世界大戦後，米国における農業生産の特徴は，化学薬品を大量に使用することで自然を征服し，効率性を上げようとすることにあった。また，大手加工食品メーカーは莫大なマーケティング予算をかけて，「加工食品によって早く簡単に料理できるようになる」という宣伝メッセージを消費者に送り続けた。このような加工食品について，ヒッピー達は，朝食バー，テレビディナー，果物を使わない果汁味の飲料など，「これらの料理を準備するのに数分しかかからないのは確かだが，その成分はというと，まるで様々な塗料を料理したようなものに過ぎない」と揶揄した（Belasco, 2007, p. 52）。また，化学物質が大量に使われた加工食品は健康に良くないだけでなく，加工しているその分値段も割高であると批判した。

　ヒッピー達は，効率ばかりを追求した食料品供給システムに反抗し，スナイ

---

11　Ann Hodgman（2003）, "Flour Power," *The New York Times Magazine*, March 30, 2003（デジタル版）.

ダーが主張した自然との共生を実現すべく,「スロー」なフードの重要性を唱えた。スローなヒッピーフードの中でもシンボリックな食材は,有機全粒穀物であった（Kauffman, 2018）。ヒッピー達は,量り売りを採用する有機食品スーパーや有機食品生協で,時間をかけて食材を選び,自分で量をはかって購入した自然食材を使って料理すべきだと訴えた（Belasco, 2007; Kauffman, 2018）。

第 **3** 節
## 料理書・暴露本と健康ブーム

1970 年代,ヒッピーフードは,ヒッピー達や反体制の若者達,さらにそれ以外の多くの米国人から家庭料理として受け入れられるようになった。1970 年代にヒッピーフードの普及に寄与した要素は 3 つあった。すなわち(1)おいしい料理のレシピが数多く開発され,多くの料理本がメインストリームの大手出版社によって刊行されたこと,(2)慣行食品に潜む危険を暴露する書籍が多く刊行され,ベストセラーとなったこと,(3)格差拡大や健康ブームの高まりなど,米国内で社会変化が生じたことの 3 つである。

### 1. 料理本

1960 年代終盤のヒッピーフードの誕生期において,レシピを伝達する役割を果たしたのは,前述の *The Tassajara Bread Book* とアンダーグラウンド新聞,全米各地でオープンしたホールウィートブレッドのベーカリーであった。アンダーグラウンド新聞の紙面にはヒッピーフードのレシピが数多く掲載された。また,ホールウィートブレッドのベーカリーは,パンを販売すると同時に,そのレシピを無料で提供した。

ヒッピーフードのレシピを含むコミューン生活のガイドブックとして最初にメインストリームの大手出版社によって刊行されたのは,1971 年ランダムハウス社が刊行してベストセラーとなったアリシア・ベイ=ローレル（Alicia Bay Laurel）著 *Living on the Earth*（『地球の上に生きる』）であった[12]。1949 年,カリフォルニア州で彫刻家の母親と医師の父親の間に生まれたベイ=ローレルは,ピアノやギターなど複数の楽器の演奏に長け,十代からアーティストとして活躍し始めた。1966 年,17 歳のベイ=ローレルは,サンフランシスコ州立大学に入学した

---

12　*Living on the Earth* およびベイ=ローレルに関する説明は,ベイ=ローレルのウェブサイト（https://aliciabaylaurel.com/, 最終アクセス日：2019 年 9 月 19 日）による。

ものの 6 週間後に中退し, フリーランスのアーティスト・作家・ミュージシャンとなった。そしてその 2 年後, カリフォルニア州ソノマ郡にあった「ウィーラー牧場コミューン（Wheeler Ranch Commune）」に移り住んだ。つまり, ベイ=ローレルは典型的なヒッピー・バック・ツー・ザ・ランダーであった。

コミューンで生活していた間, ベイ=ローレルは, 農村コミューンにおけるボヘミアン達の生活を記録した。例えば, 家の建て方や, 有機農産物の栽培の仕方, 料理の作り方, ヒッピー風の洋服の作り方などを, 手書きの文章とイラストを交えて描いた。この作品は, 1970 年に *Living on the Earth* という書籍として, バークレーにあった小さな反体制出版社「ブックワークス社（Bookworks）」によって刊行された。その後ランダムハウスは, 同書を出版する権利をブックワークス社から購入した。1971 年, 同書はランダムハウス・ヴィンテージブックス版として刊行された。通算 35 万部が売れ, ベストセラーとなった。

*Living on the Earth* には, 朝食シリアルから, 野菜料理, 肉料理, デザートなど様々なレシピが掲載されていたが, 一番目の料理として紹介されていたのは, ヒッピーフードの象徴でもあるホールウィートブレッドであった。ホールウィートブレッドについてベイ=ローレルは, かつてサンフランシスコのヒッピーグループ「ディッガーズ（Diggers）」が, とても安いコストで 1 日数百ローフのホールウィートブレッドを焼き, それをスライスしてパンを必要としていた人々に「ただで」提供したという逸話を紹介したうえで, コミューンでホールウィートブレッドを焼く方法を提示した（Bay Laurel, 1971, p. 52. 強調は原書による）。レシピに記載されている調理器具は, オーブンとドウを練るための大きなこね台, きれいに洗ったプラスチックのゴミ箱, コーヒー缶などの再利用容器であり, また, 材料は, ホールウィート（全粒粉）と酵母, 塩, オイルといった「自然な」材料だけである。さらに, ホールウィートの入手方法については, 鉄道ヤードや埠頭, または破損した貨物を所有する会社に行き, 袋が破れた 100 ポンド（45kg）入りのホールウィートを, 非常に安い値段で数バック買うなどといった情報が紹介されていた。

*Living on the Earth* の成功により, コミューン料理本が大手出版社に注目されるようになり, 1970 年代前半には数多くの書籍が刊行された。1971 年ランダムハウス・ヴィンテージブックスとして刊行された *The Grubbag: An Underground Cookbook*（『ザ・グラブバッグ：アンダーグラウンド料理書』。イタ・ジョンズ《Ita Jones》著）, 1972 年にコワード・マッキャン・アンド・ゲーガン社（Coward, McCann & Geoghegan Inc.）によって刊行された *Country Commune Cooking*（『カントリーコミューンクッキング』。ルーシー・ホートン《Lucy Horton》著）,

同年サイモン・アンド・シュスター社（Simon & Schuster）によって刊行された
*The Commune Cookbook*（『ザ・コミューンクックブック』。クレセント・ドラゴン
ワゴン《Crescent Dragonwagon》著）などがベストセラーとなった。

　これらのコミューン料理本の著者達は，ベイ＝ローレルと同じようにヒッピー
であった。例えば，ルーシー・ホートンは，名門私立女子大学ブリンマーカレッ
ジ（Bryn Mawr College）を卒業した後，全米のコミューンを回ってレシピを収
集した。*Country Commune Cooking* が刊行されたとき，彼女はバーモント州のコ
ミューンで生活していた。ホートンは，出版した *Country Commune Cooking* にお
いて，自分のヒッピー人生についてユーモアたっぷりに記している。彼女はコ
ミューンを回る旅費を稼ぐために，ニューヨーク市在住の裕福な女性の住み込み
メイド兼料理人を務めた経験があるという。「名門女子大学を卒業しながら，コ
ミューン料理本を書くなどという夢をもったメイドを雇ったことを，その女主人
はとても面白がってくれた」（Horton, 1972, p. 14）。

　これらのコミューン料理本の多くは，コミューンで栽培された有機野菜の方
が，慣行食品スーパーで販売されている慣行農産物より安全で味が良いことを説
明したうえで，自然・有機食材，全粒穀物，醤油など様々な「ブラウン」食材を
用いた多様なレシピを紹介した。ヒッピーフード料理本が次々とベストセラーに
なった理由として，安くて新鮮な食材を使い，簡単においしい料理が作れるレシ
ピを数多く紹介したという点が非常に重要である。これらのレシピは，とりわ
け，自家菜園で有機農産物を栽培する家庭や，住居の近くに有機農産物を販売す
る有機食品生協やファーマーズマーケットなどがある家庭にとって，廉価で栄養
豊富かつ安全なフードを摂取する方法として重宝された。

　例えば主食について，ヒッピーフードの料理本はホールウィートブレッドに加
えて，ブラウンライス，ホールウィートヌードルなど様々なレシピを紹介した。
人種的マイノリティが多く住む都心の住宅街では，近郊の農家が栽培した有機ブ
ラウンライスが安く売られており，栄養豊富なブラウンライスはとても手ごろ
に，かつ簡単に作ることができる。また，ホールウィートヌードルのレシピをみ
ても，材料はホールウィートと塩，卵，水だけというとてもシンプルなものであ
る。

　また，様々な料理で使われるドレッシングのレシピをみると，*Country Com-
mune Cooking* に掲載された胡麻ドレッシングの材料は，胡麻と食用油，タマリ醤
油，レモン，にんにくのたった5つであった。作り方もごくシンプルで，胡麻
をすり，にんにくをすりつぶし，ほかの材料と混ぜるだけ，という簡単なもので
あった。レシピに従って作るヒッピーフードの胡麻ドレッシングは，広告費を投

下し，多様な添加物を使用し，多くの場合，長距離輸送されたナショナルブランドのドレッシングと比べても必ずしも高くなく，新鮮でおいしい。さらに，ラベルに増粘剤や化学調味料など様々な化学物質が記載された市販のドレッシングのことを思えば，ヒッピーフードの胡麻ドレッシングは安心して食べられると感じた読者も少なくなかったであろう。

　ちなみに，ヒッピー料理本とは対照的に，既出のメインストリーム料理本 *The New Good Housekeeping Cookbook* では，「サラダドレッシング」の項目に以下のような記載がある（Marsh, 1963, p. 468）

　　賢い主婦は様々なナショナルブランドのサラダドレッシングを冷蔵庫にストックしている。冷蔵庫から出すだけで，手軽においしく，多様な味のドレッシングを楽しむことができる。あるいは，市販されている便利でおいしい様々なサラダドレッシングミックスを使って，手作りのドレッシングを作ることもできる。

　ヒッピーフード料理本のレシピ通りに料理を使ってみた消費者は，調理にそれほど時間がかからないことを知り，包装済みの加工食品が謳う便利さがそれほど価値のあるものではないことを悟ったことであろう。しかも，加工食品がそれほどおいしいものではなく，必ずしも安心して食べられるものではないことも認識したはずである。ジョナサン・カウフマンは，1970年代にヒッピーフード料理本を購入した自分の母親の変化について次のように書き留めている（Kauffman, 2018, p. 3）。

　　母はその料理本に完全に従ったわけではなかったが，それからの10年間，プロセスチーズや朝食シリアルが我が家の食卓から姿を消した。それらの加工食品に代わったのは，様々なブラウンの食材であった。

## 2. *Eating May Be Hazardous to Your Health*

　1970年代，ヒッピーフード料理本に加えて，慣行食品さらにその供給システムに潜む深刻な安全問題を暴いた書籍も数多く刊行され，ベストセラーとなった。これらの暴露本のうち，とりわけ多くの米国人に衝撃を与え，ベストセラーとなったのは，1974年に刊行された *Eating May Be Hazardous to Your Health*（『食べることは危険だ』）である（写真 3-1）。筆頭著者ジャクリーン・ヴェレット

(Jacqueline Verrett) 博士は，同書が刊行された当時，一流の科学者として米国食品医薬品局（Food and Drug Administration: FDA）の研究員を15年間務めた人物であった。彼女はFDAにおいて，食品添加物や農薬，他の化学物質の毒性について動物実験を行っていた。また，彼女は1969年に人工甘味料シクラメートが健康に危害を及ぼす可能性があることを最初に警告した人物としても知られていた。彼女は同書において，危険な化学物質が米国の食品産業で乱用されていた状況を暴露した。また，FDAの意思決定プロセスを明らかにし，FDAが食品の安

写真 3-1 *Eating May Be Hazardous to Your Health*（『食べることは危険だ』）

表紙に写っている女の子の前に並べられている牛乳とリンゴ，ドーナツは，いずれも1970年代米国の子供が日常的に口にしていた食料品である。同書は，米国産のこれらの食料品を食べることで子供の健康を危険にさらしていた実態を暴いた。

全性を守る役割をまったく果たしていない実態を暴いた。こうした FDA 内部からの告発は、ジャーナリストや政治学者の告発以上に読者から信用されるとともに、人々に大きな衝撃を与えた。

### 食品産業における化学物質の濫用

*Eating May Be Hazardous to Your Health* の冒頭において、ヴェレットらは、元FDA 長官のハーバート・レイ・ジュニア（Herbert Ley Jr.）博士[13] の次の発言を引用し、FDA を批判している（Verrett & Carper, 1974/1975, p. 1）。

> 私を悩ませているのは、FDA は国民を守っていると多くの米国民が思っていることである。現実には、FDA は国民を守ってなどいない。FDA が実際に行っていることと、それに関する国民の思いとは、昼と夜ほどに異なる。

　米国の食品産業における化学物質の乱用の実態および FDA の対応に大きな問題が存在する例として、ヴェレットらは着色剤（color）を取り上げた。ヴェレットらは、米国の食品産業で使われていた着色剤は、90％以上が化学合成物質であること、そしてそのほとんどがタール色素であり、肉、ワイン、ソフトドリンク、ケーキ、パン、フルーツなど、ほぼすべての種類の食べ物や飲み物に使用されていることを明らかにした。着色剤の本質についてヴェレットらは、チョコレートケーキの見事な濃い色はチョコレート本来の色ではなく、実は着色剤によって出されたものである。このように、企業は、「消費者が高品質を連想するであろう色を食品につけており」、着色剤は「食品を化粧する」ことで、「食品が持っていない品質を人工的に見せるためのもの」だと指摘した（Verrett & Carper, 1974/1975, p. 17, p. 62）。

　着色剤など添加物の乱用の深刻さの一例として、ヴェレットらはフロリダ産のオレンジを取り上げている。ある特定の季節では、フロリダ産のオレンジは成熟しても完全にオレンジ色になることがなく、皮に緑色の斑点が多く入る。生産者達はこのような色では「競争劣位」につながると主張し、オレンジの皮をオレンジ色に染めていた（Verrett & Carper, 1974/1975, p. 17）。一方、FDA は、緑っぽい色のオレンジの品種が存在することを国民に告げることで着色剤の使用を避けられたはずにもかかわらず、それを怠った。結果として、生産者はオレンジの皮

---

13　ハーバート・レイ・ジュニアは、1968 年 7 月 1 日に FDA 長官に任命され、1969 年 12 月 11 日辞任した。FDA 長官在任中、彼は米国の製薬産業に対する規制を強化した。

を染め続けた。オレンジの皮につけられた着色料は，マーマレードのように皮を食べる場合は人体に摂取されてしまう。ヴェレットらによれば，オレンジ以外にも，グレードの低いピスタチオナッツに赤い着色剤が使われたり，じゃがいもにも着色剤が使われていたという。

### FDA の意思決定プロセス

FDA の意思決定プロセスが政治的プロセスであったことをヴェレットらは指摘している（Verrett & Carper, 1974/1975, p. 99）。

　　　情報豊富で知的な多くの人々は，食品添加物に関する政府の決定は，純粋な科学的根拠および，公衆衛生の利益にかなった法的根拠に基づいて合理的に行われる，と信じて疑わなかった。しかし実際には，FDA の意思決定は政治的，経済的なものである。科学と公共の利益が勝利を勝ち取るのは，政府が消費者権利活動家やその他の公衆の圧力の下にさらされ，逃げ場がなかったときだけである。

　FDA の意思決定プロセスは，FDA が組織として持っていた 3 つの特徴から影響を受けたものである，とヴェレットらは指摘している（Verrett & Carper, 1974/1975）。第 1 に，意思決定者が，実際に研究を行う科学者や専門家ではなく，むしろ官僚組織の最上部にいる管理の専門家であった。例えば FDA 長官は大統領からの任命によって決まる。そのため，意思決定者は政治的および経済的圧力にさらされていた。第 2 に，FDA の意思決定者の多くは，食品産業からやってきた人，または FDA を去った後食品産業でキャリアを続けることを予定している人達であった。そのため，規制する側の義務と規制される側の利益が区別できなくなるという問題が発生したのである。第 3 に，食品産業および，その業界団体と研究機関は，FDA に圧力をかけるための十分な資金と組織能力を持っていた。彼らの代表者は，食品産業の利益に少しでも影響を及ぼす意思決定が下りそうになると，FDA の担当者を訪問し，電話をかけ，手紙を送り，自らの研究結果を示すことで，FDA の担当者をなんとか説得しようとした。これに比べると，消費者側から FDA に与える影響力は極めて少なかった。このように，FDA の官僚はどうしても食品産業界の圧力に影響されかねなかったのである。

　慣行食品に潜んでいた危険，さらにその供給システムに存在していた腐敗を暴いた *Eating May Be Hazardous to Your Health* は，いうまでもなく，ヒッピーフードの普及，さらに有機農業および有機食品流通産業の発展の追い風となった。実際，1970 年代，カウンターカルチャーにかかわらない米国人の多くも，「ニンジ

ンに付着した残留農薬や朝食用シリアルに添加された大量の砂糖，白いパンの栄養価値を心配」するようになった（Kauffman, 2018, p. 13）。また，「相当の研究や知識がなければ理解できない材料が含まれる複雑な食料品，読み方がわからない材料が含まれる食料品，化学物質が含まれる食料品，人工的食料品を避ける」といった自衛策をとる米国人も多くなった（Belasco, 2007, p. 37）。

## 3. 格差，健康ブームとヒッピーフードの普及

　1970 年代米国において，ヒッピーフードや慣行食品に潜む危険性を暴露した書籍に反応した人達として，活動家以外にも，健康に対して非常に高い関心を持つ都市部の専門職業人達がいた。

　1970 年代後半，米国では格差が拡大し，ライフスタイルの多様化が進んだ。その結果，多くのニッチマーケットが出現した（Ehrenreich, 1983; Bobrow-Strain, 2012）。Bobrow-Strain（2012）が指摘したように，1970 年代米国の経済では，製造業の重要性が低下した一方，金融などの専門サービス業がそれに代わって経済成長を推進する主要な産業となった。こうした産業構造の変化により，戦後米国の中産階級の中核を担ってきた労働者階級の核家族の経済状況が悪化し，都市部の専門職業人という裕福な階層が台頭した。ヒッピームーブメントやウーマンリブを経験し，結婚しない，あるいは子供を持たないという選択に対しより寛容になった米国社会では，独身や子供のいない家庭を選択する人も大きく増加した（Veroff et al., 1981）。例えば，一人暮らしの男性の人数をみると，1970 年の 350 万人から 1979 年の 680 万人にまでほぼ倍増した（Ehrenreich, 1983）。彼らのうち，約 3 分の 2 は結婚した経験がなかった（Ehrenreich, 1983）。裕福な独身者や子供のいない共働きカップルは，多くの可処分所得を持つようになった（Bobrow-Strain, 2012）。

　一方，1970 年代以降，米国では健康ブームが大いに高まった。米国の社会学者シェリー・マッケンジー（Shelly McKenzie）が指摘したように，身体的健康を維持することの重要性を唱える人々は 19 世紀後半の米国においてすでに出現していた。しかし，運動をすること・健康そうに見える体を維持することと，「道徳的に優れていること」や「個人の能力や成功」とを結びつけて考えるようになったのは，1970 年代以降のことであった（McKenzie, 2013, p. 8, p. 144）。こうした中，1970 年代になると，健康的な食事に興味を示すことは，自分がエリートであることを示すための不可欠な要素となり，健康な体こそが優れた道徳心と自制心を世に表すためのアイテムとなった（Bobrow-Strain, 2012）。

　1970 年代，ヒッピーフードの味の改善と多様なレシピの開発が進み，料理本

も数多く刊行された。さらに慣行食品に潜む危険性を暴露する書籍の刊行が追い風となり，活動家達のみならず，健康に高い関心を持つ都市部の専門職業人達からもまた，ヒッピーフードは健康に良いフードとして受け入れられた。例えば，Bobrow-Strain（2012）は，ヒッピーフードの象徴であったホールウィートブレッドと，その対極にある白いパンの売れ行きとその位置づけの変化について，次のような興味深い現象を指摘している。1950 年代半ば，米国では社会階層にかかわらず，多くの者が一般的に白いパンを食べていた。しかし 1970 年代末になると，慣行食品スーパーで白いパンを買う人は主に低所得者層となり，彼らは共通して「低価格であるという要素を最も重視して食品を購入していた」（Bobrow-Strain, 2012, p. 183）。一方，都市部の専門職業人は「カウンターカルチャーのベーカリー」としてスタートした小さなベーカリーで，高品質であることと手作りであることを謳ったホールウィートブレッドを購入していたという（Bobrow-Strain, 2012, p. 183）。Bobrow-Strain（2012）はこうした現象を，1970 年代「白いパンは貧乏な人が買う食品の代名詞となった（white bread became white trash）」と揶揄している（Bobrow-Strain, 2012, p. 163）。

　ホールウィートブレッドだけではなく，ブラウンライスや有機農産物，アルファルファもやし，豆腐など，1960 年代の中産階級が見たことさえなかった食料品は，1970 年代末になると，都市部の専門職業人達が喜んで口にする食料品となった（Levenstein, 1988/2003; Kauffman, 2018）。

## 第 **4** 節
## カリフォルニアキュイジーヌ

　1970 年代米国では，ヒッピーフードの根本思想と同じような思想，すなわち有機農産物に代表されるような新鮮で自然な食材を使い，シンプルに調理する思想を取り入れた新しいタイプの料理法が誕生した。その代表格がカリフォルニアキュイジーヌである。Rozin（1982）によると，キュイジーヌ（cuisine：料理）とは，中核となる食材と調味料，調理法，さらにその食事を食べる際の独特の作法と行儀からなるという。バック・ツー・ザ・ランダーの多くが農家出身者ではなく，ヒッピーフードを生み出した人の多くが主婦ではなかったことと同じように，カリフォルニアキュイジーヌを生み出したシェフの多くは，料理に関する専門教育や正式な訓練を受けたことのない，いわゆるヒッピーシェフ達であった。

## 1. ヒッピーシェフ

　1970年代米国において，それまで米国内にあった高級フレンチレストランや，中級・格安のレストラン，レストランチェーンとは大きく異なる料理法を取り入れたカリフォルニアキュイジーヌが誕生した。それを生み出したシェフの多くは高学歴者であり，当時の米国で主流であったいわゆるメインストリーム・ライフから逸脱して，全くの初心者ながらシェフやレストラン経営という道を歩み始めた若者達であった。また，これら高学歴のシェフの中には，反戦運動などカウンターカルチャー運動の参加者・支持者が非常に多かった。この点に関してカリフォルニアキュイジーヌの先駆け達は，米国の伝統的なシェフと大きく異なっていた。

　1970年代まで，米国におけるシェフは，非熟練労働者としてみなされることが常であった。Friedman（2018）によると，米国合衆国労働省（U.S. Department of Labor）は1976年までシェフを「使用人（domestics）」に分類し，職人として認めなかった（Friedman, 2018, p. 9）。また，米国の著名なシェフであったヤン・ビルンバウム（Jan Birnbaum）[14]は，当時シェフに対して一般的な米国人が持っていたイメージについて次のように語っている。「シェフは誇りに思われるような職業ではなかった。シェフはスキルを持たないままキッチンで働く人であり，知性など持ち合わせず，犯罪者か犯罪者の仲間だろう，位にしか一般の人達には思われていなかった」（Friedman, 2018, p. 10）。

　しかし，1970年代になると，高学歴の若者達の中に，自らメインストリーム・ライフから逸脱し，メインストリームの人々に軽蔑されていたようなシェフという職業を自発的に自分の職業として選ぶ人々が数多く現れた（McNamee, 2007/2008; Friedman, 2018）。職業に関するメインストリームの考え方に反抗したという意味で，彼らをヒッピーシェフと呼ぶことができるであろう。1970年代ヒッピーシェフが群生した背景には，ベトナム戦争の戦場に送られることに対する不安から生まれた「生きているうちにやりたいことをやろう」という若者の考え方に加えて，1960年代から全米で高まりを見せた様々な社会運動の影響があった。サンフランシスコ市に拠点を置く著名なシェフ兼作家のパトリシア・ウンターマン（Patricia Unterman）が指摘したように，カウンターカルチャームーブメントにより，米国の「古い文化が吹き飛ばされ，ひっくり返され，みんながヒッピーに変わろうとしていた」（Friedman, 2018, p. 16）。

---

14　ヤン・ビルンバウムは2018年亡くなった。

　カリフォルニアキュイジーヌを生み出したシェフ達がいかにヒッピー的なシェフであったか，代表例としてカリフォルニア州にあるレストラン「シェ・パニース（Chez Panisse）」を取り上げよう。1971 年にオープンし，今日米国内で最も著名なレストランともいえるシェ・パニースは，食料品や食べることについて米国人が持っていた考え方をがらりと変えた。「旬の食材，地元で有機栽培の方法で育った食材にこだわる」という料理に関するシェ・パニースの考え方は，今日米国内で最も優れていると言われる数々のレストランの「支配的な原則」となっている（McNamee, 2007/2008, p. 6）。その創業者で世界的に著名なレストラン経営者・シェフ・活動家であるアリス・ウォーターズ（Alice Waters）はもちろんのこと，同レストランを全米で最も著名なレストランへとつくりあげたシェフ達，マネジャー達いずれもが高学歴者であり，かつ料理人として，あるいはレストラン経営者として経験のない人ばかりであった[15]。

　例えば，創業者のウォーターズは 1967 年にカリフォルニア大学バークレー校を卒業している。在学中，彼女はフランス文化史を専攻していた。また，初代チーフシェフとして雇い入れられたビクトリア・クロイヤー（Victoria Kroyer）は，採用された当時，カリフォルニア大学バークレー校の大学院生として哲学を専攻していた。それまでレストランで働いた経験などまったくなかったにもかかわらず，料理好きのクロイヤーは，面接で素晴らしい料理を披露した。もちろん，ウォーターズはすぐに採用を決めた。さらに，初代パティシエとして採用されたリンジー・シェール（Lindsey Shere）は，ウォーターズと同様にカリフォルニア大学バークレー校でフランス文化史を専攻した経歴の持ち主である。初代総支配人の役割を果たしたポール・アラトフ（Paul Aratow）は，カリフォルニア大学バークレー校の大学院でイタリア語を専攻した経験を持つ人物である。こうしたシェ・パニースのシェフやスタッフの特徴は，1970 年代を通して変わることはなかった。実際，1973 年にクロイヤーの後任としてチーフシェフに就任したエレミヤ・タワー（Jeremiah Tower）は，ハーバード大学デザイン大学院で建築を学び，1971 年に修士号を取得した人物である。タワーもまた，彼の前任者と同じように，シェフとして正式な訓練を受けたことがなかった。

　シェ・パニースの例は決して特殊ではない。1970 年代，高学歴でありながら，メインストリーム・ライフから逸脱し，シェフという道を歩み始める若者が全米各地に現れた[16]。

---

15　シェ・パニースの創業者とシェフ，スタッフの経歴に関する説明は，McNamee（2007/2008）;
　Friedman（2018）による。

## 2. カリフォルニアキュイジーヌ

### カリフォルニアキュイジーヌのフィロソフィー

　カリフォルニアキュイジーヌのフィロソフィー，すなわち料理や料理づくりに関する基本的な考え方は，加工され，プラスチック容器に詰め込まれたプラスチック的食材を使うことをやめ，地元産の有機農産物に代表される新鮮かつ自然の食材を使う，というものである。この点は，1982 年アリス・ウォーターズが自ら刊行した *The Chez Panisse Menu Cookbook*（『シェ・パニースのメニュー料理書』）の冒頭エッセイ「料理に関する私の信念（What I Believe About Cooking）」において明確に述べられている（Waters, 1982, p. 3）。

　　私の料理法は革新的でもなければ，型にはまらないものでもない。私の料理法がとてもシンプルに見えるのは，我々米国人が，自分達で購入し・調理し・食べるはずの食材と真のかかわりを持たなくなってしまっているからである。私達は，冷凍され，衛生的に密封された食料品によって本物の食材から遠ざけられている。私はスーパーマーケットの通路に立ち，大量生産された人工的な食料品を買い物カートに積み上げているようなお客に次のように訴えたい。「お願いだから，自分が何を買っているかをちゃんと見てください！」（中略）どんなに想像力豊かで有能なシェフであっても，優れた食材そのもの以上に美味しい料理をつくることはできない。これこそが根本的な事実である。

### 誕生のきっかけ

　新しい調理法を生み出した先駆け達は，1970 年代，プラスチック的な食料品に支配された米国の食品市場を問題視した。そして，地元産の有機農産物に代表

---

16　例えば，1970 年代から約 40 年間にわたり，米国で最も成功したオーナーシェフの 1 人として称えられるブルース・マーダー（Bruce Marder）は，カリフォルニア大学ロサンゼルス校で歯学を専攻したものの，1972 年に大学を中退してヒッピーとなった。ヨーロッパでの放浪の旅を経た後の 1978 年，彼は出身地であるロサンゼルス・カウンティのベニスビーチでウエストビーチカフェ（West Beach Cafe）をオープンさせた。このカフェは，シェ・パニースとともにカリフォルニアキュイジーヌの誕生に大きく貢献し，1970 年代米国で新しいスタイルの料理にチャレンジしようとした若者達に大きなインスピレーションを与えた。また，ウエストビーチカフェの売却後，カリフォルニア州サンタモニカでマーダーが新たにオープンさせたレストラン「カポ（Capo）」は，現在ロサンゼルス大都市圏における最高級レストランのひとつとなっている。マーダーの経歴に関する説明は，Ruth Reichl (1988), "How to Build an Empire: L. A.'s Bruce Marder, Who Gave Us West Beach Café and Rebecca's, Hopes DC 3 Will Aslo Take Off," *Los Angeles Times*, December 4, 1988（デジタル版）による。

される新鮮かつ本物の食材を使い，シンプルな調理法でつくった料理の素晴らしさに目覚めた。そのきっかけとなったのは，彼らのヨーロッパ旅行での経験であった。1960 年代から 1970 年代にかけて，サービスが良いとはいえないながら運賃を非常に安く抑えていたアイスランド航空（Icelandic Airlines）は，「ヒッピーエアライン」や「ヒッピーエクスプレス」などと呼ばれていた（McNamee, 2007/2008; Friedman, 2018, p. 2）。というのも，多くの既成社会の価値観を否定する若者達を米国からヨーロッパに運んだからである。前述のウォーターズは，1965 年アイスランド航空でルクセンブルクに渡り，そこからバスでフランスに向かった。彼ら米国の若者達が米国を離れた目的は，放浪旅行や短期留学など様々であった。しかし，ウォーターズやマーダーを含む彼らの多くは，ヨーロッパに渡った時点ではフードについて何も考えていなかったにもかかわらず，一様にヨーロッパの美味しくてシンプルな食べ物に衝撃を受けた。フードに対するヨーロッパ人の姿勢に感銘を受け，フードに関する意識が変わり，料理に対する自らの創造力に目覚めた（McNamee, 2007/2008; Friedman, 2018）。

　例えば，カリフォルニア大学ロサンゼルス校で経営学修士号（MBA）を取得した後にロサンゼルス地域における最も成功したレストラン経営者・シェフの 1 人となったエヴァン・クライマン（Evan Kleiman）[17] は，自らの経験について，次のように述べている（Friedman, 2018, pp. 21-22. 強調は原文，［　］内は筆者による）。

　　　私達の世代はバックパックを背負って旅をした世代である。あなた方がどこかに旅をするとき，とても素朴な現地の食べものを口にしたりするだろう。［私達の世代が旅をした］1970 年代のヨーロッパには，冷凍食品のような食べ物もなかったし，工業生産されたような食べ物もなかった。スーパーマーケットすらなかった。だから，ヨーロッパ滞在中の私達は，米国人が第二次世界大戦以前に食べていたような食べ物を口にした。（中略）ワインを飲みながら，地元産の新鮮な食材をただひたすらに楽しく食べた。こんな風にフードを味わうなんて，当時の私達（米国の若者）の多くにとって生まれて初めての経験であった。米国に帰国した私は，ある日母に「ブロッコリーを使った新しい料理をつくってみたいんだけど，生のニンニクが必要なんだ」と言った。すると母はこんな感じで答えた。「生のニンニク？　ガー

---

17　Mary Macvean（2009），"Evan Kleiman, Mover and Stirrer on the L.A. Food Scene," *Los Angeles Times*, December 9, 2009（デジタル版）による。

リックパウダーならあるけど」。

　米国の若者達は，ヨーロッパ旅行中，現地のファーマーズマーケットなどで新鮮で自然な食材を味わった。一方，帰国後の彼らが目にした米国の食料品といえば，包装済みの加工食品ばかりだった。青果物でさえもヨーロッパのそれとは大きく異なっていた。「季節に関係なく，同じ種類の青果物がスーパーマーケットで1年中売られていた。これらの青果物は，遠く離れた生産地から輸送され，殺虫剤と燻蒸剤，防腐剤で処理された上でときに数カ月間冷蔵保存されたものであり，栄養素も味もなくなった代物であった」（McNamee, 2007/2008, p. 89）。彼ら若者達からみると，米国の農産物は「見た目は傷もなく完璧であるが，半分死んだものであり」，ヨーロッパの農産物は，見た目は米国の農産物ほど完ぺきではないかもしれないが，確実においしいものであった（McNamee, 2007/2008, p. 89）。こうして米国の食料品供給システムに対して疑問を持つようになった若者達は，米国内で有機農産物を探し始めた。

　カリフォルニアキュイジーヌの誕生

　1960年代から1970年代にかけて，米国の若者の多くが訪れたフランスやイタリアなどヨーロッパの料理は，大きく2つのカテゴリーに分類された。ひとつは，大都市の高級レストランの料理に代表されるものであり，もうひとつは，家庭料理やビストロの料理に代表されるものであった（Belasco, 2007; McNamee, 2007/2008; Friedman, 2018）。両者の違いは主に2つあった。ひとつは食材市場と料理の関係であり，もうひとつは，シェフの即興の有無である。高級レストランでは，日によって料理が変わることはない。一定の期間は同じメニューを提供し，変化と言えば季節ごとに旬の素材を取り入れる位に過ぎなかった（McNamee, 2007/2008）。一方，家庭やビストロにおいては，その日どんな食材が市場に出回るかがその日のメニューを決めるといっても過言ではなかった。主婦やシェフは，食材に応じて料理を考えるアプローチをとっていた。ウォーターズがフランスで観察したように，「フランスの主婦は，村の市場をゆっくり回り，食材の匂いを嗅ぎ，食材を評価しながらその日のメニューを考える」。一方，ビストロのシェフは「毎日市場を訪れ，食材を触ったり，匂いを嗅いだり，農家や漁師と話をして」，その日手に入れられる良い食材に応じてメニューを考えていた（McNamee, 2007/2008, p. 31）。こうしたヨーロッパの家庭料理やビストロの料理こそが，本物（authenticity）を求めるヒッピームーブメントとぴったり合致した（Rorabaugh, 2015; Friedman, 2018）。家庭の主婦やビストロのシェフによる料理に対するアプローチから多大な影響を受け，地元産の有機農産物に代表される

新鮮で自然な食材のみを使い，シェフが即興的に料理をつくりあげるというカリフォルニアキュイジーヌの基本アプローチが誕生した。

　米国の有機農業が産声をあげたばかりの 1970 年代はじめ，カリフォルニアキュイジーヌ・レストランのシェフ達は，食材探しに苦慮していた。彼らは，バック・ツー・ザ・ランダー達の農場を巡って有機農産物を買い集めたり，知り合いの農家に有機農産物の栽培を頼んだりしていた。また，大学生やヒッピー達が運営していた有機食品生協から食材を仕入れた（McNamee, 2007/2008; Friedman, 2018）。さらに興味深いことに，ヒッピーシェフ達は，チャイナタウンに代表される都心エスニック地区の食料品店が大いに使えるということを発見した。例えば，シェ・パニースのオープン当初，アリス・ウォーターズとシェフは，バック・ツー・ザ・ランダーの農場で食材を探し回る一方，有機農産物や全粒穀物，化学物質無添加の加工食品を販売していたバークレーコープ（Berkeley Co-op）の食料品店や日系人農家の売店，さらにバークレー市内の家庭菜園で有機栽培をしていた住民から食材を仕入れていた。あるとき，鴨肉が必要になったものの，慣行食品スーパーでは冷凍されたニューヨーク州産鴨肉しか見つからず，困ったことがあった。いろいろと探し回った末，ウォーターズは，サンフランシスコやオークランドのチャイナタウンにおいて，近郊の農家が飼育している鴨や，朝絞めたばかりで頭と足がついたままの「フランスで見たものと完全に同じような」状態の新鮮な鴨肉がとても安い値段で売られていたことを発見した（McNamee, 2007/2008, p. 32）。

### カリフォルニアキュイジーヌの成功

　1970 年代前半，米国の高級フレンチレストランにおいても，缶詰の食材を使うことが珍しくなかった（McNamee, 2007/2008）。また，中程度の価格帯のレストラン・チェーンでは，セントラルキッチンで調理して冷凍・真空包装された料理を店舗で加熱して顧客に提供する方法がとられていた（McNamee, 2007/2008）。一方，カリフォルニアキュイジーヌは，新鮮なカリフォルニア産食材のみを使い，フランス料理のテクニックを用いて即興的につくる料理であり，味の純粋さ，プレゼンテーションのシンプルさ，季節性という特徴を備えた料理である（McNamee, 2007/2008）。このようなカリフォルニアキュイジーヌを，高級フレンチレストランのような堅苦しい環境ではなく，明るく，ゆったりとしたお店で食べる経験は，ヒッピー達，さらにヒッピー以外の多くの米国人をも虜にした。

　シェ・パニースのように高級レストランへと成長したレストランのみならず，1970 年代全米各地でオープンしたカリフォルニアキュイジーヌを提供する小さ

なレストランやカフェも人気を呼んだ。例えばジョナサン・カウフマンは，1977 年シアトル市でヒッピー達がオープンした同市初のベジタリアン（菜食主義者）・レストラン「サンライトカフェ（Sunlight Cafe）」の今日の様子について次のように描いている。サンライトカフェで売っているホールウィートクッキーやマフィン，ホールウィートブレッドにアボカドとアルファルファもやしを挟んだサンドイッチを，現在多くの米国人が喜んで食べており，「テンペハンバーグと豆腐ハンバーグが両方ともあまりにもおいしそうだから，どちらを注文しようか悩む女性達」の姿がよく見られるという（Kauffman, 2018, p. 2）。

## 3. カリフォルニアキュイジーヌが有機農業の発展に及ぼした影響

　カリフォルニアキュイジーヌの誕生と発展が，米国の有機農業の発展に及ぼした影響は主に以下の 3 つであった。第 1 に，有機栽培を行う農家に市場を提供したことで，有機農業の発展を促進した。例えば，1970 年代はじめ，食材の仕入れに苦労したシェ・パニースであったが，1970 年代後半になると，バークレー市周辺の有機農家が増加し，また同市にファーマーズマーケットがオープンしたことで，食材の仕入れが容易になったという（McNamee, 2007/2008）。

　第 2 に，有機農産物を食材として使った美味しい料理をつくりだしたことで，有機農産物の最初の主要な消費者であったヒッピー達を消費者として維持しただけではなく，それ以外の人々に対しても有機農産物の魅力を伝える役割を果たした。

　第 3 に，カリフォルニアキュイジーヌを提供するレストランは，有機農産物を使って新たな料理を生み出す若手のシェフやベーカリーなどを数多く世に送り出した。彼らは，有機農産物の可能性を今なお広げ続けている。初期のころのカリフォルニアキュイジーヌのレストランは，分業体制が明確で，「師弟」という垂直的関係が厳格に守られている伝統的な高級レストランとは一線を画していた。例えば，1970 年代のシェ・パニースの厨房には，包丁磨きや野菜洗い，掃除だけを担当するような見習いはいなかった。ほうれん草のピューレスープを担当するシェフは，野菜を洗うことから調理後の片づけまですべての責任を 1 人で担った[18]。また，メニューが毎日変わるため，そもそも毎日同じポジションで同じ作業を行うことなどできなかった（McNamee, 2007/2008）。若いスタッフ達は，日々様々な作業を経験した。そのため，彼らにとって，経験豊富なシェフと

---

18　ドキュメンタリー映画 *Jeremiah Tower: The Last Magnificent*（『エレミヤ・タワー：最も素晴らしいシェフ』），および McNamee（2007/2008）による。

して他のレストランに転職したり，独立してレストランを開店したりすることは
さほど難しいことではなかった。

　この点について，今日サンフランシスコ・ベイエリアにおける著名なオーガ
ニック・ホールウィートブレッド製造卸企業として知られる「アクメブレッド社
(The Acme Bread Company)」[19] の例を見てみよう。アクメブレッドを創業したス
ティーブン・サリバン (Steven Sullivan) は，1970 年代皿洗いとしてシェ・パ
ニースで働き始めたが，パンを焼く仕事をしたいとアリス・ウォーターズに申し
出たことで，その仕事を与えられるようになった。彼は試行錯誤の結果美味しい
フランスパンづくりに成功し，1983 年独立して妻のスージー・サリバン (Suzie
Sullivan) とパン製造卸企業を創業した[20]。1970 年代から 1980 年代前半にかけて
カリフォルニアキュイジーヌを提供するレストランで働いていたシェフやスタッ
フの中には，サリバンと同じように，後に食品関係のビジネスを創業したものが
数多くいる。彼らは自らのビジネスを通じて，有機農産物に対する需要をつくり
だすとともに，有機農産物を伝道し続けている。


## おわりに

　1970 年代半ばになると，ヒッピー達の多くは就職または起業し，あるいは大
学や大学院に戻り，メインストリームの生活に復帰した。その変化をもたらした
要因として，政治的要因および経済的要因，ヒッピー達のデモグラフィック特性
の 3 つが挙げられる。1974 年ウォーターゲート事件に関する公聴会およびニク
ソン大統領の辞任を目の当たりにした若者達は，米国政府・制度に対する信頼を
少しずつ取り戻し，政治活動への情熱を失っていった (Gitlin, 1987)。一方，1970
年代米国における戦後の経済的繁栄が終焉を迎えると，急速にインフレが進み，
家賃や食料品などの生活コストが高騰した。ヒッピー達がかつてのボヘミア的な
ライフスタイルを維持することは徐々に難しくなっていった (Cox, 1994; Belas-
co, 2007)。さらに，社会学者達が共通して指摘したように，ヒッピーとなった
若者の大多数は白人であり，中産階級家庭の出身であった。彼らの親の多くが専
門職に就いており (Gardner, 1978)，ヒッピー達自身もその多くは高学歴であっ

---

19　アクメブレッドは主に製造卸であるが，サンフランシスコ市およびバークレー市それぞれ
　に小売店舗を 1 店舗持っている。同社および創業者スティーブン・サリバンに関する説明は，
　アクメブレッドのウェブサイト (http://acmebread.com/，最終アクセス日：2019 年 9 月 18
　日)，および McNamee (2007/2008) による。
20　シェ・パニースはアクメブレッドの得意先のひとつであり続けている。

た（Miller, 1999）。すなわち，1970 年代に入ってヒッピー達がメインストリーム
に復帰しようとしたとき，その復帰を妨げる要素が少なかったのである。こうし
て，1970 年代後半以降，元ヒッピーの多くが都市専門職業人の仲間入りを果た
した。

　1970 年代後半以降の米国では，格差が拡大する一方，健康的な食事に興味を
示し，健康そうに見える体を維持することが，優れた道徳心や自制心，さらに成
功と能力と結びつけて考えられるようになった。こうした社会変化の中，米国の
食料品分野では，戦後から 1960 年代まで続いたマスマーケットが影を潜め，そ
の市場はますます細分化した。メインストリームの生活に復帰したヒッピーを含
む専門職業人の多くは，反体制活動とはかかわらなくなったものの，健康的な食
事や環境保護に関心が高く，有機農産物とヒッピーフード，カリフォルニアキュ
イジーヌにとって最も重要な顧客となった。Belasco（2007）によると，食品添加
物の安全性に対してより高い懸念を持つ人は，高い教育を受けたミドルおよび
アッパーミドル層であり，かつ，年齢が 25 歳から 40 歳までの人達であったこ
とが 1975 年 FDA の調査によって明らかになったという。また，1964 年から
1976 年までの米国において，新鮮な青果物を使って自分で缶詰なとの貯蔵食品
をつくった世帯数の変化をみると，所得がより高い世帯では大きく増加した（Be-
lasco, 2007）。

　このように，1970 年代，ヒッピー達は，有機農産物を使うヒッピーフードや
カリフォルニアキュイジーヌをつくりだし，有機農産物の伝道師となった。ま
た，彼らは，専門職業人の仲間達とともに，こうした有機農産物とヒッピーフー
ド，カリフォルニアキュイジーヌの主要な消費者にもなった。彼ら専門職業人は
人数的には大多数ではなかったが，その高い購買力と，健康や環境保護に対する
関心の高さにより，成長期の米国有機農業の発展に重要な市場を提供した。

# 第II部
# 事例研究

# 第4章

## 有機農産物卸売業
### OGC 社の事例

## はじめに

　1960 年代後半，米国において有機農産物の生産が本格的に発展し始めた。しかし，一方，大手卸売企業や慣行食品スーパーなど既存の食品流通企業は，1990 年代はじめまでの長い間，有機農産物を取り扱おうとはしなかった。例えば，米国のノースウエスト地域の農産物流通をみると，大手スーパー・セーフウェイやフレッドメイヤーは，カリフォルニア州の大規模農場をはじめとする様々な慣行栽培の農場と直接契約を締結しており，慣行農産物を直接仕入れていた[1]。また，独立農産物卸売企業としては，最大手の 3 社であったユナイテッド・サラダ社（United Salad Company：本社はオレゴン州ポートランド市）およびパシフィックコースト果物卸社（Pacific Coast Fruit Company：本社は同上市），チャーリーズ社（Charlie's Produce：本社はワシントン州シアトル市）も，慣行農産物のみを取り扱っていた[2]。

　こうした状況の中，社会運動バック・ツー・ザ・ランド・ムーブメントによって本格的に発展し始めた有機農業は，生産物の販売チャネルが存在しないという問題に直面していた。チャネル構築に挑んだのは，バック・ツー・ザ・ランダーなど，カウンターカルチャーに属する流通の素人達であった。第 II 部では，有機農業の発展の先進地域であるオレゴン州における代表的有機食品流通企業・販売機関を事例として取り上げ，これらの企業・機関の発展プロセスを掘り下げて分析することで，1960 年代後半から 1970 年代にかけて，米国の若者の多くが有機食品関連ビジネスに参入し，また，彼らが創業・創立した企業・機関が生き残った要因を明らかにする。

　本章では，米国における有機農産物卸売企業の発展について，2015 年度年間売上高ベースでノースウエスト地域最大手の有機農産物卸売企業 OGC 社の事例

---

1　David Lively に対する筆者のインタビュー調査（調査日：2017 年 11 月 10 日）による。
2　同上。

写真4-1　オレゴン州ポートランド市にある OGC 社の物流センター

写真提供：OGC 社。

を紹介する（写真4-1）。本章の構成は次の通りである。次の第1節では，OGC
社の前身である「OGC 農業販売協同組合（Organically Grown Agricultural Mar-
keting Cooperative）」が設立された経緯について説明する。第2節では，OGC
農業販売協同組合が大きく発展を遂げた要因を明らかにする。第3節では，S 会
社へと組織形態を変更した OGC 社と従来型慣行農産物卸売企業の違いを明らか
にする。最後に，近年大手慣行食品スーパーが有機農産物の仕入れ方法を変更し
たことについて触れ，このことが今後米国の有機農産物の生産と流通に及ぼす影
響について，既存の有機農産物卸売企業による予想を概説し，本章をまとめる。

## 第1節
## 非営利団体から S 株式会社へ

　OGC 社は，2015年度年間売上高ベースでノースウエスト地域最大手の有機
農産物卸売企業である。OGC 社の本社はオレゴン州ユージン市（Eugene）にあ
り，本社に併設された物流センターに加えて，オレゴン州ポートランド市，ワシ

ントン州デ・モイン市（City of Des Moines）とスポーカン市（City of Spokane）にも物流センターを保有している（写真 4-1）。

　2015 年度[3]，OGC 社が取扱う有機果物および有機野菜，有機ナッツなとの有機農産物アイテム数は 300 アイテム以上にのぼり，年間売上高は約 1 億 5000 万ドル（165 億円，1 ドル＝110 円で換算。以下同）であった（図 4-1）[4]。2016 年度，同社は 295 人の従業員を雇用し，300 以上の農家とベンダーから商品を仕入れていた。取引の範囲は，米国ノースウエスト地域およびカナダのブリティッシュコロンビア州を中心に全米に広がっている。同社の取引先は，有機食品スーパーや有機食品生協に加えて，フレッドメイヤーのような大手慣行食品スーパー，卸売企業，レストランなど約 500 社にわたり，年間に取り扱う有機農産

図 4-1　OGC 社の年間売上高の推移（1983 年度～2015 年度）

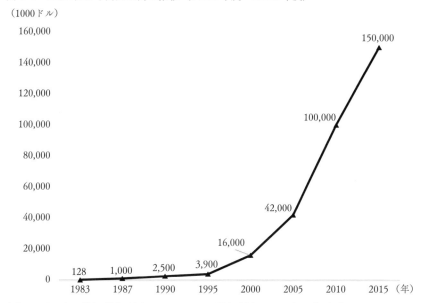

出所：David Lively に対する筆者の電子メールインタビュー調査（調査日：2017 年 11 月 14 日）による。

---

3　OGC 社の会計年度は，毎年 4 月 1 日から翌年 3 月 31 日までである。
4　2015 年度および 2016 年度 OGC 社の概要に関する説明は，Organically Grown Company (2016), *Organically Grown Company 2016 Sustainability Report*, および David Lively に対する筆者のインタビュー調査（調査日：2017 年 11 月 10 日）による。

物は 7 万 500 トンに達する。同社の取扱商品の 95% 以上は有機農産物の認証を取得した農産物であり，残りは野生シイタケのような野生植物や，慣行農法から有機農法への移転期間中で有機認証が取得されていない農産物，取引先が特別に注文した慣行農産物などであった。OGC 社が移転期間中の農産物を取り扱うのは，有機農業に転換しようとする農家を積極的に支援しようとしているからである。

　OGC 社の前身は，1983 年に設立された OGC 農業販売協同組合である。1978 年，オレゴン州ユージン市において，バック・ツー・ザ・ランダーを含む，有機農業を実践していた 10 人の青年達が非営利団体「OGC 協同組合（Organically Grown Cooperative）」を設立した。1983 年，非営利団体の OGC 協同組合は農業販売協同組合に組織変更を行った。その後の 1999 年に小規模株式会社である S 株式会社（S-Corporation）へと再度組織形態を変更し，現在の OGC 社に至っている。この節では，非営利団体 OGC 協同組合が設立された経緯と，農業販売協同組合，さらに S 株式会社へと組織変更が行われた理由について説明する。

## 1. 非営利団体 OGC 協同組合：1978 年〜1983 年

　第 2 章で説明したように，米国において有機農業が本格的に発展し始めるきっかけとなったのは，1960 年代終盤から 1970 年代にかけて高まりを見せたバック・ツー・ザ・ランド・ムーブメントである。1970 年代，オレゴン州内最大の総合大学オレゴン大学（University of Oregon）が立地するユージン市や，州内で 2 番目に規模が大きいオレゴン州立大学が立地するコーバリス市（City of Corvallis）郊外の農村地帯においても，移住してきた数多くのバック・ツー・ザ・ランダー達が農場経営を始めた[5]。

　1978 年，オレゴン州ユージン市において，バック・ツー・ザ・ランダーを含む，有機農業を実践していた 10 人の青年達が非営利団体 OGC 協同組合を設立した。彼らが非営利団体 OGC 協同組合を設立した理由は主に 2 つあった。1 つ目は，当時の米国の農業大学と政府系農業研究機関がもっぱら農薬を使う農業についての研究のみを行っており，有機農業についてほとんど情報を提供していなかったことと関連している。農家は，有機農法に関する情報交換を自分達の手で行う必要があった。もうひとつの理由としては，有機農家が生産資材の共同購入

---

5　Harry MacCormack に対する筆者のインタビュー調査（調査日：2017 年 10 月 18 日），および David Lively に対する筆者のインタビュー調査（調査日：2017 年 11 月 10 日）による。

を望んだことが挙げられる。非営利団体 OGC 協同組合は，組合員間の情報交換と一部資材の共同購買以外の活動，例えば，組合員の生産物を共同販売するような活動を行うことはなかった。

## 2. OGC 農業販売協同組合：1983 年〜1999 年

　非営利団体 OGC 協同組合が転機を迎えたのは，営利法人の農業販売協同組合へと組織変更を行った 1983 年のことである。1980 年，非営利団体 OGC 協同組合は，ビスタプログラム（Volunteers in Service to America: VISTA）の女性ボランティア 1 人を従業員として雇い入れた。彼女のサポートを受けつつ，組合員達の話し合いにより組合の定款が制定された。そして 1983 年，非営利団体 OGC 協同組合は，営利法人の OGC 農業販売協同組合へと組織変更を行った。

　非営利団体 OGC 協同組合が農業販売協同組合へと組織変更を行った理由は主に 3 つあった[6]。1 つ目は，組合員の有機農家がそれぞれの生産物の種類と生産量について調整を行い，生産物の出荷価格をコントロールしようとしたためである。連邦法によると，農業販売協同組合の(1)売上高の 50 ％以上は組合員による生産物の売上でなければならず，(2)同組合は反トラスト法に抵触せずに価格の統制を行うことができる，と規定されている。農業販売協同組合を設立する以前，OGC 協同組合の組合員達は，有機農産物市場に関する情報を把握しないまま自らの生産物の種類と生産量を決め，各自小売店に売り込んでいた。結果として，生産過剰に陥る農産物もあれば，生産不足の農産物もあった。また，農家間の競争により，小売店が出荷価格を一方的に決めるケースも多かった。OGC 協同組合の組合員達は，農業販売協同組合を設立することで，有機農産物市場に関する情報を共同で分析した上で，組合員それぞれの生産物と生産量を話し合いにより決定し，出荷価格をコントロールしようとしたのである。

　組織変更を行った 2 つ目の理由は，生産物のマーケティング活動に内在する問題を解決する必要があることを組合員達が認識し始めたからである。有機農家達の多くはバック・ツー・ザ・ランダー達であり，生産物の見た目には無関心で，農産物流通に関するノウハウも持ち合わせていなかった。必然的に，有機農産物のマーケティング活動には多くの課題が残されていた。この点について，OGC の創業者の 1 人であるデビッド・ライヴリー（David Lively）は次のように語っている（David Lively に対する筆者のインタビュー調査。調査日：2017 年

---

6　David Lively に対する筆者のインタビュー調査（調査日：2017 年 11 月 10 日）による。

11 月 10 日。［　］内は筆者による）。

　　出荷物のサイズは様々で，成熟度にもバラツキがあり，洗浄されず泥が付いたままだった。［包装と輸送のために］有機農家達は手元にあるあらゆる容器を使った。容器はぼろぼろで，容器ごとの重量に関する基準さえなかった。このような形で納入された有機農産物に対して，小売店側は値段を低く抑えた。農家側もとの程度の値段が適切なのか，ヒントを持ち合わせなかった。さらに多くの農家は，納品時間を守ることの重要性を認識しておらず，そのことが原因で販売の機会を逃すこともしばしばだった。

　こうしたマーケティングに関する問題を解決するために，OGC は農業販売協同組合へと組織変更を行う決断を下したのである。

　非営利団体 OGC が農業販売協同組合へと組織変更を行った 3 つ目の理由は，組合員達が生産物の販売に関する作業，例えば売掛金の回収や小売業との交渉に費やす時間を節約し，農作業に集中しようとしたからである。この点について，デビッド・ライヴリーは自らの経験に基づき，次のように説明している（David Lively に対する筆者のインタビュー調査。調査日：2017 年 11 月 10 日）。

　　1980 年代はじめ，農家としての私の労働時間の 4 分の 1 は，小売店に売り込むために電話をかけたり，納品をしたり，売掛金を回収したりといった農作業以外の仕事に費やされていた。私が農作業に集中できないばかりに，農作業を担ってもらうための従業員を雇わなければならない始末であった。私達が農業販売協同組合を結成した目的のひとつは，農家を農作業に集中させることにあった。

　このように，有機農業の発展初期，既存の卸売企業に生産物を取り扱ってもらえなかった有機農家は協力し，自ら卸売機関を設立し，卸売機能を果たそうとした。つまり，1970 年代から 1980 年代にかけて，バック・ツー・ザ・ランダー達を含む有機農家達が生き残るために，「起業家のエネルギー」を結集して農業販売協同組合を設立したのである（Cook, 1995, p. 1155）。

## 3. 農業販売協同組合から S 株式会社へ

　OGC 農業販売協同組合は，その設立当初から，取扱商品に関して次のような二者択一を迫られた。すなわち，(1)組合員の生産物のみを取り扱うか，(2)組合員

以外が生産した有機農産物も取り扱うか，の選択である。というのも，OGC の組合員が農業を行うオレゴン州では，その寒冷な季候により，年間 6 カ月から 8 カ月しか農産物を栽培することができなかったからである。組合員の生産物のみを取り扱うならば，組合員からの収穫物がない冬季の数カ月間，OGC 農業販売協同組合の売上高はゼロとなる。にもかかわらず，倉庫の家賃や職員の給料は支払い続けなければならない[7]。組合員達が検討を重ねた結果，OGC 農業販売協同組合は戦略(2)を選択した。結果として OGC 農業販売協同組合は，組合員の他，カリフォルニア州の有機農家や，後にワシントン州の有機農家，さらにメキシコからも有機農産物を仕入れるようになった。以下で詳しく説明するが，このような取扱商品を拡大する戦略こそが，その後 OGC 農業販売協同組合の成長を支える要因のひとつともなった。

　組合員以外の有機農家の商品を取り扱うことで，OGC 農業販売協同組合の売上高は増加した。その一方，次のような問題も生じた。OGC 農業販売協同組合の売上高増加にともない，組合員以外の農家の生産物が全売上高に占める割合が高まり，1990 年代後半になると，その比率は約 80% までに達したのである。連邦法では，農業販売協同組合の売上高の 50 % 以上は組合員の生産物の売上でなければならないことが規定されている。連邦法の抵触を解消するべく，1999 年，OGC 農業販売協同組合は S 株式会社へと再度組織変更を実施した[8]。

　オレゴン州法の規定によると，普通の株式会社（C-Corporation）と同じように，S 株式会社の債務および損失の責任は出資額のみに制限されている。また，株式の所有権を譲渡することが可能である。一方，普通の株式会社とは異なり，S 株式会社の場合，株主の配当金と企業の純益とを一本化して課税対象とすることになっており，二重課税を回避できるという利点がある。ただし，S 株式会社の株主数は 100 を超えてはならず，すべての株主の拠点は事業が登録されているオレゴン州になければならない。さらに，発行できる株式は普通株の 1 種類だけであり，優先株を発行することはできない。

---

7　冬の時期のみ職員を解雇するとの考えは，当時の OGC 農業販売協同組合にはなかった（David Lively に対する筆者のインタビュー調査による。調査日：2017 年 11 月 10 月）。
8　David Lively に対する筆者のインタビュー調査（調査日：2017 年 11 月 10 日）による。

第 **2** 節

# OGC 農業販売協同組合の成長要因

　ここで一旦 OGC 農業販売協同組合に戻り，その成長要因を探っていく。

　1983 年に設立されてから 1995 年までの間，OGC 農業販売協同組合の平均売上高増加率は 32.9% に達し，急速な成長を遂げた。こうした成長の背景には，環境要因と企業戦略があった。本節では，これらの成長要因について説明する。

## 1. 環境要因

　OGC 農業販売協同組合の成長を支えた環境要因として，以下の 3 つを挙げることができる。(1)競争相手が存在しなかったこと，および(2)元ヒッピー達が社会人となり，中産階級程度の所得を得るようになったこと，(3)米国で健康ブームが起きたことの 3 つである[9]。

　米国における有機農業は，社会運動の一環，つまりカウンターカルチャーとして発展した。1970 年代から 1990 年代はじめまでの間，既存の流通企業は有機農産物を有望な市場としては捉えず，それらを取り扱おうとしなかった。そのため，この時期，OGC 農業販売協同組合の競争相手はほとんど存在しなかった。

　また，第 2 章および第 3 章で説明したように，1980 年代，元ヒッピー達の多くはメインストリーム・ライフに戻り，起業し，または企業に勤務して中産階級程度の収入を得るようになった。彼ら元ヒッピー達こそ，有機農産物の主要な消費者となった。こうした現象について，OGC 社の営業・マーケティング担当副社長ライヴリーは，1980 年代「ヒッピー達は長髪を切って就職し」，「かつてフードスタンプを使って有機食品を買っていた彼らが，今度は良い洋服を身に着けて同じ店に入り，有機食品を買うようになった」と説明した。ライヴリーは，元ヒッピー達の支持こそが，OGC 社の発展のみにとどまらず，米国有機農業の産業として確立を支えた最も重要な環境要因であったとコメントした[10]。

　さらに，1970 年代から 1980 年代にかけて，米国において健康ブームが高まったことも大きい[11]。健康的な体を維持するために，米国ではジョギングやワークアウトに励む人数が急増した。1971 年，ニューヨーク・シティ・マラソンの参加者はたった 233 人だったが，1981 年になると，出場募集人数 1 万 6000 人に対

---

9　同上。
10　同上。
11　1970 年代以降，米国で健康ブームが高まった現象について，本書第 3 章を参照されたい。

して 2 万 5000 人の応募者が殺到した[12]。1960 年，ワークアウトを行う米国成人は，米国成人全体の 24% しかいなかったが，1981 年になると，その比率は約50% にまで増加した[13]。運動する米国人が増加するにつれ，健康的な食品が注目されるようになった。*Life* は，1970 年 12 月 11 日号に「自然食品へ：有機食品への転向者が全米各地で出現（The Move to Eat Natural: New Converts to Organic Food Are Spouting up All Over)」というタイトルの記事を掲載している。同記事は，西海岸と東海岸の小さな有機食料品店の品揃え，有機農法，さらに有機農産物や全粒粉を使用した料理，砂糖不使用ドリンクのレシピなどを紹介した。こうした健康ブームは，有機農産物を取り扱う OGC 農業販売協同組合の発展に追い風となった。

## 2. OGC 農業販売協同組合の戦略と組織づくり

　OGC 農業販売協同組合は，その設立初期から 1990 年代半ばにかけて，市場シェアの拡大に注力した。また，拡大し続ける売上規模に対応するための組織づくりを積極的に行った。こうした戦略と組織づくりは，同組合が成長し続けていった要因となっている。

### 市場シェアを拡大する戦略

　本章第 1 節で説明したように，設立初期の OGC 農業販売協同組合が(1)組合員の生産物のみを取り扱うか，(2)組合員以外の有機農産物も取り扱うか，との選択を迫られた際，組合員達は戦略(2)をとることを決定した。こうした意思決定の背後には，有機農産物にかかわるすべての商品を総合的に扱う卸売業者となることで，有機農産物市場における同組合の市場シェアを積極的に拡大しようという意図があった[14]。OGC 農業販売協同組合は，組合員以外の有機農家の生産物を積極的に取り扱うようになったことに加え，プライベート・ブランド（PB）の「レディバグ（LADYBUG)」を立ち上げた（写真 4-2 と写真 4-3)。

　「レディバグ」ブランドが設立された初期，OGC 農業販売協同組合の営業範囲はオレゴン州のみであった。そのためレディバグの商品として取り扱われるようになるためには，(1)家族経営の農場であること，(2)有機認証を取得していること[15]，(3)農場がオレゴン州に立地していること，の 3 条件を満たす必要があると

---

12　D.H. Lawrence（1981), "America Shapes Up. One, Two, Ugh, Groan, Splash: Get lean, Get Taut, Think Gorgeous," *Time*, November 2, 1981, pp. 94-98, pp. 103-104, p. 106 による。
13　同上。
14　David Lively に対する筆者のインタビュー調査（調査日：2017 年 11 月 10 日）による。

写真 4-2　レディバグのロゴ

写真提供：OGC 社。

同組合によって定められていた。しかしその後，同組合の営業範囲が拡大するに
つれて，レディバグの商品になるための条件のうち，(3)の農場の立地に関する規
定が「オレゴン州，ワシントン州，アイダホ州，またはカナダのブリティッシュ
コロンビア州でなければならない」と改訂された。

　PB「レディバグ」ブランドの導入は，OGC 農業販売協同組合の市場シェア拡
大に大きく貢献した。その理由は 2 つある。ひとつは，レディバグというブラ
ンドの存在が，「米国のノースウエスト地域またはカナダのブリティッシュコロ
ンビア州産であり，かつ，有機認証を取得している」という農産物の情報を消費
者に対して明確に伝える役割を果たしたからである。一般消費者の農産物に関す
る知識が乏しく，米国農務省（USDA）による有機認証基準が存在しなかった時
代において，「レディバグ」ブランドこそが消費者に有機農産物の品質保証を提

---

15　序章で説明したように，米国農務省（USDA）が初めて有機農産物の認証基準を公表した
　　のは 2000 年のことである。それまでの間，有機農産物の認証基準は主に様々な非営利団体
　　（NPO）によってつくられており，認証業務もこれらの NPO によって行われていた。

写真 4-3　レディバグの段ボール

写真提供：OGC 社。

供したのである。レディバグの導入が OGC 農業販売協同組合の市場シェア拡大に大きく貢献したもうひとつの理由は，そのことが流通コストを削減し，農家に対する経営支援につながったからである。OGC 農業販売協同組合は，レディバグに生産物を提供する農家に対して，段ボールやステッカー，ラッピング用のワイヤータイなど，梱包資材およびマーケティング資材を提供している（写真4-3）。OGC 農業販売協同組合が梱包資材とマーケティング資材を一括して仕入れることにより，流通コストが大きく低下した[16]。また，資金力が必ずしも十分でない農家にとって，こうした流通コストの削減は，経営支援につながった。レディバグに農産物を提供する農家の数は年によってやや異なるが，2000 年代終わりはおよそ 36 の農家によって提供されていた。アイテム数は約 80 にのぼり，OGC 社の売上高の 5% から 10% を占めていた（Thistlethwaite, 2010）。
　取扱商品を増加させると同時に，OGC 農業販売協同組合は，営業範囲を積極

---

16　David Lively に対する筆者のインタビュー調査（調査日：2017 年 11 月 10 日）による。

的に拡大した。1983 年に OGC 農業販売協同組合が設立された当初，組合員達は個人資金を集め，ユージン市のダウンタウンに，一部屋だけの本社オフィスと小さな倉庫ひとつをリースした。資金があまりにも少なかったため，本社オフィスと倉庫には水道もトイレもなかった[17]。その後組合員達は，個人所有の自転車やバックパックなどの財産を担保にして[18]，ユージン市に拠点を置くウエストエンド・ファンド（Westend Fund）から融資を受けた。同ファンドは，食品関連の協同組合が出資して設立されたファンドであり，食品関連の協同組合に融資を提供していた。OGC 農業販売協同組合は，この融資を元手として商品の貯蔵・物流に必要とされるクーラーボックスとトラックを購入し，ユージン市で有機農産物の卸売を始めた。その後同組合は，数台のトラックと古い冷蔵車 1 台を購入し，販売範囲をユージン市の周辺にまで拡大した。1980 年代，売上高の増加にともない，OGC 農業販売協同組合は，その営業地域をユージン市およびオレゴン州都のセラム市（City of Salem），ポートランド市というオレゴン州 3 大都市を含むウィラメット・バレー全域に拡大した。1994 年同組合は，オレゴン州最大の都市であり，有機農産物の大消費地でもあるポートランド市に物流センターを設置した。さらに 2001 年にはワシントン州デ・モイン市に，2015 年にはワシントン州スポーカン市に物流センターを設けた。2017 年，ポートランド市にある OGC 社の物流センターは，同社の取扱商品量のうち約 80% を取り扱っている[19]。

### 組織づくり

　中小企業が急成長を遂げた際，企業規模の急速な拡大に組織が対応できない事案がしばしば見られる。OGC 農業販売協同組合の毎年の売上高増加率は，設立されてから 1980 年代終わりまでの間，平均で 52.9% に達した。また，1990 年代に入っても同増加率は 20.4% という高い水準を維持した。しかし同組合では，企業規模の急速な拡大にともなう組織的な問題は発生しなかった。同組合が組織の整備を積極的に実施し続けたからである。

　OGC 農業販売協同組合が設立された当初，専属従業員は，ビスタプログラムのボランティアであるジョー・ガブリオ（Joe Gabrio）ただ 1 人しかいなかった。ガブリオはマーケティングを担当し，有機農産物の市況情報を収集し，それに基づいて小売店と価格交渉を行っていた。ガブリオの他，同組合の組合員で

---

17　同上。
18　彼らにはこれ以外に個人財産がなかった。
19　David Lively に対する筆者のインタビュー調査（調査日：2017 年 11 月 10 日）による。

バック・ツー・ザ・ランダーでもあったデビッド・ライヴリーは，自家農場を経営する傍ら，OGC 農業販売協同組合の「フィールドマネジャー」として週 10 時間ほど働いていた[20]。フィールドマネジャーの仕事は，組合員の農場を周り，農作物の状況を把握すると同時に，農家に対して適切な収穫時期を助言したり，商品の品質基準や適切な梱包資材などについて指導したりすることであった。ライヴリーは，フィールドマネジャーとして働く過程でマーケティングを学ぶ必要性を感じ，1980 年代大学のマーケティングコースに通った[21]。1984 年，ガブリオが OGC 農業販売協同組合を去ることが決まると，ガブリオの推薦によりライヴリーが同協同組合のフルタイム従業員としてマーケティングを担当するようになった。1980 年代後半，OGC 農業販売協同組合の業務が拡大するにつれ，同組

図 4-2　OGC 社の組織図（2017 年）

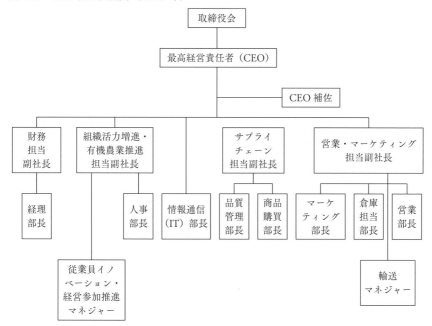

出所：OGC 社が提供した組織図により筆者が作成。

---

20　同上。
21　同上。

合の専属従業員は，財務担当のディレクターを含む6人にまで増加した。

　1980年代終盤から1990年代にかけて，OGC農業販売協同組合は，今日OGC社が持つ組織構造の原型をかたちづくった。図4-2は，OGC社の組織図を示している。図4-2に示される組織構造は，OGC社がOGC農業販売協同組合であった時期につくられたものである[22]。OGC社では，取締役会と最高経営責任者（CEO）の下に，(1)財務，(2)組織活力増進・有機農業推進，(3)サプライチェーン，(4)営業・マーケティングのそれぞれを担当する4人の副社長が置かれている。彼ら4人の副社長に情報通信（IT）部長，さらにCEOを加えた6人が，ミッション・チーム（mission team）を構成する。ミッション・チームは，事業運営の基本方針や戦略・組織づくりについて検討を行い，意思決定を下す役割を担っている。ミッション・チームのメンバーは週1回会合を開催することになっているが，現在同会合はテレビ電話を用いて実施されている。というのも，ポートランドに立地する同社の物流センターが同社取扱商品量の約80%を取り扱っていることから，同社のCEOおよび財務担当副社長，情報通信（IT）部長はポートランド物流センターに勤務し，他の副社長はユージン本社にいるからである。

　一方，副社長の下に置かれた7人の部長，すなわち(1)経理部長，(2)人事部長，(3)品質管理部長，(4)商品購買部長，(5)マーケティング部長，(6)倉庫担当部長，(7)営業部長は，従業員イノベーション・経営参加推進マネジャーおよび輸送マネジャーとともに，現場管理チーム（ground control team）を構成している。現場管理チームの役割は，具体的な卸売業務の運営を管理することである。

　米国における有機農産物市場は，その台頭初期から今日に至るまで，慣行農産物市場と以下の点で大きく異なっている。慣行農産物市場が成熟した市場であるのに対して，有機農産物市場は急成長を続ける市場である。また，有機農産物の認証など流通規制はまだ発展途上にあり，さらに，生産方法自体もいまだに変化している。変化し続ける有機農産物市場において卸売企業が生き残るためには，日常的な卸売業務の遂行はもちろんのこと，市場の変化に常に注意を払い，その変化に対応できるよう企業の長期的な戦略策定と組織づくりを行わなければならない。OGC農業販売協同組合は，ミッション・チームと現場管理チームという2つの異なるレベルの管理チームを設けることで，具体的な卸売業務を遂行すると同時に，会社経営の基本方針や長期戦略，組織改革に関する検討を重ねてき

---

22　同上。

た。OGC 農業販売協同組合が 2 つの異なるレベルの管理チームを有する組織を構築したことは，同組合が成長を続ける要因のひとつともなっている。

　S 株式会社へと組織を変更し，OGC 社となった後もその組織づくり・改革に怠りはない。中でも最も大きな組織改革は，従来の組合員農家に加えて，従業員さらにコミュニティ・メンバーを取締役会のメンバーとした点である。OGC 農業販売協同組合の定款では，取締役会のメンバーになれるのは組合員農家のみと規定されていた。OGC が S 株式会社へと組織変更した後，OGC 社は従業員およびコミュニティ・メンバーを取締役会メンバーに加えた。コミュニティ・メンバーの取締役会への追加は，OGC 社の持続的な発展にとって特に重要な役割を果たした[23]。

　2017 年，OGC 社の取締役会には計 10 人のメンバーがおり，そのうち農家が1 人，従業員 5 人，コミュニティ・メンバーが 4 人であった。4 人のコミュニティ・メンバーのうち，1 人はアマゾンの元従業員，1 人はフレッド・メイヤーの青果部門の元トップ，1 人はニューシーズンズマーケットの共同創業者，残りの 1 人が大手卸売企業の元従業員である。OGC 社が彼らのようなコミュニティ・メンバーを取締役会メンバーに加えたのは，OGC 社の従業員や農家が持っていない専門知識と経験を彼らが持っているからである。この点について，OGC 社の営業・マーケティング担当副社長デビッド・ライヴリーは，次のように説明している（David Lively に対する筆者のインタビュー調査。調査日：2017 年 11 月 10 日）。

　　OGC が農業販売協同組合であった時代，取締役会のメンバーになれるのは組合員の農家だけであった。S 株式会社へと組織変更をした際に，私達は従業員を取締役会のメンバーに加えることにした。結果，取締役会のメンバーは農家と従業員となった。こうした取締役達は，OGC 社社内の業務運営を行うことには長けていたが，OGC 社の外のことについてはそれほど知識がなかった。というのも，農家は自家農場のことしか分からず，OGC の従業員は OGC 社のことしか知らなかったからである。私達は自社の業務以外のことについて知識も経験も乏しかった。私達は金魚鉢の中の金魚のようであった。金魚鉢の中の状況については分かっていたが，金魚鉢の外のことに関する理解を手伝ってくれる人が必要であった。こうして私達は取締役会

---

23　同上。

にコミュニティ・メンバーを入れるようになったのである。この決断によっ
て，社内には多様な情報と多様な視点が持ち込まれた。

　変化し続ける有機農産物市場や企業規模の拡大に対応して組織変革を実施し続
けたことが，OGC 社の持続的な成長を支えたのである。

第 **3** 節
## OGC 社の特徴
### 慣行農産物卸売企業との違い

　バック・ツー・ザ・ランダーやその他の有機農業の実践者達といったいわゆる
カウンターカルチャーの人々によって創業された OGC 社は，大手卸売企業へと
成長した今日もなお，自社のことを「ミッションを基軸にした企業（mission-
based organization）」と世に宣言している[24]。同社のミッションは，卓越した持続
可能な組織となり，有機農業を通じて人々の健康向上に貢献する，という理念で
ある。同社が目指す持続可能な組織は具体的に 3 つの要素からなる。すなわち，
(1)地球環境保護を実践し，(2)同社の取引先や立地する地域，従業員など同社と関
係のあるコミュニティを誰にでも公平で，住みやすく，働きやすい場所にし，(3)
経済的に利益をあげることで，消費者に健康的な食品を提供し，農家の経営を支
援し続けることができる組織を目指しているのである。こうしたミッションを基
軸に経営を行っている OGC 社は，多くの慣行農産物卸売企業と次の 3 点で大き
く異なる。(1)人事管理，(2)持続可能な食料システム実現への取り組み，(3)より公
正で平等な社会実現への取り組みの 3 点である。この節では，これらの OGC 社
の取り組みの特徴を説明する。

## 1. 人事管理

　OGC 社の人事管理に見られる最大の特徴は，ESOP プラン（Employee Stock
Ownership Plan），すなわち従業員株式所有プランを通じて，同社の従業員の多
くが同社の株式を購入できる点にある。ESOP プランはひとつのエンティティと
してみなされるため，プランに参加する従業員の数にかかわらず，全体として 1
株主とみなされる。1999 年に OGC 農業販売協同組合が S 株式会社へと組織変

---

24　同上。

更した際は，組合員の農家と OGC 社の当時の従業員が同社の全株式を保有していた。その後，株式を所有する農家の中で，リタイヤして所有する株式を OGC 社に売却する者が出るようになった[25]。2008 年，OGC 社は ESOP プランを創設し，リタイヤした農家から購入した株式を ESOP プランに入れるとともに[26]，従業員達による ESOP プランを通じた株式購入を援助するためのローンを提供するようになった（Thistlethwaite, 2010）。ESOP プランに参加できるのは，OGC 社の従業員のうち，フルタイム従業員，すなわち週 40 時間以上働く従業員達である[27]。2016 年度，ESOP プランに参加する従業員が OGC 社全株式の 42.98% を所有し，残りの株式を従業員 23 人と農家 19 人が所有している[28]。OGC 社が ESOP プランを創設したのは，資金調達を目的とした訳ではなく（Thistlethwaite, 2010），「従業員オーナーシップという OGC 社の企業文化を維持し，従業員達に OGC 社が自分の会社であると感じさせたい」からであった[29]。また OGC 社は，従業員が経済的に独立し，退職時期や退職後の生活を自らコントロールできるようにすることも ESOP プランの目的として掲げている[30]。「人生をコントロールする自由を企業から取り戻す」というバック・ツー・ザ・ランダー達のイデオロギーは，彼らが会社を興した経緯や，会社運営手法にも大きな影響を及ぼしたといえよう。

　さらに，OGC 社は，週 20 時間以上働く従業員全体を医療保険の対象に含めている[31]。1960 年代全米で高まりをみせた様々な社会運動が唱えた「より平等で公平な社会をつくる」という理念もまた，OGC 社の経営方法に大きな影響を及ぼしている。

---

25　OGC 社の株式を所有する農家の中には，リタイヤした後も株式を所有し続ける人もいる。
26　David Lively に対する筆者のインタビュー調査（調査日：2017 年 11 月 10 日）による。
27　ESOP プランに参加する従業員の最低投資額は 5000 ドルであり，投資上限は全株式の 1% 以内と定められている（Thistlethwaite, 2010）。また，従業員が購入できる株式数は，その報酬に比例する。すなわち，報酬の高い従業員はより多くの株式を購入することができる。
28　OGC 社の従業員の中には，ESOP プランとプラン外の両方で同社の株式を保有する者もいる。Organically Grown Company（2016），*Organically Grown Company 2016 Sustainability Report*，および David Lively に対する筆者のインタビュー調査（調査日：2017 年 11 月 10 日）による。
29　David Lively に対する筆者のインタビュー調査（調査日：2017 年 11 月 10 日）による。
30　同上。
31　フルタイム従業員とその被扶養者の医療保険掛け金の 50% 以上は OGC 社によって支払われている。週 20 時間以上働くパートタイム従業員に対しては 50% より低い比率が適用されている。また，週の就業時間が 30 時間以上 40 時間未満のパートタイム従業員と，20 時間以上 30 時間未満のパートタイム従業員に適用される比率はそれぞれ異なる。Organically Grown Company（2016），*Organically Grown Company 2016 Sustainability Report*，および David Lively に対する筆者のインタビュー調査（調査日：2017 年 11 月 10 日）による。

## 2. 環境保護の取り組み[32]

　OGC 社は，卸売業者として利益を得るにとどまらず，環境保護にも積極的に取り組んでいる。OGC 社は以下のような長期的なサステナビリティ目標を設定している。すなわち，(1)カーボン・ニュートラル[33]を達成し，化石燃料の使用をなくすこと，(2)固形廃棄物および有害物質をなくすこと，(3)農場のサステナビリティと中小農家の発展を実現すること，(4)健全で，社員が自分の能力を十分発揮できるような職場をつくること，(5)健康で持続可能な食料システムに関して，取引先および広範な地域社会の意識と支持を確立すること，の 5 つである。

　これらの目標を実現するべく，OGC 社は数多くの取り組みを行っている。そもそも有機農産物卸売企業である OGC 社は，有機農産物を取り扱うことで，化学肥料や農薬に含まれる有害物質が土壌を汚染しないようにしている。また同社は，輸送技術の革新を通じて，化石燃料以外のオルタナティブ燃料の利用率を高め，二酸化炭素排出量の削減につとめている。例えば，同社の輸送車両が使用する燃料は，調理用植物油の廃棄物から生産されるバイオディーゼルと超低硫黄ディーゼルとがブレンドされた燃料である。また同社は，売れ残ってしまったが，食べても支障がない有機果物と有機野菜を，6 つのフード・バンク（food banks：困窮者，または困窮者に食料援助を行う非営利団体に食料を配布する民間組織）に寄付している。こうした活動によって，食料の浪費を減らそうとしているとともに，野菜や果物に手の届かない人々に有機野菜と果物を提供している。同社はまた，フェアトレード認証付き（Fair Trade Certified：農産物などを買う際に，生産者が適切な収入を得られるように適正価格を支払う運動）の商品を積極的に取り扱うことで，農場労働者の生活向上に貢献しようとしている。2016 年度，OGC 社はペルーおよびアルゼンチン，チリ，ニュージーランド，メキシコ，エクアドルの 16 の生産者からフェアトレード認証付きの商品を仕入れており，その売上高は同社の全売上高の 4% を占めた[34]。

---

32　OGC 社の環境保護の取り組みについては，Organically Grown Company (2016), *Organically Grown Company 2016 Sustainability Report* による。

33　環境省は，カーボン・ニュートラルを次のように定義している。市民，企業，NPO/NGO，自治体，政府等の社会の構成員が，自らの責任と定めることが一般に合理的と認められる範囲の温室効果ガス排出量を認識し，主体的にこれを削減する努力を行うとともに，削減が困難な部分の排出量について，他の場所で実現した温室効果ガスの排出削減・吸収量等を購入すること又は他の場所で排出削減・吸収を実現するプロジェクトや活動を実施すること等により，その排出量の全部を埋め合わせた状態をいう。

34　Organically Grown Company (2016), *Organically Grown Company 2016 Sustainability Report* による。

すでに説明した ESOP プランや従業員に対する医療保険掛け金支援制度の他，OGC 社は，資格をとったり，学校で教育を受けようとする従業員に助成金を提供し，従業員のキャリアアップを積極的に支援している。

Thistlethwaite（2010）が指摘したように，OGC 社は，単に有機農産物を取り扱うだけではなく，化石燃料や有害物質の使用，過剰包装，劣悪な労働環境など，すべての問題の解決に取り組むことで，食料システム全体を変えようとしている。

食料システム全体を変えるためには，消費者の理解と支持が欠かせない。卸売業であり，一般消費者に直接的な販売を行わない OGC 社は，一般消費者に商品知識を伝達する役割を担う取引先の小売企業を対象にして，イベントやファームツアーなどを開催している。そうすることで，持続可能な食料システム構築の重要性をもっと理解してもらおうとしているのである。例えば 2016 年度，OGC 社は自らが主催した 2 つの教育フォーラムに自社のベンダーおよび取引先を招き，自社が取り組んでいるフェアトレード・プログラムと GROW プロジェクトについて詳細に説明した。序章でも紹介した GROW プロジェクトとは，メキシコ産とエクアドル産の有機バナナを海外に輸出している「オーガニックス・アンリミテッド社（Organics Unlimited）」がスタートし，運営しているプロジェクトで，正式名称を Giving Resources and Opportunities to Workers（農業労働者にリソースと機会を与える）という。このプロジェクトに参加している OGC 社は，オーガニックス・アンリミテッド社から仕入れたバナナについて，1 ケースを販売する毎に 60 セントを同プロジェクトに寄付している。この寄付金は，バナナ生産者コミュニティのインフラ整備や労働者の健康向上プログラムに使われている。OGC 社は，2005 年度から 2016 年度までの間に合計 118 万ドルを GROW プロジェクトに寄付した[35]。OGC 社は，教育フォーラムを開催することで，取引先である小売企業にも GROW プロジェクトの内容と意味を深く理解してもらおうとしている。教育フォーラムに加えて，2016 年度，OGC 社はベンダーと取引先を対象としたファームツアーを企画した。同ツアーでは，メキシコにあるフェアトレード認証付きの農場を見学するとともに，GROW プロジェクトによる寄付金でメキシコにつくられたバナナ栽培労働者とその家族のための教育・健康向上施設でボランティア活動を行った。

持続可能な食料システムに対する一般消費者の認知と支持を高めるために，

---

35　同上。

第Ⅱ部　事例研究

OGC 社の従業員はまた，それを促進する様々な非営利団体の無給の理事職を積極的に受け入れ，ボランティアとして団体の活動をサポートしている。加えてOGC 社の従業員は，農業政策に関して連邦機関またはオレゴン州が開く公聴会で積極的に証言を行っている。そのアジェンダは，有機認証をとるために小規模農家にかかる財政的負担や，遺伝子組み換え作物による遺伝子汚染の問題とそれに対する規制，有機食品に関する研究と消費者教育への公的資金の投入など多岐にわたる。こうした活動を通じて，持続可能な食料システム構築を促進するような政策の策定と実施を促すと同時に，マスメディアの報道によって食料システムの在り方に対する消費者の関心を高めようとしているのである。

## 3. より公正的・平等な社会の実現の取り組み

米国では，ブローカーを除き，農産物卸売企業のマージン率はおよそ 20% である。純利益率はおよそ 1.5% から 1.75% と決して高くない[36]。OGC 社の純利益率もまた平均的な値を推移している[37]。そのような中でも，OGC 社は毎年，純利益の最低 2.5 %相当（現金と商品を含む）を，200 以上のコミュニティ組織や学校に寄付している[38]。これらのコミュニティ組織は，農地保全を促進する組織や，新たに農業を始めた人に教育プログラムを提供する組織，有機農業の研究を行っている組織など多岐にわたる。また OGC 社は，オレゴン州やワシントン州の「ファーム・ツー・スクール・プログラム（Farm to School Program）」に対しても，財政的支援を提供している。このプログラムは，資金に乏しい学校を支援し，学校の生徒達に給食として地元産の果物・野菜や有機果物・野菜を食べさせようというプログラムである。2016 年度 OGC 社は，学校やリンゴ農家，小売企業 34 社とともに，ファーム・ツー・スクール・プログラムに募金するためのリンゴ販売を実施した。販売で得られた小売利益の 70% に相当する金額を同プログラムおよび参加する学校に寄付し，その寄付金額は 6 万 1000 ドルに達した[39]。こうした寄付金に支援され，学校は予算的にこれまで購入することができなかったノースウエスト地域産の果物・野菜，さらに有機果物・野菜を学生達に提供している。

---

36　David Lively に対する筆者のインタビュー調査（調査日：2017 年 11 月 10 日）による。
37　同上。
38　Organically Grown Company（2016），*Organically Grown Company 2016 Sustainability Report* による。
39　同上。

116

# おわりに

　持続可能な食料システムの実現を目指して有機農家になったOGC社の創業者達は，自らが農家として持っていた理念を，自分達が設立した流通企業にも持ち込んでいる。また，彼らは，自分達が目指すOGC社のあり方，すなわち持続可能な企業について，環境保護および公正・公平な社会の実現にコミットするだけでなく，利益を出すことで社会に貢献し続ける必要があると認識し続けている。こうした3つの要素すべてを重視し続けることにより，OGC農業販売協同組合は，1980年代から1990年代半ばにかけて，取扱商品と販売地域を積極的に拡大した。もちろん，競争相手がほとんど存在しなかったことや，有機農産物の主要な消費者である元ヒッピー達が就職して中産階級程度の所得を得るようになったこと，米国で健康ブームが巻き起こったことなど，有機農産物販売にとっての好機を逸さなかったことも大きい。1990年代，大手慣行食品スーパーチェーンが有機農産物を取り扱うようになると，OGC農業販売協同組合・OGC社はこれらの慣行食品スーパーチェーンとの取引を積極的に開始した。

　メインストリームの道を歩まず，企業への就職を選ばずに就農したOGC社の創業者達は，自分達が設立した企業を経営する際，組織改革を積極的に行い，多様な意見に耳を傾け，多様な人材を育成し，従業員の経済的自立を援助している。積極的な市場開拓と絶え間ない組織改革こそが，個人の自転車やバックパックを抵当に入れて立ち上げられたOGC農業販売協同組合・OGC社がノースウエスト地域最大の有機農産物卸売企業へと成長を遂げた要因である。OGC社の発展プロセスは，企業ミッションと利益の追求とが両立可能なものであることをはっきりと示している。

　一方，大手慣行食品スーパーチェーンが有機農産物市場を有望な市場として認識し，こぞって有機農産物を取り扱うようになった今日，OGC社はまた新たな経営課題に直面している。それは，同社の営業・マーケティング担当副社長ライヴリーが指摘しているように，「大手慣行食品スーパーチェーンが，慣行農産物を取り扱う際に用いる従来型の仕入れ方法を有機農産物の仕入れにも持ち込もうとしている」という問題である。大手慣行食品スーパーチェーンは，慣行農産物を取り扱うにあたって，数少ない巨大規模の農業生産者と直接契約して仕入れを行っている。一方，カウンターカルチャーから発展し，中小規模の農家が非常に多い有機農産物に関しては当初，OGC社のような独立卸売企業を利用したり，バイヤーを雇って有機農産物を栽培する農家を探したりしていた。しかし，有機農産物の市場が急速に拡大し，大手慣行食品スーパーチェーン自身もそれを非常

に有望な市場として認識している現在，ますます多くの大手慣行食品スーパーチェーンが，直接契約している慣行農家に有機農産物栽培への転換を促して，これまでの直接契約を続ける方法を探っている。大手慣行食品スーパーチェーンが有機農産物の生産に介入しつつある今日，OGC社のような独立有機農産物卸売企業，さらにOGC社が支援している中小規模の農家達には，新たな対応が迫られている。

# 第 5 章

# 有機食品スーパーの発展
## M&A を繰り返したホールフーズマーケットと
## 地域に根差すニューシーズンズマーケット

## はじめに

　1960 年代後半，当時自然食料品店（natural foods stores）または健康食料品店（health foods stores）と呼ばれた食品専門店（以下，有機食品専門店と記す）の多くは，米国内の大学が立地する町々で産声をあげた[1]。これらの有機食品専門店のほとんとは，都心部のさびれた住区に立地していた。店舗として使われた建物は老朽化しており，その店舗面積は非常に小さかった。実際，1963 年に新規開店した慣行食品スーパーの平均店舗面積が 1 万 9900 平方フィート（1849 ㎡）であったのに対して，有機食品専門店のほとんとは，店舗面積が 2000 平方フィート（186 ㎡）に満たなかった。これらの有機食品専門店の多くの店舗では，内装などされていないに等しかった。木材むき出しの床や低い天井，照明の暗さが特徴的であった。こうした有機食品専門店が主に取り扱ったのは，自然・有機青果物やナッツ，全粒穀物，大豆に加え，ホールウィートブレッド，生蜂蜜（raw honey）といったブラウンの食材であった。そこで扱う青果物は主に地元の有機農家が自ら店舗に持ち込んだものであり，青果物以外の他の商品は地域卸[2]を通じて仕入れられていた。商品の多くは量り売り商品であり，包装されずに木樽に入れられていた。こうした木樽が直接床の上に置かれ，また，多くの店に冷蔵設

---

1　有機食品専門店・スーパーの発展略史に関する説明は，Matt Mroczek に対する筆者のインタビュー調査（2017 年 4 月 12 日）。Linda Anthony（1982），"A Couple of Naturals: Whole Foods Strives for Something Extra," *Austin American-Statesman*, February 23, 1982, pp. 4-5; Jess Blackburn（1984），"Health Boom Turns Natural Foods Into Big Business in Texas," *The Dallas Morning News*, September 1, 1984, p. 39A; R. Michelle Breyer（1998），"All-Natural Capitalist: How a Health Food Hippie Made Whole Foods a Retail Giant and Changed an Industry," *Austin American-Statesman*, May 10, 1998, p. A1, pp. A7-A10; Dobrow（2014），および *Whole Foods Market: Company: Timeline* による。*Whole Foods Market: Company: Timeline* は，オースティン歴史センターに保管されている資料である。

2　地域卸とは，営業範囲を特定の地域に限定している卸売業者である。

備はなかった。買い物客は自分で欲しい分だけの商品を木樽から取り出し，ブラウンペーパーの袋に入れる。店員がレジで重さをはかり，買い物客は店員に提示された代金を支払った。有機食品専門店の主な顧客はヒッピー達であった。

　米国における有機食品スーパーの草分け的存在は，1977年ロサンゼルスに1号店をオープンさせた「ミセスグーチ（Mrs. Gooch's）」である。ミセスグーチは，後に誕生することになるホールフーズマーケットをはじめ，米国における有機食品スーパーの創業者達に対し，品揃えや陳列，店舗デザイン，プロモーションといった小売ミックスに関して重要な影響を及ぼした。その一方，ミセスグーチの創業者であるサンディ・グーチ（Sandy Gooch）は，店舗数の拡大を通じて全米展開のスーパーとなることを目指そうとはしなかった。他の有機食品スーパーを吸収合併することで規模の拡大を積極的に推進したのは，ホールフーズマーケットである。

　ミセスグーチが店舗をオープンした1977年以降の米国における有機食品スーパーの発展の歴史は，大きく3つの時期に分けられる。すなわち(1)1977年から1983年まで，(2)1984年から1991年まで，(3)1992年以降の3つの時期である。1977年から1983年までの間に，後にホールフーズマーケットによって吸収合併されることになる主要な有機食品スーパーが出揃った。それぞれの企業は，小売ミックスに関して独自のイノベーションを起こした。1984年になると，顧客の側面においても，起業家・ベンチャーキャピタルの側面においても，有機食品市場に大きな変化が見られるようになった[3]。かつて有機食品スーパーの主要な顧客はヒッピー達であったが，1980年代になると，専門職業人の仲間入りを果たした元ヒッピー達をはじめ，健康や自然環境保護に高い関心を持つ都市高学歴者が有機食品スーパーの主要な顧客となった[4]。こうした顧客層の変化に対応する形で，ホールフーズマーケットなどの有機食品スーパーは，品揃えや店舗デザイン，陳列手法に関してミセスグーチに倣った。すなわち，高品質の商品を幅広く揃え，快適できれいな店舗をつくる戦略へと舵をきったのである。さらに，顧客の変化を目の当たりにした個人投資家やベンチャーキャピタルもまた，有機食品を有望な市場として認識し始めた。有機食品スーパーに対する投資が増加する

3　Jess Blackburn (1984), "Health Boom Turns Natural Foods Into Big Business in Texas," *The Dallas Morning News*, September 1, 1984, p. 39A; R. Michelle Breyer (1998), "All-Natural Capitalist: How a Health Food Hippie Made Whole Foods a Retail Giant and Changed an Industry," *Austin American-Statesman*, May 10, 1998, p. A1, pp. A7–A10 による。

4　Jess Blackburn (1984), "Health Boom Turns Natural Foods Into Big Business in Texas," *The Dallas Morning News*, September 1, 1984, p. 39A による。

とともに，新規参入も増えた。1992 年，ホールフーズマーケットはナスダックに上場し，有機食品スーパーチェーン初の上場企業となった。ベンチャーキャピタルから解放され，潤沢な資金を手に入れたホールフーズマーケットは，その後，米国の代表的な有機食品スーパーを次々と買収し，2000 年代にはフォーチュン 500 企業の仲間入りを果たした。

　興味深いことに，1970 年代から 1980 年代にかけて，有機食品専門店・有機食品スーパーという流通イノベーションをもたらしたのは，潤沢な資金を持ち，人材や経験が豊富な既存の大手流通企業ではなかった。むしろ，流通の「ずぶの素人」であった。また，彼らの多くはカウンターカルチャーに属する人々であった。本章では，全米展開の有機食品スーパーチェーンとして有名なホールフーズマーケットと，出店範囲を特定の地域に限定している，いわゆる地域有機食品スーパーチェーンであるニューシーズンズマーケットの発展の歴史を説明することで，有機食品スーパーという流通イノベーションが米国で発生したプロセスについて明らかにする。ホールフーズマーケットは，米国の優れた有機食品スーパーを次々と買収し，2017 年にアマゾンに買収されるまでの間，全米最大の有機食品スーパーチェーンとして君臨した。同社の発展の歴史は，カウンターカルチャーとして出発した有機食品小売企業が，メインストリームの小売企業へと成長を遂げていくプロセスの縮図であるともいえよう。一方，ニューシーズンズマーケットは，1970 年代から 1980 年代にかけて米国における主要な有機食品スーパーのひとつに成長した後，いったんは大手流通企業に買収されたものの，元の創業者が再び起業・創業しなおした企業である。同社の歴史は，米国の有機食品流通分野における起業家達の進取の精神と創造性とを端的に表しているといえよう。

　本章の構成は次の通りである。次の第 1 節では，ホールフーズマーケットの創業と成長において中心的な役割を果たした起業家達を紹介するとともに，彼らが打ち出した店舗づくりと規模拡大の戦略を説明する。第 2 節では，ニューシーズンズマーケットの前身である「ネイチャーズフレッシュノースウエスト（Nature's Fresh Northwest）」（以下，ネイチャーズと略す）の創業者の特徴と，同社が発展を遂げた要因を説明する。第 3 節では，ニューシーズンズマーケットの創業プロセスを概説した上で，同社がホールフーズマーケットなど全米展開の有機食品スーパーチェーンとどのように差別化しているかを説明する。最後に，米国において有機食品スーパーという流通イノベーションをもたらした起業家達の特徴およびその成功要因をまとめる。

## ホールフーズマーケットの発展

　ホールフーズマーケットは，その創業初期から，吸収合併を積極的に実施してきた。吸収合併のターゲットとなった有機食品スーパーが手掛けてきたイノベーションや，各スーパーが蓄積してきたノウハウこそが，ホールフーズマーケットを成功に導いた要因であるともいえよう。本節では，1970年代に創業し，後にホールフーズマーケットの主要な構成メンバーとなった有機食品スーパーについて，創業者と店舗運営の特徴について説明する。

### 1. サンディ・グーチとミセスグーチ[5]

　ホールフーズマーケットによる買収のターゲットとなった企業の中で最も重要なもののひとつは，米国における有機食品スーパーの草分け的存在として知られるミセスグーチである。ミセスグーチの創業者であるサンディ・グーチは，1940年カリフォルニア州で生まれ，テキサス大学を卒業した後，ロサンゼルスで小学校の教師として働いていた。教師の仕事が好きで，優秀な教師としてのキャリアを着実に歩んでいたグーチであったが，長年食品アレルギーに悩まされ続け，1974年になると救急搬送されるほどその症状が悪化した。しかし，救急病院の医師は，病気の具体的な原因や治療法はよくわからないとグーチに伝えるだけだった。この出来事をきっかけに，グーチは，生物学者であった父親とともに，食品アレルギーに関する論文などを収集し，徹底的に調べ上げた。こうしたリサーチの結果，グーチは，自ら口にする食事を「完全自然食品（all-natural foods）」へと切り替えることにした（Dobrow, 2014, p. 120）。グーチは南カリフォルニアのすべての有機食品専門店を訪れ，全粒穀物や自然・有機青果物，豆腐，生乳（搾ったままで，加熱殺菌などの処理を行っていないもの）を購入してまわった。完全自然食品による食事に転換してから9カ月後，グーチの体調は完全に回復した。こうした経験を通じてグーチは「自分と同じような体質の人達に食料品を提供することこそが自分の使命である」と考えるようになり，有機食品スーパーを開く決意をした（Dobrow, 2014, p. 121）。

---

5　サンディ・グーチおよびミセスグーチに関する説明は，Linda Anthony (1982), "A Couple of Naturals: Whole Foods Strives for Something Extra," *Austin American-Statesman*, February 23, 1982, pp. 4-5; R. Michelle Breyer (1998), "All-Natural Capitalist: How a Health Food Hippie Made Whole Foods a Retail Giant and Changed an Industry," *Austin American-Statesman*, May 10, 1998, p. A1, pp. A7-A10; Dobrow (2014) による。

　1977 年グーチは，ロサンゼルス市内にあった元 A&P の空き店舗を借り，有機食品スーパー「ミセスグーチ」をオープンさせた。この店の店舗面積は 4700 平方フィート（437 ㎡）もあり，当時の米国に存在した他の有機食品専門店と比べると，非常に規模が大きいものであった。ミセスグーチは小売ミックスに関する 3 つのイノベーションを起こすことで，慣行食品スーパーのみならず，他の自然食品専門店とも差別化することに成功した。

　1 つ目のイノベーションは，品揃えに関するイノベーションである。ミセスグーチは，(1)入手可能な最高品質の商品を，(2)幅広くそろえ，かつ(3)商品に関する情報を徹底的に公開した。また，ミセスグーチでは，商品を取り扱うかどうか判断する際，有機食品であるかどうかだけではなく，(4)食品の見た目とおいしさも重視した。

　品揃えについて具体的に見てみよう。ミセスグーチでは，自然・有機青果物，ナッツ，全粒穀物，加工食品に加えて，鮮魚や鮮肉，さらに健康や食品に関する書籍までを取り扱っていた。一方，グーチ自身が健康に有益ではないと考えていた酒類とコーヒー豆は店舗に置かなかった。ミセスグーチの品揃えは，有機食品をまったく扱わない慣行食品スーパーのそれと差別化されていただけでなく，有機食品専門店の品揃えともまた異なっていた。その理由として以下の 3 つが挙げられる。第 1 に，当時の有機食品専門店には，鮮魚と鮮肉を扱わない，いわゆるベジタリアン食品専門店が多かったからである[6]。第 2 に，ミセスグーチでは，自店舗で取り扱う自然・有機食品について，他の有機食品専門店以上に厳しい基準を設定しており，そうした基準を満たす商品しか販売しなかったからである。例えば，精肉については，化学薬品を投入せずに飼育した畜産品のみを，加工食品については，人工原材料や精製白糖，精製小麦粉，チョコレート，カフェイン，硬化油を含まないものだけを取り扱った。また，放射線照射食品は取り扱わなかった。グーチは，自分の店で販売するすべての商品についてラベルを精査し，必要に応じて製造元に赴き，製法と原料を調査した。ミセスグーチが品揃え決定時に定めた厳しい商品基準は，後に有機食品メーカーが商品企画を行う際の参考とされた（Dobrow, 2014）。

　食品がいかに自然なものであるかを重視すると同時に，ミセスグーチは食料品の見た目とおいしさをも重視した。この点において，ミセスグーチは他の有機食品専門店と大きく異なっていた。当時の有機食品専門店のほとんどは，商品の見

---

6　1970 年代有機食品専門店のほとんどがベジタリアン食品専門店であった理由については，本節第 2 項「ホールフーズマーケットを創業した人々」を参照されたい。

た目や味に関してはまったく無頓着であった[7]。そのため，泥がついたままで，ときには虫もついており，水分がなくなってパサパサになった有機青果物が並ぶ店頭の様子は，当時の有機食品専門店ではおなじみの光景となっていた[8]。一方，ミセスグーチは，食品の見た目とおいしさをも重視した。見た目に大きな問題がなく，おいしく，鮮度が保たれた有機食品を入手できない場合には，有機食品にこだわることなく，化学物質の使用量が少なく，見た目も味も良い慣行食品を販売した。ただし，こうして選ばれた慣行食品のすべてについて，化学物質の使用量などを詳細に説明するポスターを陳列棚に掲示した。ミセスグーチがもたらした品揃えに関するこうしたイノベーションは，後にホールフーズマーケットの創業者達に大きな影響を及ぼすことになる。

　ミセスグーチが起こした2つ目のイノベーションは，陳列に関するイノベーションである。小学校の教員として勤務した経験は，グーチによる斬新な陳列方法の案出に寄与した（Dobrow, 2014）。グーチは小学校の教員であった頃，教室デザインを担当していた。子供達の興味を引きだしつつ，教育目的を達成するためには，きれいで面白い教室づくり・デコレーションをしなければならなかった。彼女は，こうした考え方をミセスグーチの店舗づくりにも生かした。ミセスグーチの店内には，慣行商品について詳しく説明したポスターのみならず，商品に関するストーリーを描いたポスターもまた多く掲示されていた。また，陳列棚にはキャラクターも描かれた。ミセスグーチの店舗は，青果物が乱雑に並べられ，全粒穀物やナッツの入った木樽が床に直置きされていた当時の有機食品専門店とは大きく様相が異なっていた。清潔で楽しく，快適な店舗づくりというミセスグーチの戦略もまた，ホールフーズマーケットの創業者達に大きな影響を及ぼした。

　ミセスグーチが起こした3つ目のイノベーションは，プロモーションに関するイノベーションである。ミセスグーチは，有機食品に関する知識やその素晴らしさを，楽しい雰囲気の中で顧客に教育する手法を採用した。例えば，ミセスグーチの店舗では，有機農家が自分の生産物を使って搾りたてジュースを販売するイベントや，作業着に身を包んだ自然・有機農家や食品メーカーが自らの栽培・生産方法に関する「ストーリー」を語るイベントが頻繁に開催されていた（Dobrow, 2014）。このようなプロモーション手法もまた，小学校の教員であったグーチ自身の経験から大きな影響を受けていたといえよう。

---

7　David Lively に対する筆者のインタビュー調査（調査日：2017年11月10日）による。
8　同上。

　高品質な品揃えを保ち，明るく，楽しく，快適なミセスグーチは，開店後すぐ，ロサンゼルス地域において人気を博した。ミセスグーチを訪れる顧客は，他の有機食品専門店の顧客層とは大きく異なっていた。ミセスグーチを訪れたのは，当時有機食品のコア顧客であったヒッピー達だけではなかった。テリー・サヴァラス（Telly Savalas）やダニー・ケイ（Danny Kaye）といったハリウッド・スター達もまた，ミセスグーチの店舗に頻繁に足を運んだ（Dobrow, 2014）。ミセスグーチは，有機食品小売店が「ヒッピー達の店」からメインストリームの小売業へと脱皮することに大きく貢献した。

　ミセスグーチ1号店を開店させた後，サンディ・グーチはロサンゼルスで多くの講演会を開いた。講演会では，自然・有機食品中心の食事に切り替えたことで自身の健康状態が大きく改善した経験が語られた。1号店の大成功を受け，1号店開店と同じ1977年に，早くも2号店がオープンした。2号店の店舗面積はわずか1700平方フィート（158 ㎡）であったにもかかわらず，平均週間売上高は13万5000ドルに達した。ミセスグーチがいかに高い集客力を誇っていたかがわかるだろう（Dobrow, 2014）。1978年，自然・有機食品産業の専門誌 *Natural Foods Merchandiser*（『自然食品マーチャンダイザー』誌）の創刊号で，ミセスグーチはカバーを飾った。こうして同スーパーは全米の有機食品スーパーの創業者達にその名を知られるようになっていった。1970年代終盤以降，ホールフーズマーケットの創業者達をはじめとする有機スーパーの創業者達は，こぞってミセスグーチの店舗を視察し，グーチ自身にアドバイスを求めるようになった。

## 2. ホールフーズマーケットを創業した人々[9]

　ホールフーズマーケットの主要な創業者は，ジョン・マッキー（John Mackey）とマーク・スキルズ（Mark Skiles），クレイグ・ウェラー（Craig Weller），ピーター・ロイ（Peter Roy）の4人である。中でもホールフーズマーケットの発展

---

9　ホールフーズマーケットの創業者達の経歴および創業のプロセスに関する説明は，R. Michelle Breyer (1998), "All-Natural Capitalist: How a Health Food Hippie Made Whole Foods a Retail Giant and Changed an Industry," *Austin American-Statesman*, May 10, 1998, p. A1, pp. A7-A10; J.D. Harrison (2014), "When We Were Small: Whole Foods, A Look Back at the Early Years of the Natural Foods Empire," *The Washington Post*, July 30, 2014（デジタル版）; Catherine Clifford (2018), "Whole Foods Turns 38: How a College Dropout Turned His Grocery Store Into a Business Amazon Bought for $13.7 billion," *CNBC Make It*, September 20, 2018 (https://www.cnbc.com/2018/09/20/how-john-mackey-started-whole-foods-which-amazon-bought-for-billions.html, 最終アクセス日：2019年7月22日); Mackey & Sisodia (2013); Dobrow (2014)，および *Whole Foods Market: Company: Timeline* による。

に最も重要な役割を果たしたのは，マッキーとロイである。彼ら2人は，米国のマスメディアによって「米国ビジネス界で最も魅力的で，最も成功した経営者コンビ」として称賛された（Dobrow, 2014, p. 120）。

### ジョン・マッキーとホールフーズマーケット

　ジョン・マッキーは1953年テキサス州ヒューストン市の裕福な家庭で生まれた。マッキーの父ビル・マッキー（Bill Mackey）は，ライス大学（Rice University）の教授を務めた後，病院管理会社の最高経営責任者（CEO）となった人物である。一方息子のジョンは，典型的なカウンターカルチャーの若者であった。彼はテキサス州サンアントニオ市にあるトリニティ大学（Trinity University）およびテキサス大学（University of Texas）を計6回も中退し，結局大学を卒業することはなかった。彼は，10代後半から20代前半までの時期を，自分の人生の意味と目的を探ることに費やした。実際彼は，トリニティ大学では宗教を，テキサス大学では哲学を専攻している。1960年代後半から1970年代にかけて，彼はカウンターカルチャー運動に積極的に参加し，東洋哲学や宗教，生態学を学んだ。大学は中退しているものの，マッキーは根っからの読書家である。25歳で起業するまで，ジョン・マッキーはレストランの皿洗いやスポーツクラブのトレーナーなど様々な仕事を経験した。経営に関する授業を受けた経験は皆無であったが，それが彼の企業経営にむしろ有利に働いたと，後に彼自身が語っている（Mackey & Sisodia, 2013）。

　ジョン・マッキーは，いわゆる慣行食品で育てられた。小さい頃，夕食の食卓にはいつも冷凍マカロニとプロセスチーズが並んでいたという[10]。彼が自然・有機食品に興味を持つきっかけとなったのは，テキサス大学在籍中に，オースティン市にあるベジタリアン・コミューンで2年間生活した経験であった。1970年代，米国の反体制主義の若者の多くは，1971年にフランシス・ムーア・ラッペ（Frances Moore Lappé）が出版した *Diet for a Small Planet*（『小さな地球のための食事』）から多大な影響を受け，ベジタリアンへと転向した。19世紀から第二次世界大戦後にかけて，肉とりわけ牛肉を食べることは，米国人一般にとって，タンパク質摂取の手段にとどまらず，豊かで快適な生活の象徴でもあった（Davison, 2018）。また，多種多様な牛肉製品を大量に陳列する慣行食品スーパーは，米国社会の豊かさと力強さを世界に示す機関でもあった（Davison, 2018; Hamil-

---

10　Catherine Clifford (2018), "Whole Foods Turns 38: How a College Dropout Turned His Grocery Store Into a Business Amazon Bought for $13.7 billion," *CNBC Make It*, September 20, 2018による。

ton, 2018）。そのような時代のさなか，1971年に出版した *Diet for a Small Planet* の中で，ラッペは次のような研究結果を明らかにした（Lappé, 1971/1991）。1969年，(1)米国において1ポンドの牛肉を生産するためには，飼料として16ポンドの穀物・大豆が必要であり，(2)米国人は平均的に，健康維持に必要とされる量の2倍のタンパク質を摂取している。その一方，(3)人間は植物由来の食材（plant foods）を食べることでも，肉類と同質のタンパク質を摂取することができる。こうした研究結果に基づき，肉を中心とした食事は地球環境に大きな負担をかけるだけでなく，環境汚染に拍車をかけるものであるとラッペは指摘した（Lappé, 1971/1991）。例えば，米国で飼料として使われるトウモロコシと大豆の栽培は，他のどの農産物の栽培よりも表土流失の問題を深刻化させるものであった。また，人間が1ポンドのビーフステーキを食べると500カロリーのエネルギーを得られるが，それを生産するためには2万カロリーの化石燃料が必要である。その燃料は主に飼料生産のために使われていた。さらに，トウモロコシの栽培に使用される化学肥料の量は，米国内で生産される化学肥料の実に約40%に相当した。*Diet for a Small Planet* は，1980年代終わりまでに全世界で300万部以上も売れる大ベストセラーとなった（Lappé, 1971/1991）。同書は，環境保護運動や発展途上国の飢饉問題に高い関心を持つ米国の若者達に大きな影響を及ぼし，彼らの多くがベジタリアンへと転向するきっかけを作った。こうした経緯もあり，若者達が共同生活を送るコミューンの多くではベジタリアンの食事が提供されていた。また，彼らによって設立された有機食品生協[11]や有機食品専門店の多くは，少なくともその設立初期は，鮮肉や鮮魚を扱わなかった。

　ベジタリアン・コミューンで共同生活を送っていたマッキーは，住民全員が順番で料理をつくるというコミューンのルールに従って料理の腕を磨いた。また，そのコミューンで生活する全住民の食料を購入する担当者を務めるまでになった。その後間もなく，マッキーはオースティン市の有機食品スーパー「ザ・グッド・フード・ストア（The Good Food Stores）」で働き始めた。マッキーは，そこで仕事の面白さに目覚め，有機食品スーパーの経営こそが自分の生涯の仕事であると認識するに至ったという[12]。

　1978年マッキーは，当時ガールフレンドであったレニー・ローソン（Renee

---

11　有機食品生協に関する説明については，本書第6章を参照されたい。
12　R. Michelle Breyer（1998）, "All-Natural Capitalist: How a Health Food Hippie Made Whole Foods a Retail Giant and Changed an Industry," *Austin American-Statesman*, May 10, 1998, p. A1, pp. A7-A10; J.D. Harrison（2014）, "When We Were Small: Whole Foods, A Look Back at the Early Years of the Natural Foods Empire," *The Washington Post*, July 30, 2014（デジタル版）による。

Lawson）とともに，最初の自然・有機食品専門店「セーファーウェイ（Safer
Way：より安全な店）」をオープンさせた。店名の由来について，当時の米国で
最大手の慣行食品スーパーチェーンであった「セーフウェイ（Safeway）」の物ま
ねであったとマッキー自身が後に語っている[13]。当時のほとんどの有機食品小売
店がそうであったように，開店資金の4万5000ドルは，マッキーとローソン自
らの貯金と，家族と友人からの借金によって賄った。そのうち，マッキーの父親
であるビルが1万ドルを投資した。面白いことに，マッキーの父親は，有機食
品にまったく興味がなく，有機食品を取り扱う小売店が成功するとも思わなかっ
たという[14]。ビルは，ようやくやりたい仕事を見つけた長男ジョンを支援するた
め投資したに過ぎなかった[15]。一方のローソンは，自分の貯金の中から数千ドル
を投資した。また，彼女の家族や友人も投資に協力した。

　セーファーウェイの店舗は，オースティン市の都心部にあった3階建ての木
造の空き家をレンタルした物件であった。建物の1階は店舗，2階はベジタリア
ンカフェ，3階はマッキーとローソンの住居兼オフィスであった。セーファー
ウェイは，自然・有機青果物，ナッツ，全粒穀物，乳製品に加えて，少量の冷凍
食品，加工食品，ビタミン剤を取り扱った。青果物については，地元の農家が店
舗に持ってくる生産物を仕入れた。他の商品については，カタログの中から商品
を選んで電話で注文し，ベンダーにトラックで納品してもらっていた。セー
ファーウェイの主な顧客はオースティン市のヒッピー達であった[16]。

　セーファーウェイは，2年目に5000ドルの利益を上げた。黒字経営を達成し
たことを受け，マッキーは既存の店よりも大きい有機食品スーパーを開店しよう
と計画した。しかし，自分の力だけで大きな店舗を開店することは難しいと考え
たマッキーは，オースティン市にあった別の有機食品専門店「クラークスヴィル
自然食品店（Clarksville Natural Grocery）」のオーナーであったマーク・スキルズ
とクレイグ・ウェラーに共同経営の話を持ち掛けた。彼らの3人には合同で仕
入れを行った経験があった。マッキーは，スキルズとウェラーに対して，自分が

13　J.D. Harrison (2014), "When We Were Small: Whole Foods, A Look Back at the Early Years of the Natural Foods Empire," *The Washington Post*, July 30, 2014（デジタル版）による。

14　R. Michelle Breyer（1998）, "All-Natural Capitalist: How a Health Food Hippie Made Whole Foods a Retail Giant and Changed an Industry," *Austin American-Statesman*, May 10, 1998, p. A1, pp. A7-A10 による。

15　同上。

16　Catherine Clifford (2018), "Whole Foods Turns 38: How a College Dropout Turned His Grocery Store Into a Business Amazon Bought for $13.7 billion," *CNBC Make It*, September 20, 2018 による。

見つけた新しい店舗物件がクラークスヴィル自然食品店の近くにあること，また，その店舗面積はクラークスヴィル自然食品店の 4 倍もあることを説明した。後にスキルズが回顧しているように，マッキーは次のような言葉で 2 人の説得を図ったという。「私の店はあなた達の店より安く売ることができる。私の店と合併しなければ，あなた達の店を廃業に追い込んでしまうかもしれない」[17]。一方，ウェラーも，マッキーが見つけてきた物件が有機食品スーパーにとって理想的な店舗であると常々考えていたこともあり，マッキーの提案に賛成した。こうしてマッキー，スキルズ，ウェラーの 3 人は，1980 年，それぞれが所有していた店舗を閉鎖し，3 人共同で店舗面積 1 万 1000 平方フィート（1022 ㎡）の有機食品スーパーを開店した。彼らはこの店をホールフーズマーケットと名付けた（写真 5-1）。

写真 5-1　ホールフーズマーケット 1 号店

写真提供：Austin History Center.

---

17　R. Michelle Breyer（1998），"All-Natural Capitalist: How a Health Food Hippie Made Whole Foods a Retail Giant and Changed an Industry," *Austin American-Statesman*, May 10, 1998, p. A1, pp. A7-A10; Dobrow（2014）による。

　ホールフーズマーケットは，開店当初から，ミセスグーチ以上の幅広い商品を取り扱った。「ブラウンライスや豆乳，高品質のワインやトイレットペーパーに至るまで」，買い物客が必要とするものすべてをホールフーズマーケットで買ってもらおうと考えたからである[18]。また，ホールフーズマーケットは，ミセスグーチと同じように，店舗の清潔さや店員の接客態度を重視した。こうしたホールフーズマーケットの店舗経営は，テキサス大学の大学生・大学院生を中心とした若者達の間で大きな人気を呼んだ。例えば，当時テキサス大学の大学院生でアーティストでもあったカサンドラ・ジェームズ（Cassandra James）は次のように回顧している。「私は，ホールフーズマーケットに入店してすぐ，この店のことを好きになった。ホールフーズマーケットには私が必要とするすべての商品があった。また，当時一般的であった自然・有機食品専門店とは異なり，ホールフーズマーケットの店内は清潔で，店員もまた親切でフレンドリーであった」[19]。

　1985年になると，ホールフーズマーケットは，オースティン市に3店舗，ヒューストン市に1店舗を構えるまでになった。当時のマッキーは，さらなる多店舗展開を主張した。一方スキルズは，現状規模の維持の方が合理的であると考えた。議論の末，支配権を握っていたマッキーの主張が通ることになった。マッキーの方針に賛同できなかったスキルズは，自らが所有する株式を売却し，ホールフーズマーケットを去った[20]。

### ピーター・ロイ

　ジョン・マッキーらがテキサス州でホールフーズマーケットを経営していたのと同じころ，ピーター・ロイは，ルイジアナ州ニューオーリンズ市でホールフードカンパニー（Whole Food Company）という有機食品スーパーを経営していた。ロイは，環境保護に強い関心を持つ青年であり，17歳のときにアリゾナ州にあるプレスコット大学（Prescott College）に環境学専攻で入学した。しかし，彼が入学して3カ月後，プレスコット大学は倒産してしまった。そこで17歳のロイは故郷のニューオーリンズ市に戻り，姉パトリシア・ロイ（Patricia Roy）と友人3人が1974年にオープンさせていた小さな有機食品専門店ホールフードカンパニーで働くようになった。しばらくすると，姉パトリシア・ロイは，妊娠を機に自分が持っていたホールフードカンパニーの株をピーター・ロイに売却し

---

18　R. Michelle Breyer（1998），"All-Natural Capitalist: How a Health Food Hippie Made Whole Foods a Retail Giant and Changed an Industry," *Austin American-Statesman*, May 10, 1998, p. A1, pp. A7–A10 による。

19　同上。

20　同上。

た。ピーター・ロイは，ホイットニー銀行（Whitney Bank）から融資を受けて姉が所有していた株を購入した（Dobrow, 2014）。

　ピーター・ロイが受け継いだホールフードカンパニーは，店舗面積が 1400 平方フィート（130 ㎡）しかない非常に小さな店であった。取扱商品は，ナッツ，全粒穀物，ホールウィートブレッド，ヨーグルト，生乳，お茶，約 150 種類のハーブ，蒸し器などであった。店舗の近くには，有機青果物を取り扱う食品生協があった。生協と競争しても勝てないと考えたホールフードカンパニーの元の経営者達は，あえて青果物を取り扱ってこなかった。一方ピーター・ロイは，食品生協が採用していた資金調達の手法を真似ることで，有機青果物を取り扱う方向へと店の方針を転換した。ロイが導入した資金調達の手法とは，次のようなものであった。すなわち，顧客が年間 10 ドルを支払ってホールフードカンパニーの「会員」になれば，事前に注文した青果物を土曜日にホールフードカンパニーの店頭で受け取ることができるようにしたのである。結果として，初年度に約 400 人の顧客が会員となり，4 万ドルの資金を集めることに成功した（Dobrow, 2014）。ロイはこの資金を元手に青果物を陳列，保存するための冷蔵庫を買い，店舗も増床した。これが功を奏し，ホールフードカンパニーの売上高は急速に上昇した。

　ロイはまた，「スペシャルティフード・アソシエーション（Specialty Food Association）」がニューオーリンズ市で開催した「ファンシーフードショー（Fancy Food Show）」に参加することで，後に仕入先となる生産者や卸売業者を新規開拓した。それまで，ホールフードカンパニーは，仕入額の 80 %（金額ベース）をフロリダ州の卸売業者「ツリーオブライフ（Tree of Life）」から仕入れていた（Dobrow, 2014）。しかしロイは，ファンシーフードショーで出会ったナッツやドライフルーツの生産者達から直接商品を仕入れ始めた。またロイは，ファンシーフードショーで出会った「オットー・ロス（Otto Roth）」という輸入会社を通じてヨーロッパからナチュラルチーズを仕入れ，店舗で取り扱うようになった。このようにロイは，ナッツやドライフルーツを卸を通さずに仕入れることでコスト削減に成功した。また，後にロイ自身が回顧したように，ヨーロッパからナチュラルチーズを輸入したことで「それまでのヒッピー達に加えて，突然，メルセデス・ベンツの持ち主達もホールフードカンパニーを訪れるようになった」（Dobrow, 2014, p. 118）。1978 年，ロイの共同経営者であった姉の友人 2 人は，別にやりたいことが見つかったという理由で，彼らが所有するホールフードカンパニーの株式を，ロイを含めた数人の投資家に売却した。その結果，ロイはホールフードカンパニーの株式の 51 % を所有するようになった（Dobrow, 2014）。

1979 年，小さなホールフードカンパニーは，120 万ドルの売上高を実現し，ニューオーリンズ市で最も成功した有機食品専門店と称されるようになった[21]。

　1978 年，ロイは *Natural Foods Merchandiser* でミセスグーチのストーリーを目にした。その後すぐにロサンゼルスに赴き，ミセスグーチの店舗を見学するとともに，有機食品スーパーの経営ノウハウについてサンディ・グーチ自身にアドバイスを求めた。1981 年，ロイは，ホールフードカンパニーにとって 2 号店となる有機食品スーパーをニューオーリンズ市にオープンさせた。この新しい店舗では，ミセスグーチに倣い，自然・有機青果物を含む巨大な青果物部門を設置しただけでなく，鮮肉と鮮魚も取り扱うようになった（Dobrow, 2014）。

　1984 年，ルイジアナ州とテキサス州でそれぞれの店を経営していたロイとマッキーは，有機食品スーパーの経営者達が集う会合で初めて顔を合わせた。それからの約 2 年間，ロイは，ホールフーズマーケットが 1980 年に設立した卸売会社「テキサス健康食品卸（Texas Health Distributors）」から一部の商品を仕入れるようになった（Dobrow, 2014）。1988 年，マッキーはロイに対し，ホールフーズマーケットとホールフードカンパニーの合併について打診した。ロイはすぐにこの提案をのんだ。両社の合併後，ロイは，ホールフーズマーケットが新たに進出を目指していたカリフォルニア地域店舗のトップに就任した。1992 年，規模をさらに拡大したホールフーズマーケットは早くも上場を果たした。翌 1993 年，ロイは，マッキーが会長を務めるホールフーズマーケットの社長に就任した。ロイとマッキーは，いずれも流通の素人であり，両者ともに大学を卒業していない。性格も対照的なロイとマッキーであったが[22]，米国のマスメディアに大いに注目されるところとなり，「米国ビジネス界における最も魅力的で，最も成功した経営者コンビ」と称賛されるようになった（Dobrow, 2014, p. 120）。

## 3．ホールフーズマーケットによる吸収合併
### 貪欲な企業買収

　ホールフーズマーケットが全米最大の有機食品スーパーチェーンへと発展を遂げた要因は，1990 年代以降に同社が実施した貪欲ともいえる企業買収にある。1991 年，ホールフーズマーケットは，ノースカロライナ州の有機食品スーパー「ウェルスプリング食品（Wellspring Grocery）」を買収し，この翌年の 1992 年，テキサス州，カリフォルニア州，ノースカロライナ州，ルイジアナ州の 4 つの

---

21　同上。
22　同上。

州で 12 店舗を持つようになった[23]。この時点でマッキーは，ホールフーズマーケットの上場を決めた。

　1992 年，ホールフーズマーケットはナスダックに上場した。公募価格は 1 株当たり 17 ドルに設定していたが，売出価格は 21.50 ドルとなり，取引開始から 1 時間後には株価が 27.50 ドルに急上昇した[24]。同年マッキーは，市場から調達した資金を活用して，「ブレッドアンドサーカス（Bread & Circus）」を買収した。ブレッドアンドサーカスは，ニューイングランドで 6 店舗展開する，当時全米で 3 番目に大きい有機食品スーパーであった。また，翌年の 1993 年，ホールフーズマーケットは 7 店舗を保有していたミセスグーチをも買収した。サンディ・グーチは，自分のテリトリーであったはずのカリフォルニア州にホールフーズマーケットが進出してきたとき，大変驚いたという[25]。ホールフーズマーケットから買収の提案を受けたサンディ・グーチは，当初，投資信託銀行を通じてホールフーズマーケット以外の買手を模索した。一時は，潜在的な買手としてセーフウェイの名が浮上していた。しかしその矢先，グーチのビジネスパートナーであった 2 人の人物の意向が，ホールフーズマーケットにミセスグーチを売却する方向へと傾いた。結局，ミセスグーチはホールフーズマーケットに買収されることになった。1990 年代終わりまでの間に，ホールフーズマーケットは，1970 年代に創業した米国の主要な有機食品スーパーの多くを買収した[26]。

　ホールフーズマーケットによる買収の矛先は，古参の有機食品スーパーにとどまらず，1990 年代に新規参入した有機食品スーパーチェーンにまで及んだ。中でももっとも有名なのは，1996 年，メリーランド州ロックビル市（City of Rockville）に本社を置く有機食品スーパーチェーン「フレッシュフィールズ（Fresh Fields）」を相手に展開された買収劇であった[27]。1991 年に 1 号店をオープ

---

23　R. Michelle Breyer（1998），"All-Natural Capitalist: How a Health Food Hippie Made Whole Foods a Retail Giant and Changed an Industry," *Austin American-Statesman*, May 10, 1998, p. A1, pp. A7-A10; Dobrow（2014），および *Whole Foods Market: Company: Timeline* による。

24　R. Michelle Breyer（1998），"All-Natural Capitalist: How a Health Food Hippie Made Whole Foods a Retail Giant and Changed an Industry," *Austin American-Statesman*, May 10, 1998, p. A1, pp. A7-A10 による。

25　ホールフーズマーケットによるミセスグーチ買収に対するサンディ・グーチの反応については，Dobrow（2014）による。

26　R. Michelle Breyer（1998），"All-Natural Capitalist: How a Health Food Hippie Made Whole Foods a Retail Giant and Changed an Industry," *Austin American-Statesman*, May 10, 1998, p. A1, pp. A7-A10 による。

27　フレッシュフィールズの発展史，およびホールフーズマーケットによる同社の買収に関する説明は，Marian Burros（1992），"Eating Well; Health-Food Supermarkets? Why, Yes. It's Only Natural," *The New York Times*, January 8, 1992（デジタル版）; R. Michelle Breyer（1998），"All-

ンさせたフレッシュフィールズは，創業者・投資者の経歴や企業理念，経営手法といった点でホールフーズマーケットとは対照的であった。フレッシュフィールズの創業者であるマーク・オーダン（Mark Ordan）は，ハーバード大学ビジネススクールで経営学修士号（MBA）を取得した後，ゴールドマン・サックスで証券取引の仕事に従事していた。証券取引の仕事に飽き始めていたオーダンは，ある日偶然ブレッドアンドサーカスに入り，店舗の活気と面白さに魅了されたという。多くの富裕層が同店舗内にいたことに驚いた彼は，有機食品スーパーチェーンの創業を決意した。

　資金調達の手法とビジネスパートナーに関しても，フレッシュフィールズとホールフーズマーケットは大きく異なっていた。オーダンは，ゴールドマン・サックスでの勤務経験を通じて，裕福な個人投資家や資産家との間に強い人脈を築いていた。当時の有機食品が市場としてすでに投資ファンドに注目されていたこともあり，個人投資家・投資ファンドから 1400 万ドルの資金を集めることなど，彼にとってはたやすいことだった。また，オフィスデポ（Office Depot）の CEO や，スターバックスの CEO をスカウトするなど，食品流通・マーケティングの専門家達をかき集めて取締役として迎えた。フレッシュフィールズは，都市専門職業人および裕福な母親達をターゲット顧客として定めていた。また，高級感のある店舗づくりを行い，広告宣伝にも巨額の資金を投下した。フレッシュフィールズは創業から 2 年後の 1993 年には 13 店舗目の出店を達成していた（Dobrow, 2014）。

　一方，急激な多店舗展開が原因となり，フレッシュフィールズは，人材不足や商品供給不足，ロジスティクスの破綻，店舗間のバラツキという組織上，店舗運営上の問題を抱えるようになっていった。さらに，フレッシュフィールズに投資した投資家達の目的が，有機食品スーパーのイノベーター達のそれとは異なっていたこともまた，フレッシュフィールズの存続を危うくした。個人投資家と投資ファンドの目的は，ひとえに投資から高いリターンを得ることにあった。しかし，フレッシュフィールズは多店舗展開を実現したものの，利益率を向上させるには至らなかった。また，競争相手であったホールフーズマーケットから短期間のうちに市場シェアを奪うこともできずにいた。個人投資家・投資ファンドの投資意欲は冷え込む一方だったのである。その結果，個人投資家（その多くがフレッシュフィールズの取締役でもあった）と投資ファンドの圧力の下，1996 年，

Natural Capitalist: How a Health Food Hippie Made Whole Foods a Retail Giant and Changed an Industry," *Austin American-Statesman*, May 10, 1998, p. A1, pp. A7–A10; Dobrow（2014）による。

オーダンは約 1 億 3400 万ドルでフレッシュフィールズをホールフーズマーケットに売却することを決めた（Dobrow, 2014）。この企業売却により，フレッシュフィールズに出資していた個人投資家・投資ファンドは大きなリターンを得た。一方，買収したホールフーズマーケットは，フレッシュフィールズが所有する 22 店舗を獲得し[28]，大きな競争相手を消すことに成功した。

　その後の 2007 年，ホールフーズマーケットは「ワイルドオーツ（Wild Oats）」を 5 億 6500 万ドルで買収した[29]。本社をコロラド州ボルダー市（City of Boulder）に置くワイルドオーツは，当時全米で 2 番目に大きな有機食品スーパーチェーンとして知られていた。このワイルドオーツの買収がホールフーズマーケットによる最後の大型企業買収となった。最終的にホールフーズマーケットの店舗数は 275 に達した[30]。

### 品揃えの変化

　多店舗展開および店舗面積の拡大にともない，ホールフーズマーケットは，より多くの買い物客を惹き付ける必要に迫られた。つまり，自然・有機食品を求める顧客だけでは十分な売上を確保できなくなり，慣行食品を求めるような顧客も惹き付けなければならなくなったのである。1998 年，ホールフーズマーケットの本社が立地するオースティン市の主要な地元新聞 *Austin American-Statesman*（『オースティン・アメリカンステートメン』紙）は，慣行食品も積極的に取り扱うようになったホールフーズマーケットの戦略について次のように報道している[31]。

　　ホールフーズマーケットはもはや慣行食品スーパーでもなければ，有機食品小売店でもない状態に陥っている。ホールフーズマーケットの店頭には，有機食品の隣に，オーガニックでない洗剤，慣行食品のスナックやシリアル，缶詰，ソースまで並んでいる。

28　R. Michelle Breyer（1998），"All-Natural Capitalist: How a Health Food Hippie Made Whole Foods a Retail Giant and Changed an Industry," *Austin American-Statesman*, May 10, 1998, p. A1, pp. A7-A10 による。
29　Tiffany Hsu（2013），"Wild Oats Chain Is Poised to Reopen This Year," *Los Angeles Times*, June 13, 2013（デジタル版）による。
30　Whole Foods Market Responds to WJLA（https://www.wholefoodsmarket.com/whole-foods-market-responds-to-wjla，最終アクセス日：2019 年 7 月 23 日）による。
31　R. Michelle Breyer（1998），"All-Natural Capitalist: How a Health Food Hippie Made Whole Foods a Retail Giant and Changed an Industry," *Austin American-Statesman*, May 10, 1998, p. A1, pp. A7-A10 による。

　（中略）ホールフーズマーケットの創業者ジョン・マッキーは，たくさんの選択肢を顧客に提供する，という方針を採用しているようだ。自然・有機食品のみにこだわることなく，より多くの製品を提供することで，これまでの自然・有機食品小売店のレベルを超え，カウンターカルチャーの顧客以外を取り込むことができるようになる。マッキーは次のように語っている。「ホールフーズマーケットは，これまでにも自然・有機食品のみに固執するような方針はとってこなかった。我々は，どんな顧客にも私達の店で買い物してもらいたいし，自分達の顧客が他の店に行ってしまうようなことは極力避けたい」。

　実際，1997年にホールフーズマーケットが立ち上げたプライベート・ブランド（PB）「365エブリデーバリュー（365 Every Day Value）」の商品をみると，有機食品と慣行食品の両方がラインナップされている。また，食品の調達先についても，中国などの外国から輸入された食品も取り扱うようになっていた。
　こうしたホールフーズマーケットの品揃え戦略と商品調達戦略は，いうまでもなく，同社の商品価格の低下とさらなる規模拡大に貢献した。しかし，同時に2つの問題をもたらした。1つ目の問題は，1970年代の同社自身や同社に買収された多くの有機食品スーパーが掲げた経営理念に強く賛同した既存の顧客が，ホールフーズマーケットから離れていきかねないという点である。彼ら古くからの顧客は，ローカルかつ小規模生産者への支援，自然環境保護や農業労働者の人権に配慮した食品生産と流通の構築，食品生産における化学物質の使用低減といった理念に賛同していた。この点に関連するエピソードをひとつ紹介する。2008年，大手放送局ABCの傘下にあるテレビ局WJLA（本拠地はワシントンDC）は，ホールフーズマーケットが販売していた有機食品に中国産のものが含まれていると報道した。こうした報道に対して，同年5月21日，当時ホールフーズマーケットで「有機認証コーディネーター（Organic Certification Coordinator）」を務めていたジョー・ディクソン（Joe Dickson）は，同社のウェブサイトにおいて次のようなコメントを発表した[32]。ディクソンは，中国産の有機農産物が米国産の有機農産物と同じ認証基準をクリアしたものであることを釈明した上で，「ホールフーズマーケットが提供している何千種類ものPB商品のうち，中国から輸入している食品はごくわずかである。また，法律で義務付けられてい

---

[32]　Whole Foods Market Responds to WJLA（https://www.wholefoodsmarket.com/whole-foods-market-responds-to-wjla，最終アクセス日：2019年7月23日）による。

ないにもかかわらず，ホールフーズマーケットは原産国をラベルに明記している」と弁明した。さらに，「ホールフーズマーケットは，ローカルフードと有機食品が自然環境保護や健康に良いというイメージで消費者に商品を売ってきた食品小売企業であるはずだが，同社はそうした商品を本当に販売しているのか」といった WJLA の批判に対し，「ホールフーズマーケットは，USDA に認証された最初のオーガニック小売企業（organic retailer）である。また，私達がその認証を自発的に受け続けることによって，きちんとした有機食品を販売していることを消費者に保証している」と述べている。

　しかし，こうしたコメントは，必ずしも顧客を納得させなかったようである。その証拠に，2012 年，上記の WJLA の報道がソーシャルメディア上で再び議論されるようになった。ホールフーズマーケットは同年 3 月 15 日，公式ブログ（THE OFFICIAL WHOLE FOODS MARKET® BLOG）において，次のようなコメントを発表した[33]。「2012 年現在，弊社が提供している PB『365 エブリデーバリュー』製品の中には，中国産の有機大豆を原料として使用しているひとつの商品を除き，中国産の冷凍果物・冷凍野菜は一切含まれていない」。その上で同社は，「2010 年以降，冷凍枝豆（有機と慣行商品両方）を除き，365 エブリデーバリューの商品に中国から輸入された冷凍果物・野菜を使用することをやめている。ただ，誤解してほしくないのは，商品の品質に関して不安があったためにこうした変更を行ったのではないということである。あくまで他の調達先からさらに安く調達できたからに過ぎない」と説明した。

　このように，慣行食品や輸入食品にまで品揃えの幅を広げ，仕入れコストを削減することにより価格を抑えようとしたホールフーズマーケットの戦略は，諸刃の刃でもある。こうした戦略をとることにより，多くの有機食品スーパーが掲げる理念に必ずしも興味のない富裕層を顧客として惹き付けることができたかもしれない。その一方で，そうした理念や，有機食品がもつ機能的・シンボリックな価値を重視する顧客のホールフーズマーケット離れを招きかねない状況にあった。

　ホールフーズマーケットの品揃え戦略・商品調達戦略がもたらした 2 つ目の問題は，2010 年代半ば以降，ウォルマート（Walmart）やクローガー（Kroger）

---

33　Rachael Gruver (2012), "Dispelling Rumors: Organics from China," THE OFFICIAL WHOLE FOODS MARKET® BLOG, March 15, 2012, Updated March 1, 2017（Markethttps://www.wholefoodsmarket.com/blog/whole.../dispelling-rumors-organics-china，最終アクセス日：2019 年 7 月 23 日）による。

といった大手慣行食品小売企業が有機食品の取り扱いを開始するやいなや，ホールフーズマーケットはこれらの大手慣行食品小売企業と競争しなければならなくなった，という点である[34]。2017 年，ホールフーズマーケットの株価は 2013 年の約半分にまで下落した[35]。同年，ヘッジファンド「ジャナパートナーズ（Jana Partners）」がホールフーズマーケットの株式を約 9% 取得した[36]。そして同社の理事会に対して，大手慣行食品小売企業と競争できるようなレベルにまで販売価格をさらに安くするよう要求した。創業者ジョン・マッキーとヘッジファンドとの間の対立が深刻化したことを受け[37]，2017 年 8 月，ホールフーズマーケットはアマゾンに売却されることになった。

多店舗展開を実現し，フォーチュン 500 企業にまでのぼりつめたホールフーズマーケットをもってしても，米国の有機食品市場を独占することはできなかった。むしろ，店舗数は必ずしも多くないものの，地域に根差した経営を行っている有機食品スーパーの多くは，地元市場で高い集客力を誇り，高い競争力を保ち続けている。皮肉なことに，ホールフーズマーケットの品揃え戦略・商品調達戦略は，ローカルフードの支援や地域経済の発展を重視する地域密着型の有機食品スーパーに生き残る隙間を与えた。次の節では，このような地域に根差した有機食品スーパーの発展プロセスおよびその戦略について，代表的企業のひとつであるニューシーズンズマーケットの事例を通じて説明する。

## 第 2 節
## スタン・エイミーとネイチャーズ

　ニューシーズンズマーケットは非上場企業である。2018 年現在，同社はオレゴン州およびワシントン州，カリフォルニア州の北部に計 19 店舗を展開している（写真 5-2）。ニューシーズンズマーケットのウェブサイトをみると，創業は

---

34　Catherine Clifford (2018), "Whole Foods Turns 38: How a College Dropout Turned His Grocery Store Into a Business Amazon Bought for $13.7 billion," *CNBC Make It*, September 20, 2018 による。

35　Tom Foster (2017), "The Shelf Life of John Mackey," *Texas Monthly*, June 2017（デジタル版）による。

36　同上。

37　Dennis Green (2019), "How Whole Foods Went from a Hippie Natural Foods Store to Amazon's $13.7 Billion Grocery Weapon," *Business Insider*, May 2, 2019（https://www.businessinsider.com/whole-foods-timeline-from-start-to-amazon-2017-9, 最終アクセス日：2019 年 7 月 23 日）による。

1999 年，2000 年に 1 号店がオープンしたと書かれている。実際のところ同社の歴史はもっと古い。ニューシーズンズマーケットの前身は，有機食品スーパーのネイチャーズである。ネイチャーズが誕生したのは 1969 年で，1970 年代から 1980 年代にかけて同スーパーは大きな発展を遂げた。ネイチャーズは，ミセスグーチやホールフーズマーケットと同じように，当時の米国有機食品スーパー業界ではよく知られた企業であった。また，ネイチャーズの創業者スタン・エイミー（Stan Amy）は，サンディ・グーチやジョン・マッキーと同じように経営者としても有名であり，彼らは互いに親交を持っていた（Dobrow, 2014）。

　1996 年，ネイチャーズは，米国の大手ビタミン・サプリメント，ダイエット商品小売企業である GNC 社（General Nutrition Cos. Inc.）によって買収された。1999 年，GNC 社はネイチャーズを有機食品スーパーチェーンのワイルドオーツに売却した。同じ年，ネイチャーズの創業者であるスタン・エイミーらは，新たにニューシーズンズマーケットを設立するに至った。本節では，創業者エイミーの経歴と，GNC 社に買収されるまでのネイチャーズの発展史について説明する。

**写真 5-2　ポートランド市にあるニューシーズンズマーケットの店舗**

建物の 1 階部分のみがニューシーズンズマーケットの店舗である。写真右手には「地元が所有し運営する（Locally Owned and Operated）」と書かれた看板が，写真左手には「ニューシーズンズマーケット：最も親切な地元小売店（New Seasons Market: The Friendliest Store In Town）」と書かれた看板が写っている。
写真：筆者が撮影。

## 1. スタン・エイミー：「正真正銘の 1960 年代活動家」[38]

　1996 年，当時オレゴン州選出の米下院議員であったアール・ブルメナウアー（Earl Blumenauer）は，ポートランド市最大の地元紙 *The Oregonian*（『ザ・オレゴニアン』紙）の取材に対し，スタン・エイミーのことを「正真正銘の 1960 年代活動家」と称した[39]。

　スタン・エイミーは，1967 年にポートランド州立大学に入学し，都市計画を学び始めた。大学に入学してから 18 カ月の間に，エイミーは住んでいたアパートから 3 回も強制退去させられた。その理由はいずれも，ポートランド市で実施されていた都市再開発事業により，入居する建物が取り壊されたからであった。こうした経験をしたエイミーは，友人とともに，非営利団体「ポートランド学生サービス（Portland Student Services, Inc.: PSS）」（現「ノースウエスト大学住宅（College Housing Northwest）」）を立ち上げた。エイミーの尽力により，この団体の非学生理事のポストには，当時ポートランド市最大の地元ビールメーカーであった「ブリッツ・ワインハード社（Blitz-Weinhard Company）」の会長や，保険会社の副社長と銀行の副社長が就任することになった。PSS はポートランド州立大学ファンデーション（PSU Foundation）とひとつの銀行から 5000 ドルの融資を受けた。この資金を元手に，取り壊し予定のあったポートランド市内のビル 9 棟をリースし，それらの建物で学生アパートを経営し始めた[40]。1970 年代はじめ，PSS は，米国住宅都市開発省（U.S. Department of Housing and Urban Development: HUD）からさらに 330 万ドルの融資を獲得し，221 戸の高層学生アパートを新たに建設した[41]。こうした活動に熱心に取り組んだエイミーは，結局大学を中退することになった[42]。しかしエイミーが PSS を去った後も PSS の事業は拡大し続けた。1996 年，ノースウエスト大学住宅へと名称変更した同組織は，

---

38　スタン・エイミーの経歴，および活動家としての活動に関する説明は，Matt Mroczek に対する筆者のインタビュー調査（調査日：2017 年 4 月 12 日）；Dobrow（2014），"Student Urges Effort for More PSU Housing," *The Oregonian*, November 22, 1969, p. 19; "PSU Student Housing Makes Long Strides," *The Oregonian*, January 26, 1971, p. 13; James Hill（1971），"City Gives Okay to Student Housing Project," *The Oregonian*, February 18, 1971, p. 20; John Guernsey（1971），"Portland State Housing Needs Figure in Goose Hollow Feud," *The Oregonian*, February 28, 1971, p. 27; Sura Rubenstein（1995），"College Housing Project Still Blooms," *The Oregonian*, March 28, 1995, p. B14; Jim Hill（1996），"Nurturing Nature's," *The Oregonian*, August 15, 1996, p. C1 による。

39　Jim Hill（1996），"Nurturing Nature's," *The Oregonian*, August 15, 1996, p. C1 による。

40　Sura Rubenstein（1995），"College Housing Project Still Blooms," *The Oregonian*, March 28, 1995, p. B14 による。

41　同上。

42　Jim Hill（1996），"Nurturing Nature's," *The Oregonian*, August 15, 1996, p. C1 による。

ポートランド市内において 16 棟の学生アパートを所有・経営し，入居する学生の数は約 1800 人に達した[43]。

　大学を中退したスタン・エイミーは，ポートランド市会議員で都市計画の専門家でもあったロイド・アンダーソン（Lloyd Anderson）の助手としてしばらくの間働いた。そして 1976 年，有機食品小売ビジネスに参入した。スタン・エイミーが有機食品小売ビジネスに興味を持つようになったきっかけは，大学を中退した後，ポートランド市内のコミューンに入居し，他の若者達と共同生活を始めたことである。コミューンの住民達の中には，自然環境保護活動家やベジタリアン，生協運動活動家など，様々なカウンターカルチャーの若者がいた。そして，コミューンの住民達が最も熱く議論したトピックこそが「フード」であった。コミューンが立地する住区に住んでいた若者達もまた，自然・有機食品に高い関心を持っていた。

　1976 年，スタン・エイミーは，同じコミューンで生活していたマイケル・グリーア（Michael Greer）とケイ・グリーア（Kay Greer）夫妻から，自分達が所有する有機食品と農作業・ガーデニング道具の専門店「ネイチャーズ食品・道具店（Nature's Food & Tool）」の経営に参加しないかと誘われた。エイミーはその誘いを受け入れ，同社の共同所有者・経営者となった。ネイチャーズ食品・道具店は，1969 年にポートランド市在住のヒッピー 2 人によって設立された専門店であり，後にグリーア夫妻が同店を購入した（Dobrow, 2014）。1977 年，マイケル・グリーアは，自らが所有していた株式をエイミーに売却した。エイミーは同社の株式の半分を所有するようになり，最大の株主になったと同時に，社長に就任した。

## 2. 品揃えと店舗デザイン・陳列戦略

　社長となったスタン・エイミーは，ネイチャーズ食品・道具店の顧客の中に，有機食品を食べたいという願望はあるものの，自分で有機農産物を栽培するのは面倒だと感じる人が多いことに気付いた。そこで，同店で扱う道具の種類を縮小し，店の業態を有機食品スーパーへと転換することにした[44]。その後の 1986 年，同店の店名はネイチャーズフレッシュノースウエストに変更された。この項では，1986 年以降の店名についても，引き続きネイチャーズという名称を用いることとする。

---

43　同上。
44　Matt Mroczek に対する筆者のインタビュー調査（調査日：2017 年 4 月 12 日）による。

　1970 年代後半，ネイチャーズを有機食品スーパーへと転換させたスタン・エイミーは，品揃えに関して 2 つの戦略を実行に移した。第 1 に，ノースウエストコーストの地元産有機農産物を重点的に取り扱うようになった。ネイチャーズの最も主要な青果物の仕入れ先となったは，ワシントン州のカスカディアンファーム（Cascadian Farm）である（Dobrow, 2014）。カスカディアンファームは，1972 年にバック・ツー・ザ・ランダーのジーン・カーン（Gene Kahn）が始めた有機農場である。また，OGC 農業販売協同組合が設立された 1980 年代には，ネイチャーズは同組合からも青果物を仕入れるようになった[45]。

　品揃えに関してスタン・エイミーが打ち出した 2 つ目の戦略は，他の有機食品スーパーが手掛けない商品を積極的に販売し，フルラインの品揃えを形成するという戦略であった[46]。エイミー自らが実施した来店者サーベイの結果によると，ワインやビール，チーズ，鮮肉，鮮魚，惣菜など，当時の多くの有機食品スーパーが扱わないような商品に対するニーズは大きかった。1980 年代前半，ネイチャーズの店舗では，有機青果物や冷凍食品，ベーカリー，量り売りの穀物，ナッツ，コーヒー，調味料，茶，ワイン，ビール，チーズ，鮮肉，鮮魚，フレッシュパスタ，ビタミン剤，キッチン用品，自然化粧品など実に様々な商品を取り扱っていた。仕入れ先ベンダーの数は 350 に上った。

　一方スタン・エイミーは，ミセスグーチと同じように，清潔かつ商品を手にとりやすいような店舗デザインを工夫した。とりわけ，量り売り商品の陳列に関しては，エイミーが革新を起こしたと言っても過言ではないだろう。「プラスチック」の食文化に反抗する有機食品専門店や有機食品生協[47] は，その誕生初期，大きな木樽やブリキ缶に未包装の食料品を入れ，これらの木樽・ブリキ缶を店舗の床に直置きしていた。包装資材を減らすことで自然環境の保護を目指すとともに，「必要な量しか買わない」という大量消費主義に反抗する理念に基づいた仕様であった。1980 年代半ば，ネイチャーズは，穀物やナッツ，調味料などの商品について，量り売りの手法を維持しながら，商品をとりやすくかつきれいに陳列できる小さなプラスチックケースや瓶を店舗に採用し始めた（写真序 -2）[48]。

---

45　David Lively に対する筆者のインタビュー調査（調査日：2017 年 11 月 10 日）による。
46　ネイチャーズの 2 つ目の品揃え戦略に関する説明は，Julie Tripp (1982), "Natural Food Industry Sheds 'Hippie' Image," *The Oregonian*, November 26, 1982, p. C10; Bethanye McNichol (1986), "Nature's Set to Make Move Back Into the Establishment," *The Oregonian*, June 24, 1986, p. 97; Jim Hill (1986), "Nature's Fresh Northwest to Open 'Quality Food' Market in Beaverton," *The Oregonian*, June 26, 1986, p. 5; Jim Hill (1996), "Nurturing Nature's," *The Oregonian*, August 15, 1996, p. C1 による。
47　有機食品生協の陳列および販売方法については，本書第 6 章を参照されたい。

こうした陳列ケースおよび量り売りの販売手法は，今日もなお，大手慣行食品スーパーを含む多くのスーパーにおいて，穀物やナッツ，ドライフルーツ，コーヒー豆などのコーナーに取り入れられている。

　1982年にスタン・エイミー自身が *The Oregonian* の取材に対して明らかにしたように，このような品揃え戦略，店舗デザイン・陳列戦略により，ネイチャーズは1980年代以降，かつての主要な顧客であったヒッピー達に加えて，子供のいない高学歴カップルや一部の富裕層を顧客として惹き付けるようになった[49]。1980年代，ネイチャーズの売上は上昇し続け，1995年には6店舗を展開し，年間売上高が3780万ドルに達した[50]。

## 3. ワイルドオーツによるネイチャーズ買収

　1996年，ビタミン・サプリメントおよびダイエット商品小売企業大手のGNC社は，有機食品小売業に進出するべく，当時6店舗を保有していたネイチャーズの買収について同社と交渉し始めた[51]。スタン・エイミー側は，GNC社の傘下に入ることで，同社の潤沢な資金力を活用し，それまで夢見ていた「ネイチャーズの全米店舗展開」を図ろうとした。交渉の結果，GNC社は1750万ドルでネイチャーズを買収し，スタン・エイミーは，GNC社の子会社となったネイチャーズの社長に留任することが決まった。

　ところが3年後の1999年，有機食品小売業への進出を取りやめたGNC社は，有機食品スーパーチェーンのワイルドオーツに対してネイチャーズを5700万ドルで売却することを決定した[52]。1999年当時，ワイルドオーツは米国とカナダに111店舗を保有しており，同社の年間売上高は7億2100万ドルであった[53]。

　ワイルドオーツがネイチャーズを買収して以降，ワイルドオーツ本部とネイ

---

48　Bethanye McNichol（1986）, "Nature's Set to Make Move Back Into the Establishment," *The Oregonian*, June 24, 1986, p. 97 による。

49　Julie Tripp（1982）, "Natural Food Industry Sheds 'Hippie' Image," *The Oregonian*, November 26, 1982, p. C10 による。

50　Jim Hill（1996）, "Nurturing Nature's," *The Oregonian*, August 15, 1996, p. C1 による。

51　GNC社は本社をペンシルベニア州ピッツバーグ市に置き，ネイチャーズを買収した1996年当時，全米で小売店「GNCセンター（General Nutrition Centers）」2650店舗を展開していた。GNC社によるネイチャーズ買収に関する説明は，Jim Hill（1996）, "Nurturing Nature's," *The Oregonian*, August 15, 1996, p. C1 による。

52　Robert Goldfield（1999）, "Nature's Execs Flee in Merger Aftermath," *Business Journal-Portland*, September 24, 1999, p. 1 による。

53　Aliza Earnshaw（2000）, "Natural Food Stores Compete Via Virtual Chain," *Business Journal-Portland*, August 25, 2000, p. 51 による。

チャーズ店舗との関係は，それ以前の GNC 本部とネイチャーズ店舗の関係とは大きく異なるものとなった。GNC 社は，スタン・エイミーらネイチャーズの従来の経営陣に，ネイチャーズ店舗の運営を任せていた。しかしワイルドオーツは，本部が定めた店舗運営方針をネイチャーズ店舗にも徹底しようとしたのである。こうした違いが生じた原因について，エイミーは，*Business Journal-Portland*（『ポートランド・ビジネスジャーナル』誌）の取材に対して次のように述べている[54]。

> GNC 社は，事業を多角化し，新しい市場に進出するためにネイチャーズを買収した。そのため，ネイチャーズの売上が拡大し，利益を上げ続けている限り，GNC 社としてはネイチャーズの店舗運営に干渉する必要がなかった。
>
> ところがワイルドオーツは，多店舗展開を実現するための手段としてネイチャーズを買収した。当然のことながら，ネイチャーズの店舗をワイルドオーツ自身の企業イメージに統一しようとしたし，少なくともワイルドオーツのビジネスモデルに沿う形でネイチャーズの店舗を運営しようとした。

ワイルドオーツがネイチャーズを買収した後も，ネイチャーズの従来の経営陣と従業員は引き続き雇用されることとなった。しかし，ワイルドオーツは彼らに対して，コスト削減の要求を突きつけた[55]。例えば，ワイルドオーツは，買収後新たに採用した従業員については，長年勤めてきた従業員よりも適用範囲の狭い健康保険を提供するよう，経営陣に要求した。また，地元ベンダーに固執することなく仕入れ価格の最も安いベンダーから商品を仕入れることや，値下げ交渉を徹底的に行うことをバイヤーに要求した。こうした徹底したコスト削減の要求は，ネイチャーズの従来の経営陣・従業員から大きな反発を招いた。例えば，ネイチャーズで 19 年間バイヤーを務めてきた従業員は，ワイルドオーツのやり方に次のような不満を漏らしている。すなわち，かつてのネイチャーズは，地元生産者の商品を取り扱うよう努力し，地元ベンダーとのパートナーシップを構築することを重視していたが，ワイルドオーツはベンダーとのパートナーシップの価

---

[54]　Robert Goldfield（1999），"Nature's Execs Flee in Merger Aftermath," *Business Journal-Portland*, September 24, 1999, p. 1.

[55]　ワイルドオーツとネイチャーズの経営陣・従業員とのコンフリクトに関する説明は，Robert Goldfield（1999），"Nature's Execs Flee in Merger Aftermath," *Business Journal-Portland*, September 24, 1999, p. 1 による。

値について全く認識せず，ただ価格を値切ることだけにこだわっているというのである。同従業員は「ワイルドオーツの経営手法は，有機食品スーパーというより，むしろ慣行食品スーパーのそれに似ている」とコメントした[56]。

　1999 年，ワイルドオーツの経営手法に強い不満を抱いたネイチャーズの元経営陣・従業員達は，次々と辞職を決めた。この時期に辞職した者の中には，スタン・エイミー自身をはじめ，店舗運営部長や人事部長，店舗開発部長，店長，さらに青果物バイヤー，鮮肉バイヤーなどのベテラン従業員が含まれていた[57]。実際，ワイルドオーツに買収された後，元ネイチャーズの従業員のうち約半分が辞職したという（Dobrow, 2014）。

　こうしてネイチャーズを去ることになったスタン・エイミーは，かつてネイチャーズのコンサルタントとして雇った経験のあるブライアン・ローター（Brian Rohter）と，ポートランド郊外に立地する有機食品メーカーのオーナーであったチャック・エガート（Chuck Eggert）とともに資金を集め，同 1999 年のうちに，新たにニューシーズンズマーケットを創業した。翌年の 2000 年，ニューシーズンズマーケットの 1 号店が開店し，元ネイチャーズの従業員達の多くがそこで働くことになった。

第**3**節
## ニューシーズンズマーケット
### ナショナルチェーンとの差別化戦略

　2000 年に 1 号店を開店したニューシーズンズマーケットは，2001 年には 4 店舗を保有するまでになり，早くも黒字経営を実現した[58]。ニューシーズンズマーケットは，創業後すぐ，ワイルドオーツの傘下に入った元ネイチャーズの店舗との競争に直面した。また，2007 年にワイルドオーツがホールフーズマーケットに買収された後は，ホールフーズマーケットの店舗となった元ネイチャーズの店舗や，ホールフーズマーケットがポートランド地域に新規出店した店舗との競争にさらされるようになった。こうした全米展開型のいわゆるナショナル・有機食品スーパーチェーンとの競争に直面したニューシーズンズマーケットは，(1)ロー

---

56　Robert Goldfield（1999），"Nature's Execs Flee in Merger Aftermath," *Business Journal-Portland*, September 24, 1999, p. 1 による。

57　同上。

58　Robert Goldfield（2001），"A Bit Bigger is Better for New Seasons Market," *The Business Journal*, December 7, 2001, p. 3, p. 33 による。

カルフード・ローカル生産者を重視する品揃え戦略・仕入れ戦略，(2)各店舗への権限移譲，(3)店舗が立地するコミュニティに根差す姿勢を全面的に打ち出し，差別化を図ろうとした。

　2017 年現在，ニューシーズンズマーケットが扱う商品は，①青果物，②量り売り商品（穀物，ナッツ類，ドライフルーツ，調味料，コーヒー，蜂蜜など），③加工食品，④鮮魚，⑤鮮肉，⑥ベーカリー，⑦菓子類，⑧ビール・ワイン，⑨チーズ・乳製品，⑩惣菜，⑪花，⑫ビタミン剤・サプリメント，⑬化粧品，⑭日用雑貨の 14 カテゴリーに分類されている[59]。取扱商品のうち 6 割超は，有機認証を取得した商品である。これら 14 のカテゴリーのうち，⑦菓子類は，ポートランド地域の菓子メーカーにテナントとして入居してもらうようにしている。ニューシーズンズマーケットのテナントになることは，多くの地元菓子ベンチャー企業にとって大きく成長するきっかけとなっている。また，青果物や量り売り商品，鮮魚，鮮肉，花の仕入れについては，OGC 社などの卸売企業を積極的に活用すると同時に，バイヤー達の尽力により地元の農家と直接長期供給契約をも結んでいる。これらの農家から直接仕入れる商品の物流については，サードパーティー・ロジスティクス，すなわち物流サービスを提供する外部企業のサービスを活用している。農家との長期直接契約に加えて，有機農家が自らの生産物をニューシーズンズマーケットの店舗に持ち込み，店舗で販売してもらうよう交渉することも可能になっている。こうした点からも明らかなように，ニューシーズンズマーケットは，それぞれの店舗に大きな権限を委譲している。また，加工食品やビール・ワイン，チーズ・乳製品については，有機加工食品やワイン・クラフトビール，クラフトチーズの生産が盛んなオレゴン州の製品を豊富に取り揃えている。さらに，ベーカリーの品揃えの約半分はそれぞれの店舗で焼き上げたものであり，惣菜については，地元のシェフを雇って商品企画を行っている。

　ニューシーズンズマーケットと地元生産者との関係性について，有機農場ククーランファーム（Kookoolan Farm）の例を見てみよう[60]。ククーランファームは，2005 年に，クリッシー・マニオン・ザールプール（Chrissie Manion Zaerpoor）とクーロッシュ・ザールプール（Koorosh Zaerpoor）夫妻によって設立された有機農場である。ザールプール夫妻は，ククーランファームを創業するま

---

59　ニューシーズンズマーケットにおける商品分類およびサプライチェーンに関する説明は，Matt Mroczek に対する筆者のインタビュー調査（調査日：2017 年 4 月 12 日）による。
60　ククーランファームに関する説明は，Koorosh Zaerpoor に対する筆者のインタビュー調査（調査日：2017 年 9 月 25 日），および Chrissie Manion Zaerpoor に対する筆者のインタビュー調査（調査日：2017 年 9 月 26 日）による。

写真 5-3　ククーランファームにおける養鶏

ククーランファームでは，放牧状態で鶏を飼育するとともに，有機飼料を与えている。
写真提供：Chrissie Manion Zaerpoor.

　で，それぞれインテル社のエンジニアと管理職として働いていた。退職時の夫婦の収入は 28 万ドルであり，2005 年の為替レートでは 3000 万円を超えていた。自分達にとっての理想的なライフスタイルを実現し，より良い食品を生産したいと考えていた彼らは，クリスシーが 40 代後半，クーロッシュが 50 代のときにインテル社を退職し，ククーランファームを設立した。
　ククーランファームでは，有機牛肉および有機羊肉，有機鶏肉，有機卵が生産されている（写真 5-3）。農場の設立初期，ザールプール夫妻は主にファーマーズマーケットで生産物を販売していた。2000 年代終盤，歴史が浅く，規模も小さかったククーランファームに，ニューシーズンズマーケットのバイヤーから商品供給に関する打診があった。取引開始後の 2012 年，ククーランファームとニューシーズンズマーケットの間の取引は，年間 4000 羽の有機鶏を納入するまでに拡大した。ニューシーズンズマーケットに商品を供給するようになったこと

で，ククーランファームの販売量は飛躍的に増加した。それ以上に，ニューシーズンズマーケットの店頭に「ククーランファーム産」という説明書きが掲示されたことが大きな宣伝効果を生んだ，とクリシー・マニオン・ザールプールは語っている[61]。

ローカル生産者の生産物を積極的に取り扱うというニューシーズンズマーケットの姿勢は，同社の PB 商品の生産にも顕著に現れている。ニューシーズンズマーケットの PB 商品は，ポートランドおよび周辺地域の小規模メーカーに生産が委託されている。また，これらのメーカーの名称は，ニューシーズンズマーケットの名前とともにパッケージに表記されている[62]。

ローカルフードとローカル生産者を重視した品揃え戦略・仕入れ戦略に加えて，ニューシーズンズマーケットは，店舗が立地する住区の発展や住民との関係づくりに積極的に取り組んでいる。実際のところ，ニューシーズンズマーケットは，税引後利益の 10 ％を，店舗が立地する地域の非営利団体に毎年寄付している[63]。また，すべての店舗にコミュニティ・コーディネーターという従業員が置かれ，住民とのコミュニケーションを担うとともに，住区の特徴に応じて特別なサービスやイベントを企画する役割を果たしている[64]。

## おわりに

フォーチュン 500 企業にまで成長したホールフーズマーケットがそうであったように，米国において有機食品スーパーという業態をつくりだしたのは，資金力や人材，経験に富んだ慣行食品流通企業ではなかった。有機食品スーパーを世に生み出したのは，流通の「素人」達であり，その多くはカウンターカルチャーに属する人々であった。彼らは，より良い食品の提供や環境保護，快適な職場の整備など，様々な使命にかられ，起業を決意した。生活者としての実体験を持つ彼らは，有機食品を求める消費者が少なからず存在すること，有機食品小売業にビジネスチャンスがあることを十分に認識していた。

---

61　Chrissie Manion Zaerpoor に対する筆者のインタビュー調査（調査日：2017 年 9 月 26 日）による。

62　Wendy Culverwell (2013), "For House Brand, New Seasons Goes Local," *Portland Business Journal*, August 30, 2013（デジタル版）による。

63　ニューシーズンズマーケットのウェブサイト（https://www.newseasonsmarket.com/our-story/community/，最終アクセス日：2019 年 7 月 25 日）による。

64　Matt Mroczek に対する筆者のインタビュー調査（調査日：2017 年 4 月 12 日）による。

　規模が小さく，資本力も脆弱であったはずの有機食品スーパーが米国の食品市場で生き残り，発展を遂げた要因として，以下の 4 つが考えられる。第 1 に，既存のルーチンから逸脱できない慣行食品スーパーチェーンの店舗運営手法が，有機食品スーパーに対してむしろ発展の余地を与えた。慣行食品スーパーは，マスマーケット以外の消費者ニーズを無視し，均一性と効率性ばかりを追求し，価格競争に固執していた。1990 年代はじめ，個人投資家や投資ファンドが有機食品スーパービジネスに投資するようになって以降も，大手慣行食品スーパーの多くは，相変わらず有機食品を有望な市場として認識せず，有機食品スーパーを競争相手とはみなさなかった。例えば 1991 年，有機食品スーパーのフレッシュフィールズがメリーランド州ロックビル市において 1 号店をオープンさせた際，店舗周辺の慣行食品スーパーの売上高は大きく減少した（Dobrow, 2014）。それにもかかわらず，ワシントン DC・メリーランド州ボルチモア地区において最大規模を誇る慣行食品スーパーチェーン「ジャイアント（Giant）」の理事会は，「フレッシュフィールズは我々にとって真の脅威とはならない。フレッシュフィールズを潰す必要はない」という結論に達したという（Dobrow, 2014, p. 154）。

　有機食品スーパーが発展を遂げた 2 つ目の要因は，有機食品卸売企業やサードパーティー・ロジスティクスを積極的に活用したことにある。第二次世界大戦降，大手慣行食品スーパーの多くは，生産者から直接商品を仕入れ，大規模な物流施設を建設するとともに，トラックなどの輸送手段を自ら整備した。卸売企業を排除し，自ら物流インフラを整えるこうした仕入れ手法は，当然のことながら膨大な資金を必要とした。一方，有機食品スーパーは，卸売業者およびサードパーティー・ロジスティクスを積極的に活用することで，低いコストで迅速な物流を実現した。

　有機食品スーパーを生み出した人々は，流通に関しては素人であった。しかし彼らは，流通以外の他の分野で蓄積した知識や経験を店舗運営に応用した。その結果，様々なイノベーションが生まれた。これこそが，有機食品スーパーが発展を遂げた 3 つ目の要因である。例えば，優れた教育者としての経験を持つサンディ・グーチは，有機商品の美しさとおいしさの重要性，清潔・快適で楽しくなるような店舗づくりの重要性を認識していた。彼女は，消費者に対して楽しみながら情報を伝達する方法を案出し，効果的な消費者教育と店舗プロモーションを実現した。

　有機食品スーパーの発展に貢献した 4 つ目の要因は，1970 年代から 1980 年代前半にかけて，有機食品スーパーの創業者達が情報交換のためのネットワークを自ら構築していたことである。グーチやジョン・マッキー，ピーター・ロイ，ス

写真 5-4　オレゴン州ユージン市に立地する有機食品スーパー「カペラマーケット
　　　　　（Capella Market）」

店舗の天井からぶら下がっている大きなポスターには「ローカル農産物販売中：私達は地元農家から商品を仕入れる
ことで地域経済に貢献し，地域の食品供給システムの確立を支援します」と書かれている。また，同ポスターでは，
店頭に陳列されている農産物に貼っているラベルの意味，すなわちカペラマーケットが立地するレーン・カウンティ
産の農産物，レーン・カウンティ周辺の6カウンティ産の農産物，オレゴン州産の農産物，ノースウエストコースト
産の農産物の見分け方が紹介されている。
写真：筆者が撮影。

　タン・エイミーら有機食品スーパーの創業者達が情報交換を積極的に行ったこと
で，全米各地に分散していた有機食品スーパーは，それぞれの企業が起こしたイ
ノベーションを互いに学びあうことができた。こうした創業者・起業家間の相互
学習は，高い集客力を維持する有機食品スーパーの店舗フォーマットの創出に寄
与した。
　1970年代から米国で台頭し始めた有機食品スーパーの中には，吸収合併を繰
り返し，全米展開の有機食品スーパーチェーンへと成長を遂げた企業がある一
方，地域に根差した有機食品スーパーとして生き残っている企業も少なくない。
ニューシーズンズマーケットを含む地域密着型有機食品スーパーの多くは，ロー

カル生産者・ローカルフードを支援し，地域経済発展への貢献を重視している（写真 5-4）。さらに自らの店舗が立地するコミュニティのクオリティオブライフの向上を図るための戦略を打ち出すことで，ナショナルチェーンとの差別化を図っている[65]。こうした努力の結果，今日の地域有機食品スーパーは，ナショナルチェーンと比べて規模こそ小さいものの，ナショナルチェーンに劣らぬ高い競争力を維持している。

---

65　Claudia Wolter に対する筆者のインタビュー調査（調査日：2018 年 1 月 14 日）による。

# 第 6 章

# フードコンスピラシーから有機食品生協へ
## ピープルフードコープの事例

## はじめに

　米国の食品生協は，日本を含む他の多くの国の食品生協と同じように，いわゆる「ロッチデール原則」の多くを受け継いでいる。この「ロッチデール原則」とは，イギリスの「ロッチデール公正先駆者組合（Rochdale Society of Equitable Pioneers）」が案出した原則のことを指し[1]，中でも(1)組合員が 1 人 1 票の議決権を有するという意味での「民主的経営」，(2)加入と脱退の自由，(3)組合の運営によって生じた余剰金の組合員への配分，(4)組合員教育の推進という 4 項目は，今日もなお米国の食品生協で堅持されている[2]。

　米国における食品生協の発展過程は 2 つの時期に分けられる。ひとつは，1930 年代にニューディール政策の下で公的資金援助を受けて生協組織が発展を遂げた時期であり，もうひとつは，1960 年代後半に「ニューウエーブ食品生協」と呼ばれる食品生協が誕生して以降の時期である。1930 年代に設立された食品生協のほとんどは，今日までに姿を消している[3]。一方，ニューウエーブ食品生協の一部は，有機食品生協へと発展を遂げ，今日もなお高い集客力を誇っている。本章では，このニューウエーブ食品生協について取り上げる。

---

1　1840 年代，イギリス・ランカシャーのロッチデールにおいて，フランネル織物工委員会はロッチデール公正先駆者組合を設立した。1844 年には 28 人の製織労働者達が，小麦粉，バター，砂糖，オートミールを取り扱う組合店舗を開いた。ロッチデール公正先駆者組合およびロッチデール原則に関する説明は，「平成 17 年度一橋大学附属図書館企画展示　イギリスにおける協同組合思想：萌芽からロッチデール原則まで」（https://www.lib.hit-u.ac.jp/service/tenji/owen/co-op-uk.html，最終アクセス日：2019 年 7 月 5 日）による。

2　Jacob Engstrom および Ryan Ganghan に対する筆者のインタビュー調査（調査日：2018 年 1 月 10 日）による。

3　1930 年代に米国で誕生した食品生協のほとんどが生き残れなかった理由としては主に 2 つが考えられた（Zwerdling, 1979）。ひとつは，ニューディール政策が終焉したことで公的資金による援助が得られなくなったからである。経営を公的支援のみに頼っていた生協は次々と倒産した。もうひとつは，慣行食品スーパーとの競争で敗れたからである。食品生協の仕入れコストは慣行食品スーパーと比べて高く，コスト面で対抗できなかった。

　興味深いことに，ニューウエーブ食品生協は，品揃えおよび，有機農業の発展に及ぼした影響という点で，1960 年代後半から日本で台頭し始めた食料品を主要な取扱商品とする生協（以下，日本の食品生協と記す）とは対照的であった。日本の食品生協では，消費者による加入動機の第 1 位は「安心できる商品」がほしい，であり（斎藤，2007, p. 152），商品の安全問題こそが常に生協活動の中心であった（的場，1992b; 斎藤，2007）。にもかかわらず，有機農産物は日本の食品生協の主要な取扱商品とはならなかった。一方，米国のニューウエーブ食品生協の多くは，設立初期から自然・有機農産物を主要商品として取り扱い，「米国における有機食品・自然食品産業の成長に大きく貢献した」（Knupfer, 2013, p. 134）。

　なぜ日本の食品生協と異なり，米国のニューウエーブ食品生協は有機食品生協へと発展を遂げたのか。本章では，こうした問いについて，オレゴン州ポートランド市で最も歴史が古いニューウエーブ食品生協のひとつとして知られるピープルフードコープに関する事例研究を通じて検討する。本章の構成は次の通りである。次の第 1 節では，ニューウエーブ食品生協運動の目的および担い手について，日本の食品生協運動と比較しながら説明する。運動の目的および担い手の特徴は，ニューウエーブ食品生協の取扱商品に大きな影響を及ぼした。第 2 節および第 3 節では，ピープルフードコープの事例を紹介する。第 2 節では，ピープルフードコープの誕生および取扱商品の特徴を概説し，第 3 節では，ピープルフードコープの発展の歴史を説明する。第 4 節では，ピープルフードコープの事例研究の結果に基づき，ニューウエーブ食品生協が有機食品生協へと発展を遂げた要因を分析する。最後に本章をまとめる。

第 1 節
## ニューウエーブ食品生協

　1960 年代後半から 1970 年代にかけての米国において，公的な経済支援がまったくなかったにもかかわらず，主に大学が立地する町でニューウエーブ食品生協が数多く誕生した（Zwerdling, 1979; Knupfer, 2013）。ニューウエーブ食品生協運動は，同じ時期に日本で高まった食品生協運動とは，目的および担い手の点で大きく異なっていた。そうした相違が要因となり，有機農産物の取扱いに関してニューウエーブ食品生協と日本の食品生協との間には大きな違いが見られた。

## 1. 日本の食品生協運動

　日本において食品生協が発展し始めたのは，1960 年代後半，消費社会が形成されたばかりの時期であった。生協運動の主要な担い手は，核家族の専業主婦達であった（中嶋, 1992; 田中, 1998; 斎藤, 2007）。日本の食品生協運動の目的は，大量消費社会や物質主義に反対することではなく，むしろ大量消費社会の中で組合家族の消費を保護することにあった（生田・西岡, 1986; 中嶋, 1992）。すなわち，日本の食品生協運動は，消費者保護のための運動であったといえよう。

　浜岡（1992）が指摘しているように，日本の食品生協における典型的な組合員の家族像は次のようなものであった。主要な稼ぎ手である夫は，「熾烈な企業内外競争にまき込まれ」，自分を「仕事人間」にすることで「雇用不安」や「企業社会」からの排除を逃れようとしていた。子供はと言えば，「はやくから受験競争にさらされ」た。一方，専業主婦は，仕事人間の夫および「受験教育人間」の子供をまとめあげ，「多様な生活機能を一手にひきうけて」いた（浜岡, 1992, pp. 43-44）。

　より良いものをより安く，より便利に買いたいというニーズから日本の食品生協に加入した組合員達の中には，有機農産物を求める人は少なかった。その理由として以下の 3 つが考えられる。第 1 に，慣行栽培より有機栽培の農産物の方がより安全であるという政府のお墨付きがなかったためである。政府のオーソリティを信用する消費者にとって，政府機関が定めた農薬や化学肥料の使用基準を守って栽培される慣行農産物に不安を感じる理由はなかった。第 2 に，工業化された慣行栽培とは異なり，有機栽培の収穫量が不安定であるためである。欠品が生じやすく，かつ有機農産物の価格が慣行農産物のそれより高い場合が多いことに，組合員は不満を持った（的場, 1992a）。第 3 に，有機農産物を摂ることが自然環境保護や農業労働者の健康改善につながるといった食料品生産・消費の社会性・公共性の問題に関心を持ち，自らの生活様式を変えるに至る組合員が必ずしも多くなかったためである。この点は，次の調査結果によっても裏付けられている。京都生協・消費生活研究会は，京都府下の成人女性および「京都生協」の組合員を対象に，1991 年 7 月には「京都府民の暮らしと文化の調査」を，1992年 1 月には「京都生協組合員の暮らしと文化の調査」を実施した。調査の結果からは，次のような組合員の生活像が明らかになった。すなわち「使い捨て否定，マイカー自粛，買い物袋節約といった，利便性を退け，より社会性・公共性のおびた方面では」，生協の組合員は「実行率では非組合員におよばな」かった（中嶋, 1992, p. 55）。

　1960 年代後半に日本で発展した食品生協は，「より良いものをより安く」をス

ローガンとして打ち出して同時期に急成長したスーパーとの競争に巻き込まれた（川口，1992, p. 31）。こうした状況からも，日本の食品生協の店舗は，スーパーと差別化することができなかったことがうかがえる。

## 2. 米国のニューウエーブ食品生協

　ニューウエーブ食品生協運動のリーダーおよび主要な参加者は，大学生・大学院生・教授などの大学関係者や環境保護運動活動家，ベトナム戦争反戦運動活動家，ヒッピー，コミュニティ・エンパワーメント活動家など，カウンターカルチャーの活動家達（その多くは大学生・大学院生・教授でもあった）であった（Zwerdling, 1979; Cox, 1994; Knupfer, 2013）。Cox（1994）が指摘しているように，ニューウエーブ食品生協のリーダーと参加者の圧倒的多数を白人かつ高学歴の活動家が占めており，またその多くは中流階級の家庭の出身者であった。一方，労働者階級でこの運動に参加した人は少なかった（Cox, 1994）。ニューウエーブ食品生協を設立した活動家達は，食品生協を革命的・反体制的組織としてとらえていた。そのため，初期のニューウエーブ食品生協は「フードコンスピラシー（food conspiracies）」とも呼ばれていた（Zwerdling, 1979; Knupfer, 2013）。

**ニューウエーブ食品生協運動が発生した背景と運動の目的**

　ニューウエーブ食品生協は，1960年代に米国で高まりをみせた環境保護運動やヒッピームーブメントなどの社会運動から大きな影響を受けた（Cox, 1994）。これらの運動に参加した活動家達は，ベトナム反戦運動が効果をもたらさなかったことや，仲間の多くが支持したロバート・ケネディの暗殺などを目の当たりにし，選挙や大規模なデモンストレーションでは米国社会を変えることができないとの思いを募らせていた（Cox, 1994）。活動家達は，社会を変えることができないのなら，せめて自分自身の人生を自分でコントロールできるような状況をつくりだすことに全力を注ぐべきだと考え，食品生協運動を起こした（Cox, 1994）。自らもニューウエーブ食品生協運動の参加者であり，ジャーナリストでもあるクレイグ・コックス（Craig Cox）が指摘したように，ニューウエーブ食品生協運動は，食料品の購入・消費の環境を改善するために生じた運動でなかったばかりか，何らかの経済問題を解決するために起こった運動ですらなかった（Cox, 1994）。

　ニューウエーブ食品生協運動の目的は，「カウンターカルチャー的経済システム（countercultural economic system）」を構築することで，労働者と消費者の両方が，自分の生活をコントロールする自由を，資本主義，帝国主義，物質主義の支配から取り戻すことにあった（Cox, 1994, p. x）。個人のエンパワーメントおよ

びコミュニティのエンパワーメントこそが，ニューウエーブ食品生協のリーダー・参加者達にとっての最大の関心事であった（Cox, 1994）。ニューウエーブ食品生協運動のリーダー・参加者は，「反体制組織（counterinstitutions）」をつくりだすことによって，当時メインストリームとされていたものとは異なる生き方・働き方を実現しようとした（Case & Taylor, 1979, p. 4; Zwerdling, 1979）。

### 取扱商品および消費者教育の内容

　ニューウエーブ食品生協運動の目的は，取扱商品に大きな影響を及ぼした。ニューウエーブ食品生協は，取り扱う商品の特徴により，次の 2 つのタイプに分けることができた。すなわち(1)自然・有機農産物を積極的に取り扱うタイプと，(2)缶詰や白砂糖など，いわゆる慣行食品を取り扱うタイプの店舗であった。これらの 2 つのタイプの品揃えは，それぞれのニューウエーブ食品生協のリーダー・組合員が考える「革命」の内容の違いを反映していた。異なるタイプの品揃えを展開するニューウエーブ食品生協の間では激しい論争が起こり，その論争は「缶詰・ブラウンライス論争（Canned Food and Brown Rice Wars）」または「生協論争（Co-op War）」と呼ばれた（Cox, 1994, p. xi; Knupfer, 2013, p. 179）。

　自然・有機農産物を積極的に取り扱ったニューウエーブ食品生協のリーダー・組合員達は，環境保護運動や，生態を意識しながら生活する運動から大きな影響を受けた。これらのニューウエーブ食品生協は，卸売業者または地元の農家から天然および有機農産物を仕入れて販売し，また，鮮肉や鮮魚などを取り扱わないベジタリアン食品生協も非常に多かった（Cox, 1994; Knupfer, 2013）。こうした生協が実施した消費者教育の目的は，大量消費社会・物質主義に異議を唱える消費を促進することにおかれた（Cox, 1994）。具体的には「よりシンプルなライフスタイルを実践することによる消費削減」「本物の食料品（wholesome food）」「コミュニティがコントロールする組織」の 3 つが教育プログラムの中心的内容であった（Cox, 1994, p. 38, p. 43）。

　こうしたニューウエーブ食品生協が唱えたシンプルな生活は，1960 年代ニクソン大統領が「サイレントマジョリティ（silent majority）」と称した米国マスマーケットの一般消費者からはまったく理解されなかった。また，その品揃えは「ばかばかしい（silly）」とさえ思われていた（Cox, 1994, p. 63）。ところが，ニューウエーブ食品生協運動のリーダー・参加者は，マスマーケットに受け入れられないことを全く気にしなかった。彼らの関心はもっぱら，当時のメインストリームとされた食品供給と消費様式とは異なるオルタナティブな供給機関・消費様式をつくりだすことにあった（Cox, 1994）。こうしたタイプのニューウエーブ食品生協は，論争相手から「ヒッピー・ホールフーズストア（hippie whole foods store)」と批判された（Cox, 1994, p. 112）。

　一方，慣行食品スーパーと同じような商品を取り扱い，慣行食品スーパーよりも安い値段で商品を提供しようとしたニューウエーブ食品生協のリーダー・組合員達は，労働者階級の人々が自然食品や有機食品をあまり食べず，缶詰食品やジャンクフード（カロリーは高いが栄養価の低いスナックなどの食品）を好むことを理解していた（Zwerdling, 1979; Knupfer, 2013）。そのため，リーダー・組合員達は，あえて労働者階級が好む品を取り揃えることにより，当時ニューウエーブ食品生協の多くが立地していた都心部の貧困層居住区住民を生協に惹き付けようとした。労働者階級の住民を教育して資本主義の問題点を認識させ，労働者階級による革命を起こそうとしたのである（Cox, 1994）。

　実際のところ，ニューウエーブ食品生協のうち今日まで生き残った店舗のほとんどは，自然・有機食品を積極的に取り扱った生協であった（Cox, 1994; Knupfer, 2013）。慣行食品スーパーと類似する品揃えを持つニューウエーブ食品生協は，慣行食品スーパー以上の低価格販売を実現することができなかった。貧困住区の地元住民のほとんどは，価格がより安い慣行食品スーパーで買い物をした。すなわち，生協は競争で敗れたのである（Knupfer, 2013）。こうした経緯もあり，以下の説明では，自然・有機食品を主要商品として扱ったニューウエーブ食品生協に焦点を当てた議論を行う。

### ニューウエーブ食品生協の特徴

　自然・有機食品を積極的に取り扱ったニューウエーブ食品生協は，店舗の様子および社会運動に対する対応という点で慣行食品スーパーとは大きく異なっていた。

　既述したとおり，慣行食品スーパーの店頭には，プラスチックなどで包装され，化学物質が投入された加工食品が大量に陳列されていた。一方，「プラスチック」的な食文化に反抗したニューウエーブ食品生協では，大きな樽やブリキ缶に未包装の食料品が入れられていた。買い物客は，自分で必要な量を取り出し，ブラウンの紙袋やビニール袋，自ら持参した瓶に入れ，重さをはかった。容器の外側に商品番号と重さを記入し，それをレジに持っていって支払いを行うという販売手法が導入されていた（Zwerdling, 1979）。

　店舗の陳列・販売手法だけにとどまらず，農業生産者の人権擁護運動への取り組みという点においても，ニューウエーブ食品生協は慣行食品スーパーとは対照的であった。こうした点について，1966年から1973年まで，全米農業労働者組合（United Farm Workers of America: UFW）が組織した抗議活動への対応を例にして見てみよう。

　第二次世界大戦後，テキサス州やカリフォルニア州の農場においてメキシコの農業労働者は主要な労働力となった。1942年以降，戦争による米国内の労働者不足を補うべく，米墨両政府間で「ブラセロ・プログラム（Bracero Program）」と呼ばれる一連の協定が締結された。彼らはこの協定に基づいて米国にやってきた農業労働者達であった。ブラセロ・プログラムがスタートした1942年から同プログラムが終了する1964年までの間に，約500万人のメキシコ人労働者が米国農場で雇用された[4]。彼らメキシコ人農業労働者は，賃金が非常に低く抑えられ，衛生状態が劣悪な住宅に住んでいた。さらに問題だったのは，彼らが農薬によって大きな健康被害を受けていたことである。第1章で説明したように，戦後，米国の農業では，農薬の使用量が飛躍的に増加した。農薬の空中散布や農薬が散布された農産物との接触，あるいは残留農薬が住宅の中にまで流入したことなどにより，農業労働者の健康被害は甚大であった（Knupfer, 2013）。

　労働活動家で公民権運動の指導者でもあったシーザー（セサル）・エストラーダ・チャベス（César Estrada Chávez）が指揮したUFWは[5]，1965年以降，賃金の引上げや労働環境の改善を要求し，ストライキやデモ行進，不買運動などの抗議活動を実施した。不買運動に関していえば，1966年から1973年までの間，消費者にブドウやレタスの不買を訴え続けた。こうしたUFWによる不買運動に対して，慣行食品スーパーのほとんどは「消費者の選択の自由」を盾に賛同しなかった。一方，ニューウエーブ食品生協は積極的に不買運動に協力した（Knupfer, 2013）。このように，大量消費社会・物質主義に反抗したニューウエーブ食品生協が自然・有機食品を積極的に取り扱ったのは，単に商品の品質に配慮したためだけではなかった。ニューウエーブ食品生協は，自ら取り扱う商品が体現する価値観や政治的意味をも重視していたのである。

　より良い生き方・働き方の実現という高尚な理念を掲げたニューウエーブ食品生協のすべてが，小売機関として市場で生き残れたわけではない。むしろ，その多くは経営不振により解散に追い込まれた（Zwerdling, 1979; Cox, 1994; Knupfer, 2013）。市場で生き残り，有機食品生協へと発展を遂げたニューウエーブ食品生

---

4　UCLA Labor Center, "The Bracero Program"（https://www.labor.ucla.edu/what-we-do/research-tools/the-bracero-program/，最終アクセス日：2019年9月20日），およびKnupfer（2013）による。
5　UFWは，1962年「全国農業労働者協会（National Farm Workers Association: NFWA）」として設立され，1967年「農業労働者組織化委員会（Agricultural Workers Organizing Committee: AWOC）」と合併して「統一農業労働者組織委員会（United Farm Workers Organizing Committee: UFWOC）」となった。その後，1971年にAWOCと分かれ，米国労働総同盟産別会議（AFL-CIO）による認可を得てUFWという名称に変更した（吉木, 2014）。

協の経営手法にはどのような特徴があったのだろうか。以下では，この問いについて，オレゴン州ポートランド市で最も歴史が古く，また，今日まで生き残っている2つのニューウエーブ食品生協のうちのひとつであるピープルフードコープに関する事例研究を通じて説明する。

第**2**節
## ピープルフードコープの誕生[6]

### 1. ピープルフードコープの概要

　ピープルフードコープは，鮮肉や鮮魚を販売しないベジタリアン有機食品生協であり，店舗をひとつしか保有していない。現在店舗として利用されている建物は2階建ての木造建物であり，1階が店舗，2階がヨガや各種会合を行うスペースとなっている。ピープルフードコープの店舗面積は2172平方フィート（202㎡）と非常に狭いが[7]，1平方フィート当たりの年間売上高は2600ドルにも上り，米国の食品小売業で販売効率が非常に良いといわれている「トレーダージョーズ（Trader Joe's）」の1平方フィート当たりの年間販売額1750ドルを大きく上回っている。全米の食品生協の1平方フィート当たりの年間売上高が1000ドルであることを考えると，ピープルフードコープの販売効率が驚異的に高いことがうかがえる[8]。

　ピープルフードコープの組合員は，メンバーオーナー（Member-Owner）と呼ばれている。メンバーオーナーになるためには「ピープル株（PeopleShare）」に投資する必要がある。ピープル株は180ドルであり，年間30ドルずつの分割払いができる。また，最初の30ドルを支払った時点でメンバーオーナーの権利・ベネフィットのすべてを享受することができる。メンバーオーナーの権利・ベネフィットについて，ピープルフードコープのパンフレットの冒頭には次のような

---

6　ピープルフードコープの歴史に関する説明は，People's Food Co-op (2017), *Annual Meeting History Presentation Outline*（以下，*People's History Presentation* と略す），および Brown, M. D. (2011) による。*People's History Presentation* は，2017年にピープルフードコープの組合員になった筆者が組合総会に参加した際に，ピープルフードコープより配布された組合員向けの教育資料である。

7　ピープルフードコープの店舗面積は，*People's Food Co-op Annual Report 2016*（『ピープルフードコープ2016年年次報告書』），および *People's History Presentation* から筆者が計算したものである。

8　ピープルフードコープおよびトレーダージョーズ，全米の食品生協の販売効率に関するデータは *People's History Presentation* による。

記載がある。「ピープルフードコープのメンバーオーナーになることの最大のメリットは、地元経済の振興や倫理的な消費、人々の間の協力関係を支援する独立系かつコミュニティ所有のビジネスの共同所有者になることにより、心の平安を得られる点にある」。パンフレットにはさらに5つのベネフィットが列挙されている。(1)スペシャルクーポン券とコミュニティルームのレンタル料割引、四半期ごとに発行されるニュースレター *Grassroots*（『グラスルーツ』）を受け取ることができる。(2)店内でボランティアとして働くことにより、商品購入金額の最大15%にあたる割引を受けられる。(3)無料のヨガクラスに参加できる。(4)配当金を受け取る権利を付与される。(5)理事を選出する権利、さらに、店舗の増床など重要な意思決定に関する投票権を与えられる。実際のところ、スペシャルクーポン券は年に2回ほど店内商品価格の15%割引を享受できる程度のものであり[9]、配当金も出ない年が多い。このことからも、人々がメンバーオーナーとなる理由は、安く商品を買えたり、配当金をもらったりすることにはないと考えられる。むしろ、ピープルフードコープの特徴的な取扱商品に惹き付けられ、同生協の理念に賛同するからこそ、多くの人がメンバーオーナーとなっているのである。

　2015年、ピープルフードコープのメンバーオーナーの数は1万人に達した[10]。2016年の売上高は564万6335ドルであり、そのうち70%はメンバーオーナーに対する販売であった。同年、売上高営業利益率は1.5%であった。

　2016年の資本（equity）は178万3743ドル、負債（liabilities）は26万8254ドルであった。自己資本比率は86.9%と高い水準を維持しており、経営が非常に安定していることがわかる[11]。ピープルフードコープは、自らの店舗および土地を所有しており、このことは、同コープの経営安定に大きく寄与している。2016年、メンバーオーナーには配当金が出なかった。『ピープルフードコープ2016年年次報告書』には「2017年や2018年もおそらく配当金は出ないであろう」と明記されている。

　図6-1は、ピープルフードコープの組織図である。ピープルフードコープでは、メンバーオーナーが理事会メンバーを選出し、理事会が経営方針を決定する。実際の店舗の運営は、バイヤー、青果部門、レジ・接客、店舗運営、人事、

---

9　筆者が2017年にメンバーオーナーになった経験による。
10　ピープルフードコープの組合員数および経営業績に関するデータは、『ピープルフードコープ2016年年次報告書』, *People's History Presentation,* およびピープルフードコープのウェブサイト（https://www.peoples.coop/peoples-history, 最終アクセス日：2019年7月4日）による。
11　ピープルフードコープの資産・負債に関するデータは、『ピープルフードコープ2016年年次報告書』による。

財務，コミュニティ・エンゲージメントという 7 つの部門で構成されるコレク
ティブ・マネジャー・チームが担っている。2016 年，フルタイムおよびパート
タイムの従業員が 30 人雇用されていた[12]。2016 年ピープルフードコープの店員
の最低賃金は時給 13 ドルであり[13]，これは，同年 7 月にオレゴン州が定めたポー
トランド大都市圏の最低賃金 9.75 ドルを大きく上回っていた。

　ピープルフードコープ自らがウェブサイトで宣言しているように，同生協は，
価値主導型（values-driven）の組織である。ここでいう価値とは，店舗が立地す
るコミュニティおよび食料品，農業生産に不可欠な土壌，職場をより良いものに
することである。こうした理念に基づき，ピープルフードコープは，多くの有機
食品流通企業と同じように，様々な人権擁護組織やコミュニティ振興団体に対し
て経済的支援を提供している。また，低所得者層が栄養価の高い食品を購入でき
るような取り組みを実施している[14]。2016 年，ピープルフードコープは，協同組
合を含む様々なコミュニティ振興団体に 8202 ドルを，アフリカ系米国人や

図 6-1　ピープルフードコープの組織図（2017 年）

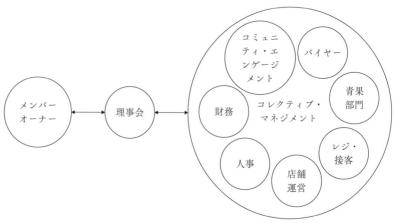

出所：資料 "How Does People's Work?"，および Naoki Yoneyama に対する筆者の電子メールインタビュー調
　　　査（調査日：2019 年 7 月 6 日）により筆者が作成。資料 "How Does People's Work?" は，2018 年 1 月
　　　13 日にピープルフードコープが開催した当該コープの運営方法に関する勉強会における配布資料であ
　　　る。

---

12　ピープルフードコープのウェブサイト（https://www.peoples.coop/who-we-are，最終アクセ
　　ス日：2019 年 7 月 3 日）による。
13　Annie LoPresti に対する筆者のインタビュー調査（調査日：2017 年 9 月 25 日）による。
14　2016 年ピープルフードコープが提供した支援に関する説明は『ピープルフードコープ
　　2016 年年次報告書』による。

LGBT などの人権擁護団体に 1 万 983 ドルを寄付した。さらに，ピープルフードコープが毎週水曜日に開催している「ピープルフードコープ・ファーマーズマーケット」では，補充的栄養支援プログラム（Supplemental Nutrition Assistance Program: SNAP）[15] の受給者に対し，購入金額に応じて最大 10 ドルを支援する取り組みを行っている。

## 2. ピープルフードコープの誕生：典型的ニューウエーブ食品生協

　ピープルフードコープの前身は，1960 年代後半に，ポートランド市に立地するリード大学（Reed College）の学生が設立した自然食品・有機食品の共同購買クラブ「SE フードコンスピラシー（SE Food Conspiracy）」である。1970 年，SE フードコンスピラシーのメンバー達は，非営利団体「ピープルフードストア（People's Food Store）」を設立して店舗の運営を始めた。2000 年，ピープルフードストアは，生協法人（co-op）に組織変更を行い，名称もピープルフードコープへと改められた。

　SE フードコンスピラシーおよび後にオープンした生協の店舗が立地するポートランド市のホスフォードアバナシー住区（Hosford-Abernathy）は，ポートランド市の南東部に位置し，労働者階級のイタリア系移民が多く居住する地区であった。1960 年代のホスフォードアバナシー住区は，多くの米国都市都心部にあった労働者階級住区と同じようにさびれていた。その原因は 2 つあった。ひとつは，これまた多くの米国都市と同じように，第二次世界大戦後，住区に住んでいた家族の多くが郊外の住宅地に引っ越したからである。もうひとつは，1955 年以降，オレゴン州高速道路局が当該住区の近くに「マウントフッド高速道路（Mount Hood Freeway）」を建設する計画を提案し，その検討が 1970 年代半ばまで続けられたからである。住区に居住する住民や住区に立地する企業の多くは，他の地区に移転したり，店舗を閉鎖させたりした。一方，家賃が非常に安く，空き家が多くあったホスフォードアバナシー住区は，リードカレッジの学生達を惹き付けた。彼らは，ホスフォードアバナシー住区の空き家を共同で賃借し，共同生活を始めた。こうした学生達約 200 人が中心となり，SE フードコンスピラシーは設立されたのである。

---

15　米国農務省（USDA）は，低所得者が栄養面で優れた食事を摂ることを推進するべく，低所得者向けの補充的栄養支援プログラム（SNAP）を実施している。SNAP の前身はフードスタンプ・プログラムであり，「2008 年農業法（2008 Farm Bill）」の施行にともない名称変更が行われた。

　SE フードコンスピラシーの目的は，(1)営利企業とは異なるオルタナティブな組織をつくり，(2)健康に良い食品を提供し，(3)環境保護に配慮する食品供給組織をつくることにあった（Brown, M. D., 2011）。1969 年 8 月，SE フードコンスピラシーは，完全なるボランティアによって運営される食品生協の店をオープンする計画を発表した。ポートランド市における当時の主要なアンダーグラウンド新聞 *Willamette Bridge*（『ウィラメットブリッジ』紙）1970 年 8 月 21-27 日号には，次のような募金広告が掲載されている（*Willamette Bridge*, August 21-27, 1970, p. 22）。

　　　ピープルフードストアは，ローコストかつ完全ボランティア運営による食品生協です。店舗は，店で働く人と店の利用者自身によってコントロールされます。SE フードコンスピラシーのメンバー 200 人は，より多くの地元の人々が生協を利用してくれるようになり，生協で取り扱う商品の種類を広げていくことを目指しています。今，私達はカンパを募っています。4 ドルのメンバー費を支払うことでピープルフードストアを支援してください。より高額の貸付や寄付についても，のどから手が出るほど必要としています。

　1970 年 9 月 29 日，SE フードコンスピラシーは非営利団体「ピープルフードストア」を設立した。2 カ月後の 11 月 8 日，ホスフォードアバナシー住区で長らく閉店したままであったイタリア食料品店の空き店舗を賃借し，生協の店舗をオープンさせた（写真 6-1）。

　取扱商品に関して言えば，ピープルフードストアはその誕生から一貫して「缶詰・ブラウンライス論争」における「ブラウンライス派」であった。この点について，ピープルフードストアの誕生初期からの組合員であり，かつボランティアとして積極的に店で働いた経験を持つポリー・デフリー（Polly Defries）は次のように述べている[16]。ピープルフードストアで取り扱う商品は，店で働く人達が決めていた。「店の品揃えは，お金に困らない中産階級家庭で育てられ，お金に興味がない白人の若者のニーズにあったものであった」。労働者階級の住民や家庭の主婦，年配の住民が店にやってくることは少なかった。彼らは，「タバコやアイスクリーム，肉」を求めるために店に入ってくるものの，そのような商品が全く置かれていないことがわかるやいなや，すぐに店を出ていったとデフリーは

---

16　"Food Conspiracies: Cooped Up in the Counter Culture?," *Portland Scribe*, November 17-23, 1972, p. 3 による。

写真 6-1　1970 年代のピープルフードコープ

写真提供：People's Food Co-op.

回想している。

　オープン前の広告でも宣伝されていたように，ピープルフードストアで働く人は全員ボランティアであった。それが原因のひとつともなり，店は毎週水曜日と土曜日，日曜日の 3 日間のみしか営業していなかった。店の商品は，仕入れ原価に 5% の利潤を上乗せして販売されていた[17]。

　ピープルフードストアの主要な顧客は，2 つのニーズを持つ若者達であった。すなわち，(1)資本主義経済モデルにとって代わるような新しい経済モデルをつくりたい若者達，(2)全粒穀物や量り売りのナッツなど，加工の程度が低い食料品を手ごろな価格で買いたい若者達，またはこれらの 2 つのニーズを同時に併せ持つ若者達であった[18]。

---

17　*People's History Presentation* による。
18　同上。

## 3. 順調な滑り出し

　開店当初のピープルフードストアは，大学関係者やヒッピー達から大きな支持
を集めることに成功した。その理由は主に 2 つあった。ひとつは，これらの人々
がピープルフードストアのことを「自分達の作品」として見ていたためである。
設立初期からの組合員であるミナ・ルーミス（Mina Loomis）は，当時の組合員
達がピープルフードストアのオープンに際して感じた感動について後に次のよう
に回顧している（Brown, M. D., 2011, p. 303）。「ピープルフードストアは私達の
作品であった。私達組合員は，たとえ組合員になったばかりだったとしても，ま
た理事でなかったとしても，ピープルフードストアが開店したことをとても誇り
に感じていた。（中略）ピープルフードストアは，本社が遠く離れた場所にある
知らない誰かの店ではなく，まさに私達自身の店であった。私達は自分達の店に
対して本当に愛着を持っていた」。

　ピープルフードストアが大学関係者やヒッピーから大きな支持を集めた 2 つ
目の理由は，その安さにあった。自然・有機食品を取り扱う小売店は価格が高い
と思われがちであるが，この点は，1960 年代後半から 1970 年代にかけての
ニューウエーブ食品生協には必ずしも当てはまらなかった。その要因は 4 つあっ
た。第 1 に，ピープルフードストアでは，広告宣伝費や快適な店舗づくりのた
めのコスト，駐車場の建設・維持費がかからなかった。また，ボランティア店員
によって運営されていたため人件費が低く，利ざやも低い水準に抑えられてい
た。低い水準の利ざやは，1960 年代から 1970 年代にかけて，ニューウエーブ食
品生協一般に見られた特徴であった（Zwerdling, 1979; Cox, 1994）。第 2 に，当
時慣行食品スーパーが販売促進に最も力をいれていた利益率の高い加工食品と比
べると，ニューウエーブ食品生協が主として扱った加工度の低い食料品は価格が
安かった[19]。実際，ニューウエーブ食品生協の組合員の中には，加工食品の消費
を減らし，新鮮な青果物や穀物を多く摂取するようになった人が少なくなかっ
た。こうした食生活の変化は，彼らの食費支出の削減にもつながった（Zwerdling,
1979）。第 3 に，ニューウエーブ食品生協は，不揃いで傷のある青果物やナッツ
類を積極的に取り扱っていた（Zwerdling, 1979）。第 4 に，「もっと多く買おう」
という慣行食品スーパーによる販売促進のメッセージとは異なり，ニューウエー
ブ食品生協は「シンプルな生活を送ることで，必要なもの・必要な量しか買わな
いようにしよう」というメッセージを組合員に伝えていた。量り売りは生協にお

---

19　第二次世界大戦後の米国では，加工食品に占める原材料の農産物のコストが低下し続けた。
　　この点については，本書第 1 章を参照されたい。

ける主要な販売手法であった。

第3節
## ピープルフードコープの倒産危機と再生

　開店当初，大学関係者やヒッピー達に大いに支持されたピープルフードストア
であるが，その後も順風満帆な経営を続けてきたわけではない。ピープルフード
ストアは，3回も経営危機に陥り，そのたびに閉店が検討された。ピープルフー
ドストアの成長のプロセスは，経営危機に陥るたびに，戦略見直しおよび組織改
革を実施してきたプロセスでもある。

### 1. 最初の経営危機と変革：「ボランティア組織では経営が困難」

　ピープルフードストアが開店して半年がたつと，ボランティア店員のみによる
店舗経営は早くも行き詰まった。1970年当時，労働時間数がまちまちのボラン
ティア店員10人から15人で運営されていたピープルフードストアは，慢性的
な店員不足により，週3日しか営業できなかったばかりか，その3日間さえ休
業となることが多かった。こうした事態は，店舗利用客の不満を招いた[20]。一
方，利用客の批判に対して，ピープルフードストアのボランティア店員は以下の
ように反論した（"Peoples Food," *Willamette Bridge*, March 25-31, 1971, p. 10）。

　　　ピープルフードストアにおいて，「いわゆる顧客（"customer"）」と私達ボ
　　ランティア店員を唯一区別しているのは，時間をつくってこのストアに労力
　　を投下しているかいなか，という1点だけである。ピープルフードストア
　　は，非営利の食品生協である。みんなで協力することによって，自己中心的
　　で，権力志向で，金銭志向の既存店とは異なる新たな店をつくれるのだと多
　　くの人が信じなければ，ピープルフードストアは存続することができない。
　　（中略）ピープルフードストアが必要としているのは，その運営に対して自
　　らすすんで創造的エネルギーを投入しようとする人々である。

　ピープルフードストアが店舗としての機能を果たし，週3日以上の営業を維
持するための方策について組合員達が議論した結果，マネジャーと店員を雇用す

---

20　*People's History Presentation*，および "Peoples Food," *Willamette Bridge*, March 25-31, 1971, p. 10
による。

べきであるとの意見が過半数の支持を得た。こうしてピープルフードストアは，月 100 ドルの賃金で 2 人のマネジャー，さらに数人の店員を雇うこととなった[21]。ボランティアのみによる運営というピープルフードストアの組織形態は，開店して 1 年も経たないうちに変更を余儀なくされたことになる。もっとも，1970 年オレゴン州の法定最低賃金が時給 1.25 ドルであったことを考えると，月 100 ドルという賃金は，1 日 8 時間労働として 10 日分の賃金にしか相当しない。こうしたデータからも，ピープルフードストアの店員の給与水準が法定最低賃金レベルであったことがわかる。

　営業日数が増え，人件費が発生するようになった一方，年間 4 ドルの組合員年会費は店舗オープン後いつの間にか徴収されなくなっていた。ピープルフードストアは，店舗の販売管理費をカバーするために，利ざやを 5% から 20% に引き上げざるを得なかった（Brown, M. D., 2011）。店の経営に関する重要な意思決定は，組合員が会合を開いて議論し，投票で決めることになっていた。しかし，組合員年会費が徴収されなくなっていたため，もはや誰が組合員であるのかさえ判断できなくなっていた。結果として，組合員の会合に積極的に参加する人達のみが，ピープルフードストアの経営に大きな影響を及ぼすという状態が続いた。

　こうした運営を続けていたピープルフードストアに対して，1972 年，店舗の不動産オーナーから，同店舗を購入しないかとの打診があった。オーナーが提示した売却価額は 1 万 3000 ドルであった[22]。1970 年，オレゴン州の住宅販売価格の中央値は 1 万 5400 ドルであった[23]。1970 年当時すでにオレゴン州最大の都市であり，第二都市であったユージン市（7 万 9028 人）の 4 倍を超える人口を抱えるポートランド市（38 万 2619 人）において，1 万 3000 ドルという不動産売却価格がいかに安いものであったかは明らかである。それは，ピープルフードストアが立地するホスフォードアバナシー住区の凋落状況をも物語っていた。

　店舗の購入に関して，組合員会合では反対と賛成両方の意見があがった。購入に反対した組合員達は，不動産を購入してしまうと，老朽化した建物の維持費・修繕費すべてを負担しなければならず，店舗の売上でそれらのコストをカバーできるかという点について不安を感じていた[24]。一方，購入を支持した組合員達

---

21　"Food Conspiracies: Cooped Up in the Counter Culture?" *Portland Scribe*, November 17-23, p. 3 による。

22　*People's History Presentation*, および Brown, M. D.（2011）による。

23　Census of Housing による。

24　"Food Conspiracies: Cooped Up in the Counter Culutre?" *Portland Scribe*, November 17-23, 1972, p. 3 による。

は，ピープルフードストアが長期的に生き残るためには，店舗を購入する以外に
道がないと考えていた（Brown, M. D., 2011）。組合員会合での投票の結果，店舗
の購入が決まった。分割払いの頭金を調達するため，マネジャーと店員は，買い
物に訪れる人々に寄付を呼び掛けた。結果，寄付金および個人からの借金でどう
にか頭金を集めた[25]。こうして 1972 年，ピープルフードストアは，ポートラン
ド市内に店舗を所有する最初の生協となり，1977 年には借金および住宅ローン
を完済した[26]。借金とローンの返済資金は，建物の 1 階部分を占める店舗の営業
利益と，2 階の空き部屋の賃貸料によって賄った（Brown, M. D., 2011）。

## 2. 2 回目の倒産危機と再生：直接民主主義から代表民主主義への変更

　1980 年代に入ると，ピープルフードストアの経営状況は再び悪化した。原因
は環境要因および組織上の問題の両方にあった。環境要因としては，マウント
フッド高速道路の建設計画の影響が挙げられる。1955 年から検討され始めた同
計画は，1969 年，州間高速道路「ノース 80 号線（Interstate 80 North）」に指定
されたことで一度は建設が現実的なものとなった。しかし，市民による激しい反
対運動により，1974 年ポートランド市議会は当該高速道路の建設に対する支持
を撤回するに至った。1976 年，米国運輸省は，当該高速道路に割り当てた建設
費を他の交通整備プロジェクトに使うことを許可した。こうして，ピープルフー
ドストアが立地するホスフォードアバナシー住区の近くを通る高速道路ノース
80 号線の建設計画は，約 20 年におよぶ検討を経て，最終的に実施されないこと
が決まった。しかし，この 20 数年の間，高速道路の建設予定地に隣接するホス
フォードアバナシー住区は，他の類似する米国都市の住区と同じように，住民の
転出や地元企業の移転・廃業により凋落の一途をたどった。ポートランド市の地
元新聞最大手 *The Oregonian* によると，マウントフッド高速道路の建設計画が近
隣の住区に及ぼした負の影響は 1980 年代まで続いたという[27]。

　一方，ピープルフードストアの組織的問題としては，意思決定機関としての理
事会や明文化された経営方針が存在しなかったこと，また，従業員とボランティ
ア店員の数が足りなかったことが挙げられる。1980 年 2 月，ピープルフードス
トアを辞職したマネジャーは，ピープルフードストアのニュースレター *The Peo-*

25　*People's History Presentation,* および "Food Conspiracies: Cooped Up in the Counter Culture?,"
　　*Portland Scribe*, November 17-23, 1972, p. 3 による。
26　*People's History Presentation,* および Brown, M. D.（2011）による。
27　Tim Sullivan（2003）, "United on Division Streetborhood's New Vitality," *The Oregonian*, Sep-
　　tember 29, 2003, B2.

*ple's Corner*（『ザ・ピープル・コーナー』）で，ピープルフードストアの問題について次のように述べている（Brown, M. D. 2011, p. 307）。

　　まず何よりも，マネジャーとして店舗運営と戦略立案をする際に依拠できるような明文化された目的や目標，定款，ガイドラインが何ひとつ存在しないことが問題であると思う。（中略）また，組合員と店舗の利用者は，店でボランティア労働をすることで割引価格を享受するより，高い価格を支払ってでもボランティアをしたくないと考えているようである。結果としてマネジャーは日々，緊急事態や商品の陳列，販売業務に忙殺され，店舗の運営を管理することができずにいる。

　マネジャーが店舗運営全体を計画・監督することができず，常に人手不足のピープルフードストアでは，掃除さえ行き届かず，仕入れなどの業務がシステム化されることもなかった[28]。1980 年，問題の解決案を検討するために組合員達が議論した結果，理事会を設立することが決まった。直接民主主義（direct democracy）から代表民主主義（representative democracy）へと組織が変更されたのである[29]。

　1980 年代前半，ピープルフードストアの理事会は[30]，5 つの重要な意思決定を行った[31]。第 1 に，雇用する店員の数を増やし，店舗の運営をボランティア店員に依存するようなそれまでの経営方法を抜本的に改めた。それと同時に，ボランティア店員の職務およびその報酬を明確化した。ボランティア店員の仕事は，各種委員会の手伝いや清掃，商品補充，チーズカット，仕入れ先での商品受け取り等に定められた。またその報酬は，着任後最初の 3 カ月間は買い物の 12% の割引，その後も働き続ける場合は 15% の割引を享受できることとされた。こうしたボランティア店員の職務および報酬は今日もなお採用され続けている。

　第 2 に，組合員の資格を明確化した。また，ピープルフードストアの資金の充実を図るべく，1983 年，組合員年会費 15 ドルの徴収を再開した。年会費は，

---

28　*People's History Presentation* による。
29　1970 年代，ピープルフードストアには一時的に理事会が設置されたが，知らないうちに消滅した。*People's History Presentation*，および Brown, M. D.（2011）による。
30　当時の理事会メンバーの人数は，ピープルフードストアの歴史に関する文書資料に記録されていない。
31　Annie LoPresti に対する筆者のインタビュー調査（調査日：2017 年 9 月 25 日），および Brown, M. D.（2011）; *People's History Presentation* による。

ニュースレターの印刷・郵送料，店舗の修繕，新設備の購入などに充てられることが明文化された。

第3に，組合員会合と理事会それぞれの役割を定義した。前者がピープルフードストアのミッションおよび長期目標の検討を行う一方，後者はより短期的な目標の策定および店舗運営の方針を決定することとなった。

第4に，ピープルフードストアとしての新たな目標を打ち出した。多くのニューウエーブ食品生協と同じように，ピープルフードストアはその誕生期から「人々のための食品であり，利益のための食品ではない（Food for People, Not for Profit）」というスローガンを掲げていた。このスローガンに加えて「生き残るためには利益を出す必要がある」という新しい目標を定めたのである。慣行食品スーパーとは異なる食料品提供組織を維持するためには，ある程度利益を追求する必要があるとした理事会の意思表明は，ピープルフードストアにとって極めて重要な変化であった。

第5に，店舗の利益を出すことを目指した理事会は，1983年，当時経営業績の良い食品生協として知られていた「アッシュランド食品協同組合（Ashland Food Cooperative）」で3年間マネジャーを務めたホリー・ジャービス（Holly Jarvis）をマネジャーとして新たに雇用した。

マネジャーに着任したジャービスは，ピープルフードストアの店舗運営について5つの改革を行った（Brown, M. D., 2011）。すなわち，(1)店頭で収集した顧客の要望および販売状況に基づいて取扱商品の種類・選択肢を増やした一方，販売量に応じて仕入れ量を厳格に管理する手法を導入し，(2)従業員による接客態度を改善し，(3)商品を見やすく，出し入れしやすい冷蔵庫を新たに設置し，(4)棚割りを変更し，(5)シンプルで使いやすいレジスターを導入した。1985年，ピープルフードストアは黒字経営を実現した。しかしその一方，同年秋にジャービスは転職し，ピープルフードストアを去っていった。ジャービスが辞めて以降は，ピープルフードストアはマネジャーを雇うことはせず，フルタイム従業員が共同で店を運営する形で営業を続けた。1989年，ピープルフードストアは店舗の南側に隣接する空き地を購入した[32]。

## 3. 3回目の危機と再生：有機食品専門店との競争

1980年代半ばに黒字経営を実現したピープルフードストアは，1990年代前半

---

32 *People's History Presentation* による。

に入るとまたも経営危機に陥った。危機を招いた原因として，内部要因と環境要因の 2 つが考えられた。経営危機に陥ったピープルフードストアは，店舗運営について再び改革を断行し，その後同生協が有機食品生協へと成長していくための基礎を築いた。

### 組織管理・店舗運営上の問題[33]

　1991 年はじめ，ピープルフードストアの従業員は，ピープルフードストアが多額の負債を抱えていること，そして仕入れ代金の支払いが 16 週間から 18 週間ほど遅れていることに気付いた。こうした多額の負債が生じた原因について，ピープルフードストアの歴史に関する史料や研究には一切の記述が存在しない。このことからも，当時のピープルフードストアには経理を担当する専門家がおらず，売上や支出について詳細に記録したり，チェックするためのシステムがなかったことがうかがえる。

　負債金額があまりにも多額であったため，店舗を共同で管理・運営していた従業員達は，議論と投票を経て，組合員会合に対して閉店を進言した。ところが，当時ピープルフードストアでボランティア店員として働き始めたばかりのデビッド・ルーカス（David Lucas）は，自分に経営再建を一任してほしいと組合員達を説得した。当時の従業員達は，1 人を除き全員が辞職してピープルフードストアを去った。ルーカスは，新たにパブロ・ケニソン（Pablo Kennison）とミア・ヴァンメーター（Mia Van Meter）を従業員として雇い入れ，4 人でピープルフードストアの経営再建に取り組むこととなった。

　ルーカスらは主に 3 つのことを実行に移した。第 1 に，ヴァンメーターは，自らの職務を遂行する傍ら，無償でピープルフードストアのすべての経理記録を整理し，新しいバランスシートを作成した。こうした作業を通じてヴァンメーターは，ピープルフードストアが負債を返済するためには，1 日当たり 1400 ドルの売上を実現しなければならないとの数値をはじき出した。第 2 に，ルーカスは，ベンダーと交渉し，取引を停止することはベンダーの利益にならないと説得して回った。そして，毎週売掛金の一部を支払い，時間をかけて債務を返済していくことに合意をとりつけた。第 3 に，ルーカスは，売上を毎日計算し，目標とする 1400 ドルに達したかどうかをチェックするようになった。と同時に，人手不足にもかかわらず新たな従業員を雇用することはせず，従業員が足りない時間帯は自らがボランティアとして働くことでカバーした。こうして 4 カ月後，

---

33　1991 年に発生した組織管理・店舗運営上の問題とその解決に関する説明は，*People's History Presentation*，および Brown, M. D.（2011）による。

負債は大きく減少し，新たな従業員を雇えるまでになった。翌年の 1992 年春には，1991 年に発覚した負債を完済した（Brown, M. D., 2011）。

**競争相手の出店**

多額の負債を返済し終えたピープルフードストアは，1993 年，新しい理事会メンバーを選出した[34]。ちょうど同じ時期，ピープルフードストアから 500 メートルしか離れていないところに，ポートランド市の地元有機食品スーパー・ニューシーズンズマーケットが大きな店舗を出店した。ピープルフードストアの売上は大きな落ち込みを余儀なくされた。実際，ニューシーズンズマーケットの開店から 1 カ月目，ピープルフードストアの売上は 20％ も減少した[35]。生協運動活動家でジャーナリストのクレイグ・コックスが指摘したように，自然・有機食品を主力商品としていたニューウエーブ食品生協のライバルは，その誕生から一貫して，慣行食品スーパーではなく，有機食品専門店・スーパーであった（Cox, 1994）。この指摘は，ピープルフードストアにも当てはまった。ニューシーズンズマーケットの開店にともない，ピープルフードストアの売上は下落し続けた。1993 年 7 月の組合ミーティングにおいて，理事，従業員，組合員の三者が閉店について議論したほどに，ピープルフードストアの経営状況は悪化した。

このときの危機からピープルフードストアを救った中心人物は，デビッド・ルーカスによって雇い入れられ，1993 年以降は青果部門の責任者となっていたパブロ・ケニソンであった。ケニソンは，有機青果物が有機食品の中でも最も多くの売上を誇る商品であることに目を付けた。青果部門の品揃えと質を充実させることが，有機食品小売店の集客に大きな影響を及ぼすと考えたのである。ケニソンは，ニューシーズンズマーケットよりもずっと店舗の狭いピープルフードストアにおいて，どのようにしたら集客力を向上させられるか思案した。その結果，ピープルフードストアが所有する店舗南隣の空き地において，ポートランド市初の「有機ファーマーズマーケット（all-organic farmers' market）」を開催するアイディアを思い付いた（Brown, M. D., 2011, p. 313）。1993 年当時，ポートランド市内にはファーマーズマーケットはひとつしかなかった。そのファーマーズマーケットは，1992 年クレイグ・モスベック（Craig Mosbaek）など 3 人の活動家により創設されたもので，毎週土曜日に 13 のテナントが集まって開催されていた。ただし，テナントの一部は有機農産物・畜産物を販売していなかった[36]。

---

34　*People's History Presentation* による。
35　同上。
36　Craig Mosbaek に対する筆者のインタビュー調査（調査日：2018 年 3 月 2 日）による。

　有機ファーマーズマーケットの開催というケニソンの計画に対して，従業員およ
び理事の中には，ファーマーズマーケットの存在がピープルフードストアの青
果物の売上を侵食するのではないかという不安を持つ者もいた[37]。こうした不安
の声に対してケニソンは，ポートランド市初の有機ファーマーズマーケットを開
催することは，ピープルフードストアをより多くのポートランド住民に宣伝する
良い機会であると説明した。また，有機ファーマーズマーケットを訪れる顧客
が，隣のピープルフードストアを訪れて組合員になったり，青果物以外の商品を
買ったりする可能性があると述べ，従業員・理事達を説得した。ケニソンはさら
に，有機ファーマーズマーケットの開催曜日についても工夫をこらした。当時の
ファーマーズマーケットは一般的に週末に開催されることが多かったが，ケニソ
ンはあえて水曜日の開催を決めた。週末はピープルフードストアの売上が最も高
い曜日である。売上がもっとも低い水曜日に開催することで，店舗の売上を伸ば
そうとしたのである。

　結果として，ピープルフードストア・ファーマーズマーケットは大きな成功を
おさめた。有機ファーマーズマーケットの人気ぶりを目にしたケニソンは，ピー
プルフードストア本体の青果部門の品揃えをも改めた。取り扱っていた数少ない
慣行栽培の青果物をやめ，完全に有機青果物のみを取り扱うことにしたのであ
る。1994年8月，ピープルフードストアの売上は，ニューシーズンズマーケッ
トが開店する前の水準に回復した（Brown, M. D., 2011）。水曜日に開催される
ピープルフードストアの有機ファーマーズマーケットは，今日もなお継続して開
催されている。

　順調に復調したピープルフードストアの売上高は，2000年には100万ドルを
超えた[38]。2000年3月，ピープルフードストアは，生協法人に組織変更を行い，
また，名称もピープルフードコープへと変更した。ピープルフードコープへの変
更にともない，ピープルシェアは組合員年会費へと代わった。また，組合員はメ
ンバーオーナーと呼ばれるようになった。

　2000年代に入り，ピープルフードコープは既存の店舗の増床を行った。その
際，多くのメンバーオーナーが寄付および貸付を申し出た。また，その工事作業
には多くの組合員・ボランティアが参加し，トウモロコシの穂軸をはじめとした

---

37　有機ファーマーズマーケットの開催計画をめぐる従業員・理事とケニソンの議論は，*People's History Presentation*，および Brown, M. D.（2011）による。

38　ピープルフードコープのウェブサイト（https://www.peoples.coop/peoples-history，最終アクセス日：2019年7月4日）による。

写真 6-2　トウモロコシの穂軸を使って建設工事をする建設業者とボランティア

写真提供：People's Food Co-op.

自然の材料を使うなど，環境保護を考慮した革新的な建築アイディアが多く取り入れられた（写真 6-2）。ピープルフードコープの店舗は，ポートランドにおいてトウモロコシの穂軸を建築材料として使用することが許可された最初の建物であった[39]。

第4節
### 分析
### 有機食品生協として生き残った理由

　高速道路の建設予定地に隣接する衰退した住区に立地し，専用の駐車場もなければ，配達サービスもなく，店舗面積も約 200 ㎡に過ぎない食品生協が，販売効率が極めて高い有機食品生協へと成長できたのはなぜなのか。ピープルフード

---

39　*People's History Presentation* による。

コープが成功をおさめた要因は，同組織が一貫して掲げてきた理念と，継続した改革の断行にあると考えられる。

## 1. 企業理念の影響

　ピープルフードコープは，多くのニューウエーブ食品生協と同じように，(1)シンプルな生活の提唱，(2)プラスチック的な食料品とは異なる本物の食料品の提供，(3)環境破壊や農業労働者の健康被害をなくすような食料品生産方法の支援という組織理念に基づき，自然・有機食品を主要取扱商品とする姿勢を堅持してきた。そのため，マスマーケットが自然・有機食品について認識すらしていなかった 1960 年代後半から 1980 年代にかけて，ピープルフードコープはマスマーケットのニーズに左右されることはなく，品揃えを変化させることもなかった。結果として，規模が非常に小さいピープルフードコープは，既存の慣行食品スーパーとの競争に巻き込まれず，自然・有機食品というニッチマーケットにおいて発展を遂げることができたのである。この点で，ピープルフードコープは日本の食品生協とは大きく異なる。

　また，多くのニューウエーブ食品生協と同じように，ピープルフードコープは，コミュニティのエンパワーメントを目的として設立された。そのため，他の住区の住民から生協店舗を望む声があがったときも，自らが支店を増やすのではなく，むしろその住区の住民達が自分達の手で生協を立ち上げるための活動を支援した[40]。多店舗展開を行わなかったピープルフードコープは，マスマーケットのニーズに対応する形で慣行食品をも取り扱わざるを得ないような状況に陥ることがなかった。こうした点も，ピープルフードコープが自然・有機食品の品揃えを堅持し，ニッチマーケットで成長を遂げることに寄与した。

## 2. 組織改革

　ピープルフードコープは，設立当初からの組織理念を堅持する一方，状況に応じて組織を変化させてきた。オープン当時はボランティア組織であったが，現在は理事会が意思決定を行い，30 人の従業員が共同で店舗運営を担っている。ピープルフードコープは，非ヒエラルギー的組織を維持しながら，経営計画やチェック機能を導入するとともに，店舗・部門全体の管理を担当するマネジャーあるいはサブ組織を採用してきた。持続的な組織改革を実施してきたという点におい

---

40　"People's Food Store Plans for Future," *Portland Scribe,* August 1-7, 1972, p. 3, および Cox（1994）による。

て，ピープルフードコープは，経営に失敗して姿を消した他のニューウエーブ食品生協とは一線を画していた（Zwerdling, 1979）。

　興味深いことに，数度にわたり廃業の危機に直面したにもかかわらず，ピープルフードコープには，その都度，危機から救ってくれるような人材が現れた。それは，ときにピープルフードコープ以外から雇われてきたマネジャーであり，ときにボランティア店員であり，フルタイム従業員であった。彼らには2つの共通する特徴が見られた。ひとつは，自らの職務以外の仕事や，必ずしも報酬をもらえないような仕事を自発的にこなした，という特徴である。もうひとつは，当時の食品小売業界における常識にとらわれることなくアイディアを創出し，それを実行した，という点である。こうした2つの特徴を有する人々がピープルフードコープに幾度となく出現したという事実は，全くの偶然の産物であったとは考えにくい。経営計画およびチェック機能を組織に導入しながらも，官僚制組織とは異なる非ヒエラルキー的組織を維持しようとしてきたピープルフードコープの意思決定の結果であると考えられる。

　官僚制組織の3つの特徴について，マックス・ウェーバーは次のように述べている。すなわち(1)組織の「目的を遂行するに必要な規則的な活動が，いずれも職務上の義務として明確な形で分配され」，(2)「この義務の遂行に必要な命令権力が，同じく，明確に分配され」，(3)職務活動は，「通常，つっこんだ専門的訓練を前提とする」という特徴である（ウェーバー, 1987, p. 7, p. 9）。

　Thompson（1969）は，官僚制組織内の人々は与えられた仕事しかやらず，創造性を発揮しにくいという問題について次のように指摘している。官僚制組織では，上司と部下の役割が決まっており，統制をしやすくするために職務が狭く定められ，責任が固定されている。さらに，金銭的報奨や降職を中央で管理することによって「上から下への鉄の規律を強化し迫力を持たせる」（Thompson, 1969, p. 17, 邦訳, 1970, p. 35）。このような組織では，多くの従業員は「仕事に喜び」を感じず，その創造性も大きく制限される（Thompson, 1969, p. 17）。

　Thompson（1969）と同じように，Dimock（1960/2018）および Whyte（1956/2002）も，官僚制組織が従業員の創造性を制限する問題を指摘している。Dimock（1960/2018）は，進取の精神に富む人は，「自立（independence）」を最も重視すると指摘している（p. 130）。自立とは，「仕事への取り組み方，自分自身の才能の使い方，さらにそのプロセスについて，自ら最善の方法を決定する権利を求める」ことを意味する（Dimock, 1960/2018, p. 132）。しかし，官僚制組織においては，多くの場合，こうした自立は与えられない（Dimock, 1960/2018）。

　また Whyte（1956/2002）は，多くのイノベーションが生まれたことで知られ

るゼネラル・エレクトリック（GE）の研究部とベル研究所（Bell Labs）について，その特徴を次のように指摘している。これらの企業は，従業員の「個性（individual differences）に対して最も寛容であり，また，非正統的なアイディア（off-tangent ideas）に対しても直ちに拒否するのではく，チャンスを与える」ことで有名だった（Whyte, 1956/2002, p. 403）。

　ピープルフードコープは，官僚制組織とは異なり，非ヒエラルキー的性格を持った組織である。流通業で専門的な訓練を受けたことのない「流通の素人」にも，しばしば店舗の経営を任せた。こうしたことが，独創的な従業員が新しいアイディアを大胆に実践できるような素地をつくると同時に，彼らのモチベーションを高めることにもつながったと考えられる。

## おわりに

　ピープルフードコープは特殊事例ではない。オレゴン州内で 2 番目に大きい州立大学であり，また州内で最も主要な農業教育・研究機関でもあるオレゴン州立大学が立地するコーバリス市にも，有機食品生協「ファーストオルタナティブ・ナチュラルフーズコープ（First Alternative Natural Foods Co-op）」が存在する。同生協の発展の歴史および同生協が発展を遂げた理由は，ピープルフードコープのそれと酷似している[41]。

　米国のニューウエーブ食品生協が，日本の食品生協とは異なる発展の道を歩んできた根本的な要因は，それらの生協が依拠する運動の性質がそもそも異なっていたことにあると考えられる。日本の食品生協は，大量消費社会自体に反抗する運動ではなく，むしろ大量消費社会における消費者の利益を保護するという消費者保護運動の一環であった。一方，ニューウエーブ食品生協は，大量消費社会・物質主義に反抗した運動であった。そのため，ニューウエーブ食品生協は，シンプルな生活という新しいライフスタイルを提案し，また，それに適合した品揃えとして自然・有機食品を積極的に取り扱うことができた。

　さらに，ニューウエーブ食品生協には，コミュニティ・エンパワーメントという設立目的があった。そのため，住民のニーズが異なる地域にまたがって大量出店するようなことはなかった。結果としてニューウエーブ食品生協は，マスマーケットのニーズに対応しなければならないという圧力から解放された。実際，今

---

41　Cindee Lolik に対する筆者の電子メールインタビュー調査（調査日：2019 年 7 月 13 日）による。

日米国において最大の組合員数を誇る有機食品生協 PCC コミュニティ・マーケットの組合員数は約 6 万人である[42]。これは，組合員数が 170 万人を超えるコープこうべと比べると非常に少ない[43]。特定の顧客層にターゲットを絞ったニューウエーブ食品生協は，有機食品生協へと発展を遂げた今日，有機食品スーパー以上に有機食品の品揃えにこだわっている。こうした品揃えにより，慣行食品スーパーだけではなく，有機食品スーパーとの差別化も実現している[44]。例えば PCC は，店頭に「いついかなる時も品揃えの 95% は有機食品（Our selection is 95% organic 100% of the time）」という看板を掲げている。青果部門のマネジャーを務めるジョー・ハーディマンは，「PCC が販売している惣菜に使われている食材は，ホールフーズマーケットのそれよりずっと高品質だ。その品質が顧客を惹き付けている」と誇らしげに語った[45]。

　ニューウエーブ食品生協は，自然・有機食品というニッチマーケットにおいて，流通の素人達が自由に発想し，革新的なアイディアを取り込み続けた結果，有機食品生協へと成長を遂げてきた。有機食品生協はまた，品揃えに占める有機食品比率の高さと食材の鮮度の高さにより，今日もなお有機食品スーパーとの差別化を図っている。

---

42　Joe Hardiman および Randy Lee に対する筆者のインタビュー調査（調査日：2018 年 1 月 30 日）による。
43　生活協同組合コープこうべのウェブサイト（https://www.kobe.coop.or.jp/about/organization/info.php, 最終アクセス日：2019 年 7 月 9 日）による。
44　Joe Hardiman と Randy Lee に対する筆者のインタビュー調査（調査日：2018 年 1 月 30 日），および Cindee Lolik に対する筆者の電子メールインタビュー調査（調査日：2019 年 7 月 13 日）による。
45　Joe Hardiman に対する筆者のインタビュー調査（調査日：2018 年 1 月 30 日）による。

# 第 7 章

# オレゴン州のファーマーズマーケット

## コーバリス・ファーマーズマーケットの事例

## はじめに

　ファーマーズマーケットは，有機農家が生産物を販売するための場として重要な機能を果たしている。米国農務省（USDA）が実施した「2015 年有機農業調査（2015 Certified Organic Survey）」の結果によると，2015 年，ファーマーズマーケットを含む直接流通を利用した認証有機農場の数は，有機認証を取得している農場全体の 36.0% にのぼったという[1]。USDA は，ファーマーズマーケットを「2 つ以上の農業生産者が特定の場所に定期的，継続的に集まり，農産物を最終消費者に直接販売する施設または場所」と定義しており[2]，卸売市場や自家農産物直売所と区別している。

　米国のファーマーズマーケットの発展は大きく 2 つの時期に分けられる。すなわち(1) 17 世紀後半の植民地時代から 1960 年代までのいわゆる「伝統的ファーマーズマーケット」の時期，および(2) 1970 年代以降のいわゆる「現代的ファーマーズマーケット」の時期である（Brown, 2001, p. 657）。それぞれの時期において，ファーマーズマーケットの設立者・運営者の特徴と運営方法，販売される商品，さらにファーマーズマーケットが果たす役割は異なる。

　伝統的ファーマーズマーケットが設置された主要な目的は，「安く，便利に」食料品を買う便宜を都市住民に提供することにあった（Pyle, 1971, p. 170. 強調は筆者による）。しかし，19 世紀終盤以降，伝統的ファーマーズマーケットの都市生活における重要性は低下し始め，1930 年代に入ると衰退した（Pyle, 1971; Roth, 1999; Brown, 2001）。その背景には主に 2 つの理由があった。ひとつは，

---

1　「2015 年有機農業調査」では，直接流通の具体的方法として，ファーマーズマーケットの他，自家農産物直売所（farm stands）やコミュニティ・サポート・アグリカルチャー（CSA），通信販売などが挙げられている。また，ここに挙げたすべての直接販売方法を同時活用している有機農家も多いことが，当該調査の結果から明らかになっている。

2　USDA, Local Food Directories: National Farmers Market Directory による。

輸送と保存技術の著しい発展であり，もうひとつは，食料品店と慣行食品スーパー（スーパーマーケット）の発達である（Roth, 1999; Brown, 2001）。農産物・畜産物の保存・冷凍技術が開発され生産物を長距離輸送できるようになると，気候や土地利用，灌漑インフラなどの面で農業生産に適した場所に農産物・畜産物の生産が集中するようになり（Brown, 2001），結果として生産地と消費地の分離が進んだ。また，慣行食品スーパーチェーンの発展により，農産物の卸売価格が非常に低い水準に抑えられるようになった（Brown, 2001）。こうした技術の変化と慣行食品スーパーチェーンの台頭に対して，商品を大量に供給することができず，コスト面で割高だった小規模農家は，競争に敗れざるを得なかった。1930年代半ば以降，小規模農家の離農が進んだ（Comptroller General of the United States, 1980）。その結果，地元農家が地元消費者に販売するファーマーズマーケットに代表されるような地産地消の食品供給システムは衰退し，大生産地の大規模農場と，彼らと消費地を結ぶ卸売業，食品店・スーパーマーケットからなる食品供給システムに代替されるようになった。

　食料不足に見舞われた第二次世界大戦中は，伝統的ファーマーズマーケットの衰退に一時的に歯止めがかかったように見えた。しかし，1940年代に米国西部における灌漑インフラ整備事業が完成したことや，1950年代と1960年代にかけて州間高速道路が建設されたことにより，戦後，伝統的ファーマーズマーケットの衰退は一層加速した。実際，1970年，全米のファーマーズマーケットの数は約340に過ぎなかった（Brown, 2001）。また，その多くは，テナントの募集に困り，食品以外の生産者・販売業者を入居させるマーケットも少なくなかった（Brown, 2001, 2002）。第二次世界大戦後から1970年代初頭までの間，米国経済学者や地理学者の多くは，「ファーマーズマーケットの役割はすでに終焉しており」，「近いうちに米国から消滅するだろう」と予言していた（Brown, 2001, pp. 656-657）。

　しかし，こうした予言に反して，米国のファーマーズマーケットは1970年代後半から再び増加し始めた（Brown, 2001）。その増加傾向は今日まで続いている。実際，全米のファーマーズマーケットの数を見てみると，1970年は約340であったが，1980年は1225（Brown, 2001），1989年は1890（Brown, 2001），1996年は約2400[3]，2019年は8771[4]にまで増加している。ただし，1970年代後

---

3　USDA (1998), Direct Marketing from Farmers to Consumers - A Growing Trend（https://www.aphis.usda.gov/animal_health/emergingissues/downloads/direct_market3.pdf，最終アクセス日：2019年9月22日）による。

半以降誕生したファーマーズマーケットの多くは，設立者と運営者，販売する商品，運営手法，マーケットが果たす機能などの点で伝統的ファーマーズマーケットとは大きく異なる。いわゆる「現代的ファーマーズマーケット」である。

　本章では，オレゴン州における現代的ファーマーズマーケットの特徴を，コーバリス・ファーマーズマーケットに関する事例研究を通じて明らかにする。コーバリス・ファーマーズマーケットは，オレゴン州内の人口3万人以上の主要都市で最初に設立された現代的ファーマーズマーケットであり，いまもなお高い集客力を誇っている。次の第1節では，オレゴン州のバック・ツー・ザ・ランダー達がコーバリス・ファーマーズマーケットを創設したプロセスを解説する。第2節では，コーバリス・ファーマーズマーケットの成功要因を説明する。第3節では，現代的ファーマーズマーケットが地域経済およびコミュニティの発展に及ぼす影響を分析し，最後に本章をまとめる。

## コーバリス・ファーマーズマーケットの誕生

　現代的ファーマーズマーケットの発展に対し，USDA をはじめとする政府機関の後押しはさして重要な役割を果たさなかった。たしかに，1976年に連邦法「1976年農家・消費者直接流通促進法（Farmer-to-Consumer Direct Marketing Act of 1976）」が制定されたことによる影響を見逃すことはできない。この法律の目的は，ファーマーズマーケットを含む，農家から消費者への農産物の直接流通を促進することにあった。しかし，この法律によって直接流通を促進するプログラムに与えられた補助金は，1977年度と1978年度のわずか2年間だけ措置されたものであり，その額も各年150万ドルに過ぎなかった[5]。実際，オレゴン州内で，同促進法による直接的な支援を受けて設立された現代的ファーマーズマーケットは，人口8000人未満の小さな港町ニューポート市（City of Newport）で1978年に開設されたファーマーズマーケットひとつのみであった（Landis, 2018）。このファーマーズマーケットは，「リンカーン・カウンティ中小農家連合（Lincoln County Small Farmers' Association）」が，オレゴン州立大学農業普及事業の支援

---

4　USDA-AMS-Marketing Services Division（2019），National Count of Farmers Market Directory Listings（https://www.ams.usda.gov/sites/default/files/media/NationalCountofFarmersMarket DirectoryListings082019.pdf，最終アクセス日：2019年9月22日）による。
5　PUBLIC LAW 94-463—OCT. 8, 1976 による。

を受けて開設したものである（Landis, 2018）。

　現代的ファーマーズマーケットが誕生した背景には，生産者側と消費者側の変化があった。生産者の側面では，バック・ツー・ザ・ランダーなど，慣行農産物を大量に生産する方法とは異なる手法で生産を行う農家が出現した。彼らは自らの生産物を販売するチャネルを開拓する必要があった。一方，消費者の側面では，化学薬品や石油に依存した生産手法と輸送手段によって遠く離れた生産地からはるばる運ばれてくる慣行食品とは異なる食品を求める人達が出現した。オレゴン州において，現代的ファーマーズマーケットの発展に最も重要な役割を果たしたのは，バック・ツー・ザ・ランダー達および地域コミュニティ振興にかかわった活動家達である。

　こうした経緯から，1970年代後半以降に誕生した現代的ファーマーズマーケットの多くは，地元産の農産物や有機農産物，減農薬や減化学肥料といった特別栽培の農産物を主要な販売商品と位置付けている。現代的ファーマーズマーケットは，そのテナントの多くが生産者であるため，中間流通業者を介さない分，相対的に安い価格で商品を消費者に提供している。この点は，伝統的ファーマーズマーケットの役割と類似しているといえよう。しかし，それ以上に重要なのは，現代的ファーマーズマーケットが，地元産の特徴的な食品や新鮮な食品，有機食品や特別栽培の農産物など，付加価値の高い食品を販売する役割を果たしている点である（Roth, 1999; Brown, 2002）。質の高い食品を販売することが，現代的ファーマーズマーケットの集客力の源泉ともなっている。

　1991年，オレゴン州ベントン・カウンティ[6]の郡庁所在地であり，また，オレゴン州立大学が立地するコーバリス市に現代的ファーマーズマーケットが誕生した（写真7-1）。これは，同州における人口3万人以上の主要都市で開設された最初の現代的ファーマーズマーケットであった[7]。本節では，コーバリス・ファーマーズマーケットが設立された経緯について説明する。

---

6　米国には，ベントンと名付けられたカウンティが複数ある。本書でいうベントン・カウンティは，すべてオレゴン州ベントン・カウンティを指す。

7　Linstrom（1978）は，1978年の時点でオレゴン州に12のファーマーズマーケットがあったと記している。ただし，これらのファーマーズマーケットの場所は記録されていない。1980年代終盤，オレゴン州における人口3万人以上の都市にはファーマーズマーケットが存在しなかったことから，Linstrom（1978）が記した12のファーマーズマーケットは小規模都市や農村部に立地していたことが推測される。

写真 7-1　コーバリス・ファーマーズマーケット（2017 年）

写真：筆者が撮影。

## 1. ベントン・カウンティ：バック・ツー・ザ・ランド・ムーブメント の中心地

　オレゴン州ベントン・カウンティはバック・ツー・ザ・ランダーがより多く移住したカウンティのひとつである。この点は，ハリー・マコーマック（Harry MacCormack）の証言によっても裏付けられている。

　マコーマック[8]は，1970 年にバック・ツー・ザ・ランダーとしてベントン・カウンティに移住し，その地で 2015 年まで農場「サンバウファーム（Sunbow Farm）」を経営していた。同氏は，有機農業を促進する非営利団体オレゴンティルスの創立者の 1 人であり，初代理事長を務めた人物である。マコーマックは，1970 年代ベントン・カウンティにおけるバック・ツー・ザ・ランダー達について次のように語っている（Harry MacCormack に対する筆者のインタビュー。調

---

8　ハリー・マコーマックの経歴に関する説明は，Harry MacCormack に対する筆者のインタビュー調査（調査日：2017 年 10 月 18 日，2018 年 8 月 6 日）による。

査日：2018 年 8 月 6 日）。

　　ベントン・カウンティは，1970 年代と 1980 年代に数多くのバック・ツー・ザ・ランダー達が集まった場所であった。私達バック・ツー・ザ・ランダーは，19 世紀にベントン・カウンティに入植した人々と同じように，自由を得るために，そしてコントロールされた状況から逃れるためにベントン・カウンティに移住した。バック・ツー・ザ・ランダー達は，私が所有するサンバウファームの納屋でオレゴンティルスを創設し，ニュースレター *The Tilth Newsletter*（『ザ・ティルスニュースレター』）を創刊した。オレゴンティルス有機認証プログラムは，いまや数百万ドル規模の大きなビジネスに成長している。

　コーバリス・ファーマーズマーケットは，バック・ツー・ザ・ランダー達の手で設立された現代的ファーマーズマーケットである。その設立プロセスにおいてマコーマックが最も重要な役割を果たした。

　マコーマックは，1941 年にニューヨーク州シェナンゴ・ブリッジ町（Town of Chenango Bridge）の中産階級の家庭で生まれた。父はコーネル大学を卒業後，エンジニアとして IBM に勤めていた。母は元教師であった。1957 年，父の仕事の関係でマコーマックはカリフォルニア州サンノゼ市に移住した。1960 年に高校を卒業した後，マコーマックはオレゴン州ポートランド郊外にあるルイスアンドクラークカレッジ（Lewis & Clark College）に進学し，哲学と英文学を専攻した。大学時代のマコーマックは人権運動に積極的に参加した。大学卒業後は，ロックフェラー財団から奨学金を獲得し，ハーバード大学大学院に進学。哲学と宗教学を学んだ。大学院在学中，作詩と社会運動に大きな興味を持ったマコーマックは，大学院を中退してアイオワ大学の作家育成プログラムに移籍した。アイオワ大学で最初の妻と出会い，結婚し，長女が生まれた。アイオワ大学での学びを終えたマコーマック夫妻は，ともにオレゴン州立大学において教職の仕事を得た。1960 年代終盤，マコーマック一家は，オレゴン州立大学の所在地であるオレゴン州コーバリス市に移り住んだ。1970 年，マコーマック夫妻はコーバリス市郊外に 8 エーカー（3.2 ヘクタール）の小さな農場を購入した。その 2 年後の 1972 年にオレゴン州立大学で仕事をする傍ら[9]，有機農法でトウモロコシや

---

9　マコーマックは，オレゴン州立大学での仕事を 2005 年まで続けていた。

ジャガイモ，ニンジンなどの野菜を生産し始めた。

　マコーマック自身によると，バック・ツー・ザ・ランド・ムーブメントに参加するようになったきっかけは3つあるという[10]。1つ目は，第二次世界大戦後，故郷シェナンゴ・ブリッジ町の劇的変化を目撃したことである。もともと農村地帯であったシェナンゴ・ブリッジ町では，住民が地産地消の生活を送っていた。実際，マコーマック一家も家庭菜園を所有しており，マコーマック自身，子供の頃は除草などの作業を手伝ったという。しかし，戦後同地区を通る高速道路が建設されると，慣行食品スーパーチェーン A&P 社が出店し，地産地消のライフスタイルが急速に消滅した。1957年，マコーマックは，父親の転勤でカリフォルニア州サンノゼ市に移住する。その地で彼は，シェナンゴ・ブリッジ町で目の当たりにした変化を再び経験することになる。これが2つ目のきっかけである。この時代の自らの経験について，マコーマックは以下のように振り返っている。「1950年代のサンノゼは，『世界のフルーツバスケット』と呼ばれ，どこに行っても果樹園ばかりだった。しかし，1950年代後半，毎週約3000家族がサンノゼに移住したと言われ，農地はものすごいスピードで消滅した」[11]。3つ目は，高校生のときの経験である。「カリフォルニアの大規模農場で農作業体験をしていたとき，頭の上から飛行機が農薬を散布してきたことがあった。僕は慌てて作物に身を隠した。その経験以降，農薬が農業労働者の健康に及ぼす影響について考えるようになった」[12]。

　有機農産物の生産を始めたマコーマックは，サンバウファーム近くの道路沿いに「トウモロコシ12本で1ドル」などと書いた看板を立て，その看板を見て農場を訪れた顧客に生産物を販売するようになった。生産量が増加するにつれ，マコーマックはコーバリス市内の2軒のレストランに有機農産物を販売するようになった。さらに1984年以降は，ニューポート市のファーマーズマーケットでも生産物を販売するようになった。

## 2. コーバリス・ファーマーズマーケットの設立

　1990年，ロナルド・スピッソ（Ronald Spisso）という人物がマコーマックを訪ねた。スピッソは，もともとニュージャージー州でデリカテッセンを経営して

---

10　Harry MacCormack に対する筆者のインタビュー調査（調査日：2017年10月18日，2018年8月6日）による。
11　Harry MacCormack に対する筆者のインタビュー調査（調査日：2018年8月6日）による。
12　Harry MacCormack に対する筆者のインタビュー調査（調査日：2017年10月18日）による。

いたが，1980 年代オレゴン州に移り住み，1990 年当時はオレゴン州立大学ビジネススクールの経営学修士課程の大学院生であった[13]。スピッソは，ベントン・カウンティの地域社会と関わりを持つ方法について，マコーマックに相談を持ち掛けたのである。マコーマックは，仲間のバック・ツー・ザ・ランダー達がベントン・カウンティの郡庁所在地であるコーバリス市のダウンタウンにファーマーズマーケットを設立したいと考えていることを話した。そして，ファーマーズマーケットの設立準備にスピッソを誘った[14]。こうしてマコーマックを含むバック・ツー・ザ・ランダー達 5 人とスピッソ，さらにコーバリス・ファーマーズマーケット創設の手伝いに名乗りを上げた有志 3 人が，コーバリス・ファーマーズマーケットのマーケティング・プランを作成するためにミーティングを開催するようになった[15]。これらの 9 人は，コーバリス・ファーマーズマーケットの創設者である。

　コーバリス・ファーマーズマーケットの創設者達は，全米の一般的なバック・ツー・ザ・ランダー達と同じように，多様な地域の出身者であった。また，学歴が高く，就農する前に農業以外の職業経験を持つ人が多かった[16]。例えば，創設者のうち 3 人のバック・ツー・ザ・ランダー達について見てみよう。マコーマックは大学院を中退し，農場サンバウファームを経営しながら，オレゴン州立大学で教師として働いていた。ダグ・エルドン（Doug Eldon）もまた，農場を経営しながら，学校教師の職を持っていた。さらに，ジョン・エヴランド（John Eveland）は，農場「ギャザリング・トゥギャザー・ファーム（Gathering Together Farm)」を経営しながら，レストランなどのビジネスを手掛けていた。有志として名乗りを上げた人達にも同様の特徴が見られる。例えば，既述の通り，スピッソは米国東海岸で食品関連ビジネスを経営した経験を持ち，オレゴン州立大学で経営学修士号（MBA）を取得するために勉強していた。別の有志，ラリー・ランディス（Larry Landis）は，歴史学修士号を持ち，当時オレゴン州立

---

13　ロナルド・スピッソの経歴は，Harry MacCormack に対する筆者の電子メールインタビュー調査（調査日：2018 年 8 月 2 日）による。

14　Harry MacCormack に対する筆者の電子メールインタビュー調査（調査日：2018 年 8 月 2 日）による。

15　Harry MacCormack に対する筆者のインタビュー調査（調査日：2018 年 8 月 6 日），および *Marketing Plan [Private]*；*Corvallis Saturday Farmers' Market [Private]* による。*Marketing Plan [Private]*，および *Corvallis Saturday Farmers' Market [Private]* は，コーバリス・ファーマーズマーケットの創設者達が作成した書類であり，未公開書類としてスピッソが保管している。

16　コーバリス・ファーマーズマーケットの創設者達のプロフィールは，*Corvallis Saturday Farmers' Market [Private]* による。

大学でアーキビストとして働いていた。現在は同大学スペシャルコレクション・アーカイブリサーチセンターのセンター長となっている。また，有志の 1 人であるパトリシア・ベンナー（Patricia Benner）は，当時生態学専攻の博士課程の学生であった。さらに，バーバラ・シェルプ（Barbara Schelp）は，当時すでに現役をリタイヤしたコーバリス市民であったが，リタイヤ前には不動産経営に従事していた。

　学歴が高く，多様なバックグラウンドと経験を持つ創設者達は，マーケティング・プランの作成にあたり，まずは既存のファーマーズマーケットに関する調査結果を分析した。1990 年，オレゴン州立大学は，ニューポートにあったファーマーズマーケットについて調査を実施し，その結果を報告書「リンカーン・カウンティ・ファーマーズマーケット：顧客の意識調査報告書（The Lincoln County Farmers Market: A Final Report on a Survey of Consumer Attitudes)」にまとめ，公表した。同調査の結果によると，「ニューポート・ファーマーズマーケットを訪れる理由は何か」との設問に対して，「食品の新鮮さ」と答えた人が全回答者の50% と最も多く，続いて「マーケットの雰囲気」と答えた人は全回答者の13%，「有機青果物」と答えた人は全回答者の10% であった。一方，「値段が安い」と答えた人は全回答者の3% に過ぎなかった。また，「どのようにニューポート・ファーマーズマーケットを知ったか」との設問に対して，「口コミ」と答えた人が全体の46% と最も多く，続いて「新聞」と答えた人は16%，「道路沿いにあった告知ボード」と答えた人は15% であった。一方「ラジオ」と答えた人は全体の3% に過ぎなかった[17]。

　こうした調査結果の分析に加え，創設者のうちのバック・ツー・ザ・ランダー達のファーマーズマーケットでの販売経験に基づき，創設者達は，コーバリス・ファーマーズマーケットのターゲット消費者，提供する価値，価値を提供するための手段，プロモーション手段について次のように決定した[18]。まず，ターゲット消費者を次のように設定した。すなわち(1)出店する農家の既存の顧客，(2)コーバリス市の住民または通勤者であるが，これまで同市以外の場所のファーマーズマーケットに通っていた消費者，(3)青果物の品質と多様性に関心の高い消費者，(4)コーバリス市のコミュニティ活性化に興味がある人達，の 4 種類である。また，ターゲット顧客に提供する価値については，「高い品質」と「農家と消費者の関係づくり」と定めた。こうした価値を実現するため，コーバリス・ファー

---

17　*Marketing Plan [Private]* による。
18　同上。

マーズマーケットでは工芸品など食品以外の商品の販売を禁じた。また，すでに
販売実績があって独自の顧客を持っている農家を中心にテナントを募るようにし
た。具体的に見ていこう。創設者のうちのバック・ツー・ザ・ランダー達はいず
れも地元において名の知られた農家であったため，まずは彼ら5人全員が出店
することを約束した。次に創設者達は，コーバリス市周辺にある農場のリストを
作成し，そのうちすでに販売実績があって顧客を持っている農家をリストアップ
した。彼らの生産物の種類が競合するかどうかを分析したうえで，潜在的テナン
トを決定し，出店の話を持ちかけた。プロモーション手段として，創設者達は，
出店を決めたテナントに告知用のはがきを無料で提供することを考えた。「コー
バリス・ファーマーズマーケットに出店する」というメッセージをテナント側か
ら自分の顧客に知らせることを主要な告知手段にしたのである。また創設者達
は，多くの非営利団体でトークイベントを行った。これらの団体にかかわる活動
家にコーバリス・ファーマーズマーケットを宣伝しただけではなく，活動家達の
口コミによって，マーケットの開催をより多くの人に知らせようとした。一方，
新聞や雑誌などの広告スペースの購入については，地元新聞のうち食品や農業に
関係するものだけを厳選した。また，新聞広告の役割を「コーバリス・ファー
マーズマーケットの存在を知らせる」ことだけに限定した。

　マーケティング・プランに加え，創設者達は，コーバリス・ファーマーズマー
ケットの開設・運営に必要とされる費用およびその資金調達について詳細な計画
を立てた。創設者達はオレゴン州に補助金を申請する一方で，補助金を得られた
場合と得られなかった場合の両方のケースを想定し，マーケティング・プランを
立てた[19]。創設者達は，設立・運営に必要とされる主要なコストは以下の5つに
分類されると分析した。すなわち(1)市有地のリース料，(2)マーケット・マネ
ジャーの給料，(3)マーケットで使う運営組織のテント・椅子・テーブルなどの備
品代，(4)運営組織のオフィス家賃，(5)道路沿いに設置するプロモーション看板や
テナントに無料で提供するはがきの代金などプロモーション関係のコストの5つ
である。創設者達がコーバリス市と交渉を重ねた結果，市有地のリース料が免除
された。これは現在も変わっていない[20]。創設者達は，助成金を得られるか否か
によって，プロモーション看板の数などのプロモーションコストや，運営組織の

19　コーバリス・ファーマーズマーケットのコストと収入に関する説明は，Harry MacCormack
に対する筆者のインタビュー調査（調査日：2018年8月6日），および *Marketing Plan* [Pri-
vate]；*Corvallis Saturday Farmers' Market* [Private] による。
20　Rebecca Landis に対する筆者のインタビュー調査（調査日：2017年7月18日）による。

オフィスリース代，テントなどの備品の数を調整しようとした。

　一方，コーバリス・ファーマーズマーケットの収入については，年会費とブース利用料から得ることが計画された。創設者達は，公的補助金に依存せず，マーケットの運営収入でコストを賄う自給自足型ファーマーズマーケットを目指した。そして，そうしたマーケットを継続運営していくためには，高い集客力を維持することが不可欠であると認識していた。集客力の高いファーマーズマーケットを運営するためには，ボランティア集団では対応が難しい。創設者達は，(1)正式な意思決定機関を有する組織の設立，(2)マーケットの運営を担当するマネジャーの雇用，(3)テナントが運営組織の意思決定に参加できる仕組みの構築が必要であると考えた[21]。こうした考えに基づき，創設者達は，コーバリス・ファーマーズマーケットの運営組織として，非営利団体「土曜コーバリス・ファーマーズマーケット（Corvallis Saturday Farmers' Market）」（現「コーバリス・アルバニ・ファーマーズマーケット《Corvallis-Albany Farmers' Markets》」，以下，CAFM と記す）を設立し[22]，スピッソを最初のマネジャーとして雇用した。また，テナントによるマーケット運営組織経営への参加を促進するために，テナントに対して CAFM のメンバーになることを規定によって義務付けた。メンバーは，出店する回数にかかわらず，マーケットで賃借するブースの種類に応じて年間 10 ドルまたは 15 ドル，25 ドルといった 3 種類の年会費を支払わなければならなかった[23]。年会費を支払う義務を負う一方，メンバーは，CAFM の意思決定組織である理事会の理事を選出する権利を持つ。このようにコーバリス・ファーマーズマーケットのテナントは，少額の年会費と，出店する週にだけ課金されるブース賃借料という 2 つの費用を支払うことになっている[24]。CAFM にとって，こうしたメンバー年会費およびブース賃借料が主な収入源になっている。これらの収入に加えて，1990 年，創設者達はオレゴン州農業局マーケティング部の担当者を訪れ，ファーマーズマーケットを設置する初期費用として 1 万ドルの助

---

21　Rebecca Landis に対する筆者の電子メールインタビュー調査（調査日：2018 年 12 月 15 日）による。

22　「土曜コーバリス・ファーマーズマーケット」は，組織の拡大にともない，1998 年に「コーバリス・アルバニ・ファーマーズマーケット」に組織変更を行った。

23　1 年目の年会費は *Corvallis Saturday Farmers' Market [Private]* による。その後年会費は一律 20 ドルとされ，2011 年には 25 ドルに値上げされた。Rebecca Landis に対する筆者の電子メールインタビュー調査（調査日：2018 年 12 月 14 日）による。

24　1991 年当時の，出店 1 回当たりの賃借料は，事前予約できない 1 テーブルで 3 ドル，事前予約可能な 1 テーブルで 6 ドル，事前予約のできない 1 トラック・ブースで 7 ドル 50 セント，事前予約可能な 1 トラック・ブースで 15 ドルであった。*Corvallis Saturday Farmers' Market [Private]* による。

成金を申請した。その結果，申請通り1万ドルの助成金を得た。

　1991年6月15日土曜日，コーバリス市ダウンタウンにおいて，第1回コーバリス・ファーマーズマーケットが開催された。それ以降，毎週土曜日の午前8時から正午12時まで同マーケットは開催され，同年10月26日土曜日をもってコーバリス・ファーマーズマーケットの1年目のシーズンが終了した。冬の気温が低いオレゴン州ベントン・カウンティでは，冬の間農産物を生産・収穫することができない。そのためファーマーズマーケットは，春から秋の間だけ開催されるわけである。

第2節

## コーバリス・ファーマーズマーケットの成功要因

　コーバリス・ファーマーズマーケットの1年目のシーズンは，成功のうちに終了した。34の生産者がCAFMのメンバーとなり，自らの収穫状況に応じてマーケットに出店するかどうかを毎週決定し，生産物を販売した。毎週土曜日，コーバリス・ファーマーズマーケットに出店したテナント数の平均は15であり，マーケットを訪れた顧客の数は平均1000人を超えた[25]。1990年コーバリス市の人口が4万4757人であったことを考慮に入れると[26]，コーバリス・ファーマーズマーケットの高い集客力がうかがえる。コーバリス・ファーマーズマーケットを1シーズン運営した結果，収入から支出を引いた初年度の余剰金は1100ドルであり，この金額は2年目のマーケット経営に繰り越された[27]。2年目の1992年から，コーバリス・ファーマーズマーケットは，市中心部にある川沿いの公園へと開催場所を移した。交通の便が増し，環境もより美しいものとなった。また，1998年より，マーケットの開催日は毎週水曜日と土曜日の週2日間となっている（前掲，写真7-1）。

　コーバリス・ファーマーズマーケットが成功をおさめた背景には，環境要因およびCAFMの戦略と組織づくりがあった。

---

25　*Corvallis Saturday Farmers' Market* [*Private*] による。

26　U.S. Bureau of the Census, *1990 Census of Population and Housing: Population and Housing Unit Counts, Oregon* による。

27　*Corvallis Saturday Farmers' Market* [*Private*] による。

## 1. 環境要因

　コーバリス・ファーマーズマーケットの追い風となった環境要因のひとつとして，コーバリス市に高学歴の住民が多いことが挙げられる。質の高い食品を主要な取扱商品とする小売店や販売施設の経営にとって，大卒以上の学歴を持つ住民の割合が大きな影響を及ぼすという論点は，有機食品生協や有機食品スーパー，さらにファーマーズマーケットの経営者によって共通して指摘されている[28]。学歴が高い住民の中には，健康に対して高い関心を持つ人，自然環境保護に対して高い関心を持つ人，あるいはその両方に対して高い関心を持つ人がより多く含まれているからである[29]。コーバリス市は，オレゴン州内でも大卒以上の学歴を持つ住民の比率が非常に高い都市である。

　コーバリス・ファーマーズマーケットが開設される直前の1990年，25歳以上の住民のうち大卒以上の学歴を持つ人の比率をみると[30]，オレゴン州平均が20.6%であったのに対し，同州の都市部の平均は22.9%，農村部の平均は15.3%であった。一方，コーバリス市とその周辺の農村部を含むベントン・カウンティの同比率は41.3%，コーバリス市のみだと49.0%であり，いずれもオレゴン州平均をはるかに上回っていた。実際のところ，25歳以上の住民のうち大卒以上の学歴を持つ人の比率については，オレゴン州における36のカウンティのうち，ベントン・カウンティが最も高い値を誇った。第2位のワシントン・カウンティ（Washington County）の29.8%や，州最大都市であるポートランド市が所在するマルトノマ・カウンティ（Multnomah County）の23.7%よりはるかに高かった。また，市政を敷いた地方自治体の中で，コーバリス市の同比率はレイクオスウィーゴ市（Lake Oswego）の53.9%に次いで2番目に高く，同州最大の都市ポートランド市の25.9%や州都セイラム市の21.7%を大きく上回った。

## 2. マーケティング・プランの策定と組織づくり

　恵まれた環境におかれたからといって，ファーマーズマーケットが必ず成功するとは限らない。ファーマーズマーケットの運営の難しさについて，現在のコーバ

---

28　Matt Mroczek（調査日：2017年4月12日），Rebecca Landis（調査日：2017年7月18日），Claudia Wolter（調査日：2018年1月14日），Joe HardimanおよびRandy Lee（調査日：2018年1月30日），Harry MacCormack（調査日：2018年8月6日）に対する筆者のインタビュー調査による。
29　同上。
30　1990年における25歳以上の住民のうち大卒以上の学歴を持つ人の比率は，U.S. Bureau of the Census, *1990 Census of Population: Social and Economic Characterstics, Oregon* による。

リス・ファーマーズマーケット運営組織にあたる CAFM のディレクター，レベッカ・ランディス（Rebecca Landis）と，非営利団体「ポートランド・ファーマーズマーケット（Portland Farmers Market」のオペレーション・ディレクター，アンバー・ホランド（Amber Holland）の 2 人は，共通して次の点を指摘している[31]。食品スーパーなどの食品小売店とは異なり，ファーマーズマーケットが生き残るためには，売手である農家を十分に惹き付ける必要がある。農家にファーマーズマーケットに出店し続けてもらうために，彼らが十分な売上を実現できるようにしなければならない。そもそも十分な数の農家が集まらなかったり，出店した農家が 1 週間や 2 週間で出店を止めてしまえば，顧客がファーマーズマーケットに足を運ばなくなり，出店する農家がますます減るという悪循環に陥るというのである。

　コーバリス・ファーマーズマーケットの場合，創設者達がマーケットをオープンする前にマーケティング・プランを詳細に検討し，マーケットをオープンした後も組織づくりを怠らなかったことが，その成功に対して果たした役割は大きい。既述の通り，コーバリス・ファーマーズマーケットの創設者達は，マーケットを開催する前に，既存のファーマーズマーケットに関する調査結果を分析した上で，具体的なマーケティング・プランを立てた。とりわけ 3 つの意思決定がコーバリス・ファーマーズマーケットの成功に大きな影響を及ぼした。第 1 に，コーバリス・ファーマーズマーケットが顧客に提供する価値を，「低価格」ではなく，「高い品質および農家と消費者の関係づくり」に定めたこと。第 2 に，テナントを募集するにあたって，すでに販売実績があり，顧客を持っている農家に重点を置いたこと。それにより，創設者のうちのバック・ツー・ザ・ランダー達は，自ら地元で名の知られた農家であったため，彼ら，あるいはその他地元の有名な農家が出店することにより，マーケットの集客力が高まった。第 3 に，顧客を動員する主要な手段として，テナントが自ら持つ既存顧客を誘う手段を選んだことである。

　創設者達による持続的な組織づくりの努力もまた，コーバリス・ファーマーズマーケットの成功に大きく貢献した。Stephenson（2008）が指摘したように，ファーマーズマーケットにおいては，運営を担当するマネジャーを置くか否かがマーケットの集客力に大きな影響を及ぼす。コーバリス・ファーマーズマーケットの創設者達は，マーケットを運営する組織として CAFM を設立し，スピッソ

---

31　Rebecca Landis（調査日：2017 年 7 月 18 日），および Amber Holland（調査日：2018 年 2 月 3 日）に対する筆者のインタビュー調査による。

を初代マネジャーとして雇用した。1995年にスピッソがマネジャーをやめた後
は，レベッカ・ランディスを専属ディレクターとして雇い入れた[32]。彼女は現在
もディレクターとして勤め続けている。レベッカ・ランディスは，1985年テキ
サス大学で公共管理修士号を取得した後，ジャーナリストとして働いたり，テキ
サス州およびオレゴン州の政府機関の職員などを務めていた。彼女は，1990年
代前半からボランティアとしてコーバリス・ファーマーズマーケットの運営に携
わっていた。

　レベッカ・ランディスは現在，コーバリス・ファーマーズマーケットのディレ
クターとして，(1)テナントの募集と選定，(2)テナントの出店管理，(3)テナントに
対する指導，(4)マーケットのプロモーション，(5)雇用する臨時職員の管理などの
業務を担っている。

　コーバリス・ファーマーズマーケットは，工芸品テナントや，商品を仕入れて
再販するテナントの入居を禁じている。現在，テナントの募集と出店申請はオン
ラインのみで行われるようになっている。生産者達は，マーケットが開催される
前の冬期に，出店予定回数および具体的な日付をレベッカ・ランディスに申請す
る。レベッカ・ランディスは，申請者の資格がマーケットの規定を満たすことを
確認した上で，出店者間の競合を考慮しながらテナントを選定し，ブース位置を
決める。マーケットが始まると，レベッカ・ランディスは毎週，天候などから出
店予定者の収穫状況を予想し，出店可能性の低い出店予定者に電話連絡を行う。
出店できない生産者がいることが判明した場合，他の生産者に連絡してブースを
割り当てるようにしている。このようにして，充実したテナントと品揃えを確保
しようとしているのである。

　生産者にマーケットに出店し続けてもらうには，彼らに十分な売上を実現しな
ければならない。この点を認識しているレベッカ・ランディスは，マーケット全
体のプロモーションを積極的に行うと同時に，個別テナントのプロモーションや
商品陳列方法についてアドバイスしたり，手伝ったりしている。例えば，レベッ
カ・ランディスと彼女が雇用している臨時職員は，フェイスブックなどのソー
シャルメディアを活用してコーバリス・ファーマーズマーケットの宣伝を行って
いる。また，レベッカはテナントに対しても，ソーシャルメディアを活用して自
らの農場や生産物をプロモーションするよう推奨している。さらにレベッカ・ラ

---

32　レベッカ・ランディスは，コーバリス・ファーマーズマーケットの創設者の1人であるラ
リー・ランディスの妻である。ラリー・ランディスと区別するために，本章では，レベッカ・
ランディスというフルネームを用いる。

195

ンディスは，これまでのマーケット運営の経験上，青果物の陳列方法が売上に大きな影響を及ぼすことも熟知している。彼女は，良い陳列方法を見つけると，他のテナントにもその陳列方法を取り入れるようアドバイスし，作業を手伝う。

　こうした専属ディレクターによるテナント選定と管理，マーケット・プロモーション，テナントに対する経営支援があるからこそ，コーバリス・ファーマーズマーケットは失敗の悪循環，すなわち「魅力的なテナントがないため，顧客がマーケットに足を運ばず，結果として魅力的なテナントがますます減る」という事態に陥ることなく発展を続けているのである。

## 第3節
# コーバリス・ファーマーズマーケットが果たす機能

　コーバリス・ファーマーズマーケットは，オープン以降順調に発展を続け，現在も毎年4月中旬から11月下旬まで，毎週水曜日および土曜日に開催されている。2017年CAFMのメンバーは約140に達し[33]，メンバーの生産者達はコーバリス・ファーマーズマーケットで青果物，精肉と肉加工食品，鮮魚と魚加工食品，チーズ，はちみつ，ジャム，花卉などを販売している。

　CAFMの主な収入は，コーバリス・ファーマーズマーケットの発展初期と同じように，メンバーの年会費とブース賃借料収入である[34]。現在，メンバーの年会費は一律25ドルと定められ，140のメンバーから徴収されている。テナントが実際に出店する場合は，ブース賃借料を支払う。ブース賃借料は，出店1回1ブース当たり，土曜日に開催されるコーバリス・ファーマーズマーケットは24ドル，水曜日に開催されるコーバリス・ファーマーズマーケットは20ドルである。また，年間10回以上出店するテナントに対しては，ブース賃借料の10%割引特典が与えられている。現在，CAFMは，マーケット運営に関する公的補助を受けていない。

　一方，マーケット運営にかかる主な費用としては，ディレクターであるレベッカ・ランディスおよび臨時職員7人の人件費のほか，コーバリス市に支払う年間1500ドルのゴミ収集代，ファーマーズマーケットの周辺商業施設に支払う年間300ドルのトイレ使用料などがある[35]。CAFMは，年会費とブース利用料収入

---

33　Rebecca Landisに対する筆者のインタビュー調査（調査日：2017年7月18日）による。
34　年会費とブース賃借料の金額に関する説明は，Rebecca Landisに対する筆者のインタビュー調査（調査日：2017年7月18日）による。

だけですべての運営コストを賄っている。

　伝統的ファーマーズマーケットが果たした機能は，都市住民がより安い価格で食品を購入できるようにすること，また，都市周辺の農家にとって販売チャネルを得られるようにすることであった。それに対し，コーバリス・ファーマーズマーケットに代表される現代的ファーマーズマーケットは，(1)都市住民に質の高い食品を提供し，(2)小規模かつ特徴的な生産者に販売チャネルおよび顧客とのコミュニケーションの手段を提供すると同時に，(3)低所得者に対しても質の高い食品を購入する機会を与える，という新しい機能を果たしているといえる。

## 1.　質の高い食品を提供する場所

　コーバリス・ファーマーズマーケットは，商品を仕入れて再販するだけの個人・業者の出店を許可していない。マーケットで販売できるのは，自らの生産物を販売する個人・業者のみである。テナントの中には，マーケット開催当日の早朝に生産物を収穫して洗浄し，その後すぐコーバリス・ファーマーズマーケットに持ち込んで販売する農家が少なくない[36]。コーバリス・ファーマーズマーケットで販売される青果物は，食品スーパーで販売される青果物より鮮度が高く，成熟度が高い。というのも，食品スーパーで販売される青果物，とりわけ慣行青果物の多くは，長距離輸送に適合させるために成熟する前に収穫され，卸売企業または小売企業の物流センターを経由した後に，小売店舗に配送されているからである。

## 2.　小規模かつ特徴的な生産者の重要な販売チャネル

　コーバリス・ファーマーズマーケットで生産物を販売している農家の農場規模は，2エーカー（0.8ヘクタール）から50エーカー（20.2ヘクタール）である[37]。2017年オレゴン州の平均農場規模が477エーカー（193.0ヘクタール）であったことを考えると[38]，コーバリス・ファーマーズマーケットで生産物を販売する農家の規模が非常に小さいことがわかる。コーバリス・ファーマーズマーケットのテナント・生産者の多くは，大規模農場との差別化を図るために，有機

---

35　Rebecca Landis に対する筆者のインタビュー調査（調査日：2017年7月18日）による。

36　Harry MacCormack に対する筆者のインタビュー調査（調査日：2018年8月6日）による。

37　Rebecca Landis に対する筆者のインタビュー調査（調査日：2017年7月18日）による。

38　Oregon Department of Agriculture（2018），Oregon Agriculture Facts & Figures（https://www.oregon.gov/ODA/shared/Documents/Publications/Administration/ORAgFactsFigures.pdf，最終アクセス日：2019年9月22日）による。

食品や特徴的な生産物を生産している[39]。しかし，彼らの中には，有機認証を受けるために必要とされる費用を負担することができず，有機的な生産方法で農畜産物を育てているにもかかわらず有機認証を受けていない生産者も少なくない。これらの生産者は，規模が小さいが故に，同種の生産物を大量に仕入れることを要求する慣行食品スーパーや卸売業者から商品を仕入れてもらえない。また，有機認証を受けていないため，有機食品生協や有機食品スーパーに販売することも難しい。このような小規模かつ特徴的な生産者にとって，コーバリス・ファーマーズマーケットは主要な販売チャネルであり，顧客とコミュニケーションをとる上で重要なチャネルでもある。

　写真7-2は，コーバリス・ファーマーズマーケットに出店している小規模畜産農家「トチュムファーム（Totum Farm）」の販売ブースである。上述したように，トチュムファームは，有機認証を取得していないが，有機畜産物の生産方法に非常に近い生産方法，すなわち放牧状態で飼育し，遺伝子組み換え大豆とトウモロコシを飼料として使用しておらず，抗生物質と成長ホルモンを投入せずに鶏および卵，七面鳥，豚を飼育している。トチュムファームの規模は小さく，また，有機的な方法で生産を行っているため慣行畜産物より生産コストが高い。そのため，トチュムファームの生産物を大量仕入れや低コストが重視される慣行食品流通企業に取り扱ってもらうことは難しい。一方，トチュムファームは有機認証を取得していないため，有機食品生協のような有機食品流通企業にも生産物を仕入れてもらいにくい。コーバリス・ファーマーズマーケットでのトチュムファームは，看板や顧客との対話を通じて，自らの生産物の特徴を購入者に伝えることができる。結果としてトチュムファームは，コーバリス・ファーマーズマーケットで自らの生産物の品質と価格に納得した上で購入してくれる顧客を見つけているだけでなく，インターネットによる通信販売の顧客までも獲得している。このように，コーバリス・ファーマーズマーケットに代表される現代的ファーマーズマーケットは，小規模で特色ある生産者の経営発展に貢献している。

## 3．低所得者に質の高い食品を提供する場所

　コーバリス・ファーマーズマーケットは，低所得者に質の高い食品を提供する場所としても機能している。ファーマーズマーケットで販売される食品には，有

---

39　Rebecca Landis に対する筆者のインタビュー調査（調査日：2017年7月18日）による。

写真 7-2　コーバリス・ファーマーズマーケットに出店している「トチュムファーム」
　　　　　（2017 年）

写真左の看板には，上から順に「放牧飼育」「少量生産」「飼料にトウモロコシ・大豆を使用していない」「ホルモン・
抗生剤を投入していない」と書かれている。
写真：筆者が撮影。

機農法で栽培されたり，鮮度が良かったりと，付加価値の高いものが多い。その
ため，大手慣行食品スーパーチェーンの販売物より値段が高く，低所得者は利用
しにくいと考えられがちである。しかし，それは必ずしも事実ではない。むしろ
ファーマーズマーケットは，低所得者が質の高い食品を購入できる数少ない場と
なっている。
　米国農務省（USDA）は，低所得者が栄養面で優れた食事を摂ることを推進す
るべく，低所得者向けの補充的栄養支援プログラム（SNAP）を実施している。
SNAP 給付金は EBT（Electronic Benefit Transfer）という電子システムを通じて
支給される。SNAP 受給者には EBT カードが配布され，このカードで，酒類や
タバコ以外の食料品を購入することができる。オレゴン州における EBT カード
は「オレゴン・トレイル・カード（Oregon Trail Card）」と呼ばれている。

　ファーマーズマーケットに出店する生産者達の多くは，EBT カードを読み込むための機材を持っていない。コーバリス・ファーマーズマーケットでは，オレゴン・トレイル・カードを使って買い物できるようにするために，マーケットの運営組織 CAFM がカード・リーダーを準備している。CAFM がカード・リーダーを使ってカード利用者の使用予定金額をカードから差し引き，マーケットで使えるトークン（代用貨幣）をカード利用者に渡すというサービスを実施しているのである（写真 7-3）。それだけにとどまらず，SNAP 受給者が栄養面で優れた食材を購入することができるようにと，実際にカードから差し引く金額の 2 倍にあたるトークンをオレゴン・トレイル・カード利用者に渡しているという[40]。

写真 7-3　コーバリス・ファーマーズマーケットにおける CAFM のテント（2017 年）

写真左下の看板には，「ここで SNAP（フードスタンプ）カードを受け付け，トークンに交換できます」と英語およびスペイン語で書かれている。また，オレゴン・トレイル・カードの画像が掲示されている。
写真：筆者が撮影。

---

40　これはあくまで 2017 年の実績である。資金調達の状況により，SNAP 受給者に提供する補助金額は変動する。Rebecca Landis に対する筆者のインタビュー調査（調査日：2017 年 7 月18 日）による。

つまり，CAFM は，自らが運営するファーマーズマーケットにおいて，SNAP 受給者に独自の食料補助を提供しているのである。こうした食料補助に必要とされる資金を調達する手段として，CAFM は連邦補助金を申請するとともに，慈善家の寄付を募っている。

　2017 年度，オレゴン州住民の 16% にあたる約 68 万人が SNAP 受給者であった[41]。また，SNAP 受給者の 55% は子供のいる家庭である。CAFM の努力により，ファーマーズマーケットは，低所得者が質の高い食材を購入することができる数少ない場となっている。その意味で，現代的ファーマーズマーケットは，貧困と不平等という地域社会が抱える問題の解決にも貢献しているといえよう。

## おわりに

　米国において 1970 年代以降増加し続けている現代的ファーマーズマーケットは，設立者・運営者の特徴，運営方法，販売される商品，ファーマーズマーケットが果たす役割など様々な側面において，1960 年代以前の伝統的ファーマーズマーケットとは大きく異なる。現代的ファーマーズマーケットの誕生と発展は，バック・ツー・ザ・ランド・ムーブメント，および慣行食品とは異なる食品を求める消費者の出現から大きな影響を受けた。

　コーバリス・ファーマーズマーケットの誕生と発展のプロセスに示されるように，現代的ファーマーズマーケットを成功へと導いたのは，USDA をはじめとする公的機関による強力な支援などではなかった。むしろ，以下の 3 つの要素こそが，現代的ファーマーズマーケットの成功のカギであった。

　第 1 に，バック・ツー・ザ・ランダーをはじめとするファーマーズマーケットの創設者達は，マーケットの運営について公的機関の支援に頼ることはしなかった。マーケットの集客力を高め，コストを運営収入で賄うことができるよう，マーケティング・プランを入念に検討した。

　第 2 に，創設者達は，自分達が立案したマーケティング・プランを実行に移し，ファーマーズマーケットの管理業務を担当するための正式な組織をつくった。また，能力が高く，マーケット管理にコミットする専属管理者を雇用した。

　第 3 に，創設者および彼らが設立したマーケットの管理組織は，様々な分野

---

41　オレゴン州における SNAP 受給者に関するデータは，Center on Budget and Policy Priorities (2018), Oregon: Supplemental Nutrition Assistance Program (https://www.cbpp.org/sites/default/files/atoms/files/snap_factsheet_oregon.pdf, 最終アクセス日：2019 年 9 月 22 日) による。

で地域コミュニティの振興に携わる団体・活動家達と広いネットワークを築いた。こうした団体・活動家の支援により，多様な経験と専門知識を持つボランティア等の人的資源や運営資金など，マーケット運営組織が保有する物質的資源は豊富なものとなった。また，市当局など公的機関に対する交渉力も高まった。広いネットワークとそれがもたらす豊富な資源を保有していることもまた，現代的ファーマーズマーケット成功の重要なカギのひとつである。

# 米国における
# 有機農産物流通チャネルの発展
## 成功をおさめた要因と日本へのインプリケーション

## はじめに

　今日米国においては，有機農産物卸売企業や有機食品スーパー，有機食品生協，ファーマーズマーケットなど，有機食品を取り扱う様々な流通企業・販売機関が，有機農家に対して生産物を販売するチャネルを提供している。その意味では，これらの流通企業・販売機関もまた，米国の有機農業の発展に貢献しているといえよう。また，多様な規模，独自の品揃え，ユニークな店舗デザイン・陳列といった特徴を有する有機食品小売企業は，店舗が立地するダウンタウンに多くの住民と観光客を惹き付けているだけでなく，住宅街のコミュニティの中心としての役割も果たしている。

　米国における有機食品流通企業・販売機関の発展史をみると，2つの特徴が顕著に見られる。1つ目は，それらの企業・機関を取り巻く環境は決して恵まれたものではなかったという点である。多くの有機食品流通企業が産声をあげた1960年代後半から1970年代には，有機食品に対する公的な制度上のサポートは全く存在しなかった。また，慣行食品より有機食品の方が健康的であり，自然環境にかける負荷が小さいという政府・研究機関のお墨付きもなかった。2つ目の特徴は，多様なタイプの有機食品流通企業・販売機関をつくりあげたのは，既存の大手流通企業ではなく，むしろ，バック・ツー・ザ・ランダーやヒッピー，ニューウエーブ食品生協活動家，学生活動家など，カウンターカルチャーに属する流通の「ずぶの素人」であったという点である。これらの流通の素人達は，食品のオーソリティ達が有機食品の価値を否定し，結果として一般消費者が有機食品の存在すら認識していなかった状況の中で，有機食品市場という新しい市場をつくりだした。

　米国において有機食品流通企業・販売機関が発展を遂げたプロセスは，(1)1960年代後半から1970年代にかけて，多くの若者，とりわけ中産階級出身の高学歴の若者が有機食品関連ビジネスに参入し，(2)彼らが創業・創立した企業・

機関の一部がその後の競争で生き残った結果である。なぜ，1960年代後半から1970年代にかけて，米国の多くの若者が有機食品関連ビジネスに参入したのか。そしてなぜ，流通の素人達が設立したこうした企業・機関は，1960年代以降，経営資源が豊富で，規模も大きく，消費者の間で高い知名度を誇る慣行食品スーパーとの競争に直面してもなお生き残ることができたのか。これらの2つの問いに対する答えこそが，米国における有機食品流通企業・販売機関の発展を支えた要因を解明するためのカギとなる。と同時に，これらの問いに対する答えは，日本における有機食品流通企業の発展および，もっと広義の流通イノベーションを促進する方法を模索するうえで重要なヒントを与えてくれるものと考えられる。

　この終章では，上述の2つの問題について詳細に検討する。その上で，米国における有機食品流通企業・販売機関の発展史が日本に与える示唆を提示する。次の第1節では，1960年代後半から1970年代にかけて，米国の多くの若者が有機食品関連ビジネスに参入した理由について説明する。第2節では，1960年代以降，慣行食品スーパーが経営上抱えていた問題を明らかにする。そして，それらの問題が，有機食品流通企業・販売機関に対して，発展するための隙間を与えたことを指摘する。第3節では，有機食品関連の社会運動が多様な流通企業の誕生を導いたことを説明した上で，これらの企業が生き残った理由について，社会運動の特徴および企業戦略の特徴から検討する。第4節では，米国の経験が日本に与える示唆を述べ，最後に本章をまとめる。


第1節

# なぜ，中産階級の高学歴の若者が有機食品ビジネスに参入したか

　1960年代後半から1970年代にかけて，米国の若者達が起こしたフード関連の社会運動は，食料問題から生じた運動でなかったばかりか，経済問題から発生した運動でさえなかった（Cox, 1994）。それらの社会運動は，生活の質と目的，経済成長の合理性と永続性，人間と自然環境との関係について，戦後米国社会のメインストリームの考え方に疑問を投げかけたカウンターカルチャー運動の一環であった（Roszak, 1969/1995）。なぜ，1960年代後半から1970年代にかけて，米国の中産階級出身の若者達は，フード関連の社会運動を含むカウンターカルチャーの運動を起こしたのか。また，なぜ，彼ら若者達はフードビジネスを手掛けるようになったのか。この節では，これらの2つの問題について検討する。

## 1. 時代背景と若者達の反抗

　米国の歴史家セオドア・ロザックによれば，1960年代後半から1970年代にかけて米国で生じたカウンターカルチャーの運動は，戦後から1972年まで米国で見られた未曾有の長期的「豊かさの時代」という特殊な歴史背景の下で起きたという（Roszak, 1969/1995, p. xi）。その時代の米国の労働者は，昇給や有給休暇，残業代，医療保険，退職金，年金など，すべての福利厚生が労使契約に組み込まれた「素晴らしいアメリカンジョブ（Great American Job）」を手に入れ，豊かな生活を長期的に享受していた（Roszak, 1969/1995, p. xv）。同時代の特殊性について，セオドアは次のように述べている。「その時代を生きていた私達は，当時，そのような時代に終わりがくることなど考えもしなかった」が，1990年代になってその時代を振り返ると，「そのような時代が本当にあったことが信じられなかった」（Roszak, 1969/1995, p. xvi）。豊かさの時代が長期的に続いていたが故に，1940年代以降に生まれた中産階級出身の若者達にとって，メインストリームの生活から離脱することは容易であったといえる。これらの若者の親達はそもそも経済的に豊かであり，また，米国では様々な社会福祉プログラムが導入されていたため，若者達がメインストリームの生活を離脱したとしても，生活する上での最低限のセーフティーネットが提供されていた。また，彼らがメインストリームライフに復帰しようとした際にも，復帰は比較的容易であった（Roszak, 1969/1995）。

　興味深いことに，1940年代以降に生まれ，米国の豊かさの中で育てられた中産階級の若者達は，1960年代あるいは1970年代に成人の年齢に達すると，米国の豊かさに対して，彼らの親の世代とは異なる態度を示すようになった。Inglehart（1971）の指摘によれば，人間は自らが追求する目標に優先順位をつけるものであり，重要であるがその時点では満たされていないと認識したニーズに対して最大の関心を示し，その充足を優先的に追求しようとするという。Inglehart（1971）の指摘に基づき，Light（1990）は，大恐慌から第二次世界大戦までの時代に生まれた米国人と，彼らの子供世代，すなわち1940年代以降に生まれた中産階級出身の若者達では，価値観に大きな違いがあることを次のように説明している。前者は，大恐慌や戦争によって大きな犠牲を払った世代であったため，ようやく手に入れた安定的で豊かな生活を楽しむ機会を心底受け入れていた。一方後者は，豊かな環境で成長し，すべての要求が満たされるような状況下で幼児期を過ごした。そのため彼らは，経済的に安定した生活を得られることを当然のこととしてとらえ，それ以外の価値，例えば，自己表現や選択の自由，多様な可能性の追求，政府・企業の意思決定に対する発言権，平等，自然環境保護，世界平

和などにより高い関心を示した（Light, 1990）。生活用品と家電にあふれた芝生付きの郊外一軒家で育てられた彼らの多くは、「手に入れること（getting）、持っていること（having）、所有すること（owning）が人生のすべてだ」といった戦後の米国人が広く共有していた人生目標や、大量消費・使い捨てのライフスタイルに対して疑問を持つようになったのである（Roszak, 1969/1995, p. xvii）。

## 2. 有機食品ビジネスを起業した動機

　1960年代後半から1970年代にかけて、中産階級出身の高学歴の若者の多くは、彼らの親と同じような大手企業や機関でホワイトカラーとして働くことを選択しなかった。彼らの中には、米国人にほとんど知られず、マスメディアや食品産業の嘲笑の的でさえあった有機食品関連ビジネスをあえて手掛けるようになった者も少なくなかった。安定した生活を手に入れなければならないという圧力をあまり感じずに済んだことに加えて、彼らには2つの動機があったと考えられる。ひとつは、米国の社会学者C. ライト・ミルズ（C. Wright Mills）に「元気の良いロボット（cheerful robots）」と称されたような生き方をしたくなかったからである（Mills, 1951/2002, p. 233）。もうひとつは、人間と自然環境との関係に関する当時メインストリームとされていた考え方に疑問を持ったからである。彼らは「大量消費・使い捨て」を特徴とする戦後米国のライフスタイルにとってかわるような新しいライフスタイルを提唱し、自ら実践するようになった。

　「元気の良いロボット」

　C. ライト・ミルズは、著書 *White Collar: The American Middle Classes*（『ホワイトカラー：米国の中産階級』）の中で、戦後の米国企業におけるホワイトカラーの仕事が人間の創造性と個性を殺し、人間を「元気の良いロボット」化してしまった状況について、次のように明かしている（Mills, 1951/2002）。いわゆるクラフトマンは、自分の作業工程を自由にコントロールでき、それぞれの作業と製品全体の関係をよく理解している。そのためクラフトマンは、自らの能力とスキルを製品の制作に活用することができる。また彼らは、仕事を通じて学習し、成長し、自己表現をすることで、自らの自己実現欲求を満たしている。クラフトマンは製品をつくりだすことに喜びを感じ、その喜びこそが仕事を続ける動機となっている。このようなクラフトマンの仕事とは対照的に、米国の企業・機関で働くホワイトカラーは、自らの仕事について計画を立てる自由を与えられておらず、上から提示された計画を修正することすらできない。彼らは「仕事の場において管理され、操作されている」のである（Mills, 1951/2002, p. 226）。ルールと命令に従わなければならないホワイトカラーは、多くの場合、自分の仕事と企業

の目標との間の関連性を見出せずにいる。彼らは自分の創造性や個性を仕事に生かすことができない状況下において，ストレスと退屈さに耐えねばならない。彼らにとって「仕事自体は不愉快な経験」である（Mills, 1951/2002, p. 229. 強調は原文による）。ホワイトカラーの生活の中で，最も管理され，最も退屈なのは仕事をする時間であり，最も自由で，最も楽しいのは消費をする時間である。しかし実際には，この楽しいはずの消費も，マスメディアの宣伝によって完全に支配されており，自由なものとはいえない。皮肉なことに，（支配された）消費のために必要な収入を得ることが，ホワイトカラーにとって仕事をする動機となっているのである（Mills, 1951/2002）。

　1960 年代後半から 1970 年代にかけて有機食品ビジネスを手掛けるような若者達にとって，「元気の良いロボット」にならないことが，新しいビジネスを立ち上げる際の重要な動機のひとつとなった。仕事の時間，すなわち「1 日の中で最も機敏なはずの時間」「人生の中で最も素晴らしいはずの時間」を，自分が満足できるように過ごしたいと望んだのである（Mills, 1951/2002, p. 236）。こうした点は，本書で描いてきた起業家・活動家達の経験にもはっきりと示されている。これらの若者達は，自らの創造性や個性，経験を仕事に活かすこと，また仕事をすること自体の楽しさを求めていた。仕事を通じて自己表現をし，成長をし，自己実現をしようとした。彼らは，消費者保護運動活動家あるいは労働組合活動家達のように，既存の社会・企業システムの中で労働者・消費者の権利を主張しようとしたのではない。こうした既存のシステムが推奨する「大量消費のために仕事をする」という生き方自体を否定したのである。彼らにとっての人生の目的は，ただ単にモノを所有し，消費することを超越したところにあった。喜びを感じるような仕事をすること自体が，彼らにとってクオリティオブライフを構成する重要な要素であったのである（Roszak, 1969/1995）。彼らはそのような生き方を夢想するだけにとどまらず，米国の豊かな時代が提供してくれた生活保障を最大限に活用しつつ，自由，自己表現，楽しさを実際に追求する生き方を選んだ（Roszak, 1969/1995）。

### 人間と地球環境の関係に対する反省

　戦後米国の慣行農業の根底にあった人間と地球環境との関係に関する考え方は，基本的に人間中心で，人間が科学技術を活用して自然を制御するというものであった。また，戦後から 1960 年代にかけて米国で広まった大量消費・使い捨てのライフスタイルは，企業の戦略により極端な状況にまで進展していた。戦後，住宅や自動車，家電製品などの耐久消費財は米国の一般家庭に急速に普及した。そのため市場は飽和状態となった。加えて 1945 年から 1959 年の間に米国

における企業数は45％も増加し，競争が激化した（Cohen, 2004）。こうした状況の中，早くも1950年代には，自動車メーカーをはじめとする耐久消費財メーカーが，売上高を増やし続け，利益を確保し続けるための方策について検討し始めた（Cohen, 2004）。結果としてメーカー各社が打ち出した主要な戦略は，自動車や冷蔵庫の色などを定期的に変更することで製品の短期間での陳腐化を図り，買い替えを促進することであった。いわゆる「計画的陳腐化戦略」である（Roszak, 1969/1995; Cohen, 2004, p. 294）。メーカーがいかに熱心に計画的陳腐化戦略を実施したかについては，大手自動車メーカーの動向をみれば明らかである。1950年代，フォード社の設計担当者は「我々は1958年末までに，1957年型フォードに不満を感じさせるような車の設計を完成する」と話している。一方，同社の主要な競争相手であるGM社の幹部は「1934年，1台の自動車の平均所有年数は5年であったが，今は2年である。それが1年になったら，我々の戦略は百点満点だ」と語ったという（Cohen, 2004, p. 294）。こうしたメーカーの計画的陳腐化戦略に操られる形で，戦後米国人は，大量消費・使い捨てのライフスタイルを受け入れた。

　一方，1960年代以降，レイチェル・カーソンの『沈黙の春』をはじめ，技術進歩の役割や大量消費・使い捨てのライフスタイルがもたらす結果を問い直したベストセラーが相次いで刊行されるようになった。これらのベストセラー書籍の数々が，そのようなライフスタイルで育てられた中産階級出身の若者達に大きな影響を及ぼした。彼らは大量消費・物質主義社会の本質を疑い，「人間の欲望全てを満たすことができる消費者の楽園など，地球上の生態から完全に隔離された温室でのみ実現可能な妄想に過ぎない」と反省した（Roszak, 1969/1995, p. xix）。こうした自省の念こそが，1960年代後半から1970年代にかけて，多くの若者が有機食品関連のビジネスを始めた重要な動機であった。これらの若者達は，地球にかける負担を小さくするようなシンプルなライフスタイルを提唱した。それだけにとどまらず，彼ら若者達は，バック・ツー・ザ・ランダーとして農場経営に着手したり，農村部のコミューンで共同生活を始めたりするなど，シンプルなライフスタイルを自ら実践した。また，ヒッピーフードを開発したり，ヒッピーフードのレシピ本を書いたり，有機農産物を取り扱う流通企業やホールウィートブレッドをつくるベーカリーをオープンさせるなど，シンプルなライフスタイルをサポートする有機食品関連ビジネスをも手掛けるようになった。彼らが起業した企業の事業内容はそれぞれ異なっていたが，(1)シンプルなライフスタイルの普及，(2)地球環境に配慮し，持続可能な農業生産・食品供給方法の促進，という使命（ミッション）に駆られて起業した点で彼らは共通していた。そうい

う意味で，彼らが起業したビジネスは，いわゆる「ミッション・ドリブン・ビジ
ネス」であったといえよう。

第**2**節
## 慣行食品スーパーが抱えていた問題

　カウンターカルチャーに属する流通の素人達によって創業・設立された有機食
品流通企業・販売機関が，経済組織として市場で生き残ることができたのはなぜ
なのか。本書で描いた有機食品流通企業・販売機関の発展史が示したように，そ
の理由のひとつは，1930年代以降米国の主たる食品流通企業として君臨し続け
た慣行食品スーパーが抱えていた問題に起因する。慣行食品スーパーが抱えてい
た問題は，亜流に過ぎなかった有機食品流通企業・販売機関に発展の隙間を与え
た。

## 1. 慣行食品スーパー：変化に対応する意欲の低下
### 有機食品市場を無視し続けた慣行食品スーパー

　本書の第1章で説明したように，慣行食品スーパーチェーンは，多店舗展開
や生産者からの直接仕入れを中心とする仕入れシステムの構築，物流センターの
建設を軸に，1960年代の米国において最も主要かつ競争力の高い食品流通の担
い手として君臨していた。一方，1960年代後半から1970年代にかけて誕生した
ばかりの有機食品流通企業は，経営資源に乏しく，安定した仕入れシステムを確
立できずにいた。加えて，経営上も様々な問題を抱えていた。このように慣行食
品スーパーと有機食品流通企業・販売機関の間には，経営資源と経験の点で大き
な格差が存在していた。もし慣行食品スーパーがより早い時期に自然・有機食品
を取り扱うようになっていたとしたら，有機食品流通企業・販売機関は，慣行食
品スーパーとの全面競争に直面し，生き残ることができなかったかもしれない。
しかし実際には，1990年代初頭までの間，慣行食品スーパーが有機食品市場を
有望な市場として認識することはなかった。そして当然のことながら，慣行食品
スーパーは有機食品を取り扱おうとはしなかった。

　米国の有機食品市場は，大量消費・物質主義からの離脱およびシンプルなライ
フスタイルを提唱し，自らそれを実践したカウンターカルチャーに属する人々が
つくりだした市場である。カウンターカルチャー運動の参加者達は，活動家・起
業家であると同時に，有機食品市場誕生初期の主要な消費者でもあった。このよ
うに有機食品市場が形成されていく過程を見る限り，1960年代後半から1970年

代にかけて，メインストリームに属する慣行食品スーパーが，有機食品市場を単なるカウンターカルチャーの若者達の気まぐれとしてしか認識していなかったことは至極当たり前といえるだろう。こうした事実だけでは，必ずしも慣行食品スーパーが経営上深刻な問題を抱えていたことの証左とはならない。しかし，1980年代に入り，個人投資家やベンチャーキャピタルが有機食品市場の成長可能性に気づき，有機食品スーパーに投資し始めた後もなお，慣行食品スーパーは依然として有機食品市場の可能性を無視し続けた。こうした事実は，慣行食品スーパーの変化に対応する意欲と能力が低下していたことの現れであると考えられる。例えば，本書第5章で紹介したように，1991年，有機食品スーパー・フレッシュフィールズの1号店がメリーランド州ロックビル市でオープンした際，店舗周辺の慣行食品スーパーの売上高は大きく減少した。それにもかかわらず，ワシントンDC・メリーランド州ボルチモア地区における最も主要な慣行食品スーパーチェーンであったジャイアントの理事会は，依然として有機食品スーパーを競争相手として認めなかった。

　恵まれた経営資源を有し，経営経験が豊かであったはずの慣行食品スーパーが，1960年代後半から20年以上もの間，有機食品市場の可能性を無視し続けたのはなぜなのだろうか。ジャーナリストのジェニファー・クロス（Jennifer Cross）は，1970年に出版されベストセラーとなった著書 *The Supermarket Trap: The Consumer and the Food Industry*（『慣行食品スーパーの罠：消費者と食品産業』）の中で次のように指摘している。1960年代の慣行食品スーパーは，有機食品市場の可能性を認識するところか，慣行食品の販売に関してすら，新しい顧客や新しいニーズに対応しようとはせず，変化に抵抗する傾向にあったという。つまり，慣行食品スーパーが有機食品市場を無視し続けたのは偶然の産物ではなく，慣行食品スーパー自身が1960年代以降抱えていた問題から帰結する当然の結果であったといえる。以下では，こうした慣行食品スーパーの問題を具体的に見てみよう。

### 変化に抵抗する慣行食品スーパー

　慣行食品スーパーは，1930年代以降，女性とりわけ主婦達を一般家庭における食品の「購買代理人」とみなすようになった（Cohen 2004, p. 313）。戦後，労働者の収入が大きく増加する状況の中，「平均的中産階級」の主婦達を主要な顧客ターゲットに据えた（Cohen, 2004, p. 295）。慣行食品スーパーが考えていた平均的中産階級の主婦層とは，収入が「中の中」か，それよりやや多くまたはやや少ないグループに属し，消費者一般の選好，いわゆるマスマーケットから大きく逸脱しない主婦層であった（Cohen, 2004）。マスマーケットの選好について，

1968 年，全米食品店チェーン連合会（National Association of Food Chains）の会長クラレンス G. アダミー（Clarence G. Adamy）は「全米新聞紙食品欄編集者コンファレンス（1968 Newspaper Food Editors' Conference）」において次のように発言している。この発言こそ，慣行食品スーパーの認識をはっきりと示しているといえよう。「全米の家族の半分は，［安いファストフードの］ホットドッグを食べている。なぜならば，これらの家族にとって，食費を節約することが，自分の支払い能力を超えた新車を購入するために組んだローンを返済する唯一の方法だからである」（Cross, 1970, p. 151. ［　］内は筆者による）。つまり，マスマーケットは食品を購入する際に低価格であることを最も重視している，と慣行食品スーパーは認識していたのである。

　しかし，1960 年代以降，慣行食品を購入する顧客には様々な変化が生じた。その変化のひとつは，女性だけではなく，男性も食料品店を訪れるようになったという変化である。1960 年代以降，男性もまた食品スーパーにとって重要な顧客となった。こうした変化に直面しても，慣行食品スーパーは，ターゲット顧客に関する戦略を再考しようとしなかった。この点は，1974 年 6 月 5 日付の *New York Times* に掲載された次のような記事によって裏付けられている。マーケティング調査会社「ホームテスティング（Home Testing Institute）」が全米の子供のいる 500 家庭に対して実施した調査によると，31 ％の家庭において夫・父親がスーパーマーケットでの食品購入に参加しており，かつ彼らのほとんどが意思決定者の役割を果たしていることが明らかになった。にもかかわらず，慣行食品スーパーが夫を買い物客とみなすことはなく，彼らの購買行動を調査しようとはしなかったという[1]。夫を買い物者として認識しないという慣行食品スーパーの戦略は，1980 年代まで続いた（Cohen, 2004）。

　加えて，1966 年から 1969 年にかけて，全米の多くの都市において，主婦達が慣行食品スーパーでの買い物をボイコットする出来事が発生した。主婦達は，当時の大手慣行食品スーパーの多くが行っていた「スタンプ」などを通じた販売促進を取りやめ，それらの販売促進にかかったコストを削減することで食品の小売価格を下げるよう要求した（Cross, 1970）。スタンプを通じた販売促進方法とは，次のようなものであった。慣行食品スーパーは，スタンプを発行する会社からスタンプを購入し，自らの顧客に対して，購入金額に応じたボーナスとして同スタンプを与える。スタンプをもらった顧客は，一定の数のスタンプを集める

---

1　Georgia Dullea（1974）, "Once Supermarket Dilettantes, Men Shop Seriously Now," *The New York Times*, June 5, 1974, p. 48.

と，スタンプの発行会社から生活用品などの商品を無料でもらうことができた。こうした「スタンプ」による販売促進をやめるべきであるという主婦達からの要求に対して，慣行食品スーパー側は「米国人の 80% から 90% がスタンプを集める習慣を持っており」，「25% はスタンプ集めの熱烈なファン」であるとの理由で，受け入れを拒否した（Cross, 1970, p. 49）。この結果，「慣行食品スーパーの複雑な価格戦略により，消費者は商品の『通常の』価格または『市場』価格を知ることができなくなり」，「合理的に買い物をしたい女性にとって」，「食品の購入は，ルールを教えられていないゲームの罠にはめられたようである」として，主婦達の不満が高まった（Cross, 1970, p. 79）。

　このように，慣行食品スーパーは「均一的ニーズと嗜好をもつ」中産階級の主婦というマスマーケットの存在を疑おうとせず，また，彼女達だけをターゲットにし続けた。このような慣行食品スーパーが，有機食品市場の存在を無視し続けたとしても全く不思議はなかろう。1960 年代，慣行食品スーパーの担当者は次のような発言をしている。「食品の品質を重視する十分な数の顧客がいるのであれば，私達は，有機栽培や自然成熟した青果物，より高品質のパンとバター，より多様な種類のベーコン，増量剤・グープ［ガンマヒドロキシ酪酸塩］・添加物の少ない加工肉を提供するようになるだろう」（Cross, 1970, pp. 174-175. 強調および［　］内は筆者による）。

## 2. 慣行食品関連産業のロビー活動とその影響

　米国において，慣行食品スーパーや大規模農場，加工（慣行）食品業者などから成る慣行食品関連産業の業界連合は，一貫して豊富な資金力を有している。これらの業界連合は多くの広報と弁護士をかかえており，米国農務省（USDA）やFDA など連邦政府機関や多くの州の州政府にとって強力な圧力団体となっている（Verrett & Carper, 1974/1975; Nestle, 2013）。Cross（1970）によると，1960 年代，68 の食品・農業の業界団体が首都ワシントン DC に事務所を置き，積極的にロビー活動を行っていたという。こうしたロビー活動の中には公衆の利益に反した活動もあり，そうした活動は有機食品流通企業・販売機関の発展にむしろ追い風になったと考えられる。慣行食品関連産業の業界団体のロビー活動の具体例を見てみよう[2]。

　1960 年代，慣行食品関連産業の数多くの業界団体が猛烈なロビー活動を行っ

---

2　慣行食品関連産業の業界団体のロビー活動に関する説明は，Cross（1970）による。

た結果，1966年に国会で通過した「公正包装表示法（Fair Packaging and Labeling Act: FPLA）」では，加工食品メーカーが加工商品に含まれるすべての成分をラベルに明記することを義務付けられることはなかった。食品関連産業の業界団体は，製品の製造秘密を守るという理由で，商品に含まれるすべての成分とその構成比をラベルに明記することを拒否し続け，そのためのロビー活動が成功をおさめたのである。

　FDAが食肉生産における抗生物質や成長ホルモンの使用を制限する規制を提案したときもまた，食肉生産者は「同規制によって発生する生産者側の損失が，規制しない場合に公衆衛生が直面する危険を上回る」と主張し続けた（Cross, 1970, p. 25）。この食肉生産者によるロビー活動において，慣行食品スーパーは必ずしもリーダーシップをとっていたわけではなかったが，抗生物質や成長ホルモンを使用して生産した食肉の販売をその後も継続した。

　商品の重量についても，慣行食品関連産業の業界団体が規制緩和を目指して実施したロビー活動が成果を得ている。例えば1968年，オレゴン州とワシントン州を含めた10の州において，ベーカリーなどの業界団体がロビー活動を実施した結果，1ローフのパンの重量を1ポンド（16オンス）と定めていた規制を緩和し，15オンスから17オンスの範囲内であればよいとすることに成功した。結果として，使用する原材料は少ないものの，空気で膨らませることでサイズが大きく見える「風船パン（balloon bread）」が慣行食品スーパーで売られるようになった（Cross, 1970, p. 25）

　こうした一連のロビー活動は，一見すると，企業の従来の生産・経営手法を改革する手間とコストを省くことにつながり，少なくとも短期的には企業の利益を守ったかのように見える。しかし長期的には，慣行食品スーパーを含む慣行食品関連産業の革新能力と変化に対応する能力を損ないかねない。また，これらのロビー活動は，テレビ局による公聴会の実況放送や活動内容の実態を暴く書籍などの登場により，多くの消費者に知られるようになった。このことは，直接的または間接的に，自然・有機食品流通企業の発展を促進することにつながった。

　直接的な影響としては，有機食品流通企業に顧客を提供したことが挙げられる。慣行食品スーパーの認識に反し，食料品に関する消費者のニーズは「均一」からはほど遠い状況にある。価格のみを気にする消費者もいれば，自然・有機食品のみを消費したいと願う人やある特定の添加物を避けたい人，自分が食べるものに含まれる成分をすべて把握したい人など，一口に「消費者」といっても実に様々である。消費者にとって，商品ラベルはその食品に含まれる成分を知る上で最も重要な情報源であるとともに，多くの場合，唯一の情報源である。すべての

成分をラベルに明記する規制に反対し続け，かつ勝利を得た慣行食品業界は，食品供給の透明性を求める消費者にとって満足できる食品供給元でなかったことは明らかだろう。そのような消費者は，近隣にアクセスできる有機食品小売店・施設があれば，当然そちらにシフトする可能性があった。

　間接的な影響としては，有機食品流通企業が慣行食品流通企業を揶揄する際に用いた「利益のための食品（Food for Profit）」という批判に裏付けを与えてしまった点が挙げられる。逆に有機食品流通企業がうたっていた「人々のための食品（Food for People）」という理念が正当化されるようになった。1960年代以降，農薬や化学添加物が消費者と農業労働者の健康や自然環境にもたらす問題を暴露するベストセラーが多く出版された。生産方法と成分に対する消費者の関心が高まる中，情報公開に消極的であり，企業利益の減少を理由に規制に反対した慣行食品関連産業のロビー活動は，「公衆の利益より企業の利潤の方を重視する」企業の姿勢を消費者に印象付けた（Cross, 1970, p. 91）。こうした慣行食品関連産業に対する悪い印象は，企業の社会的責任をきちんと果たしつつ，利益を出すことを経営の目標として掲げていた有機食品流通企業の追い風となった。有機食品流通企業の既存顧客のロイヤリティはさらに高まり，同時に新規の顧客獲得にもつながった。こうした点について，組合員数が最も多い有機食品生協として知られるPCCの経営者達は，次のように述べている（Joe HardimanおよびRandy Leeに対する筆者のインタビュー調査による。調査日：2018年1月30日）。


　　消費者にとって食料品を買うことはひとつの経験である。もちろん，高品質の食料品それ自体は，消費者が良い経験を得るうえで不可欠な要素である。しかし，企業が掲げる理念や，社会的責任に対する姿勢，取り組みといった点もまた重要な要素となりうる。より良い社会の実現に積極的に貢献しようとする小売店で買い物することは，顧客にすばらしい購買経験をしてもらうことに大いに貢献する。


第3節

# 社会運動と企業戦略の特徴

## 1. 水平的ネットワークでつなげられた活動家達

　米国における有機食品流通企業・販売機関の発展プロセスに見られる興味深い現象のひとつは，1960年代後半から1970年代にかけてのほぼ同じ時期に，組織形態や経営特徴がそれぞれ異なる多様な企業・機関が出現した，という現象であ

る。例えば，卸売機能を果たす企業・機関として，農業販売協同組合や有機農産物卸売企業が出現し，小売企業として，有機食品スーパーや有機食品生協などが誕生した。こうした多様な業態は，自然・有機食品を求める顧客の多様なニーズに対応することにつながった。業態の多様性は，有機食品流通業全体の堅調な発展を導いた重要な要因のひとつであったと考えられる。

　多様な業態の流通企業・販売機関がほぼ同じ時期に出現し，その後も発展し続けたのはなぜなのだろうか。その理由は，米国における有機食品関連の社会運動が持つ特徴と関係している。有機食品関連の社会運動の特徴について，多くの米国の歴史家や社会学者は共通して次の点を指摘している。すなわち，「オーソリティを嫌い，リーダーシップを疑う」こと自体が運動の発生要因のひとつであった有機食品運動には，運動を指導し，参加者と支持者を募るための社会運動組織（SMO）が存在しなかったという特徴である（Roszak, 1969/1995, p. xxix; Jacob, 1997）。バック・ツー・ザ・ランダーやヒッピー，ニューウエーブ食品生協の活動家，活動の重点をエコロジー問題へと移した学生活動家達は，物質主義に抵抗したいという精神の下，企業の「元気の良いロボット」にならずにシンプルなライフスタイルを実現する方法をそれぞれ独自に模索していた。

　一方，これらの活動家達は完全に孤立無援ではなかった。彼らは，バック・ツー・ザ・ランダー達の経験談や有機農場経営に関するハウツー本・雑誌，有機食品流通企業に関する業界誌など，カウンターカルチャーに属する人々が出版・刊行した多様な出版物によってつなげられ，ネットワークを形成していたのである。そのネットワークは，垂直的というより水平的であり，濃密な人間関係というよりも広く浅いつながりで形成されていた。このようなネットワークが存在したことで，有機食品の先駆け達はロールモデルや仲間を見つけ，経営情報を得ることができた。と同時に，自らの個性や創造性を制限されることなく，自由にビジネスアイディアを生み出すことができた。結果として，資金調達や品揃え・陳列，販売促進との側面で様々な革新的なアイディアが案出され，多様な業態が誕生したのである。

## 2．集中化戦略

　有機食品市場というニッチマーケットに集中し続けたという意味での集中化戦略は，多様な有機食品流通企業・販売機関が競争で生き残るための重要な要因のひとつとなった。戦後，米国の食品小売業界に君臨していた慣行食品スーパーは，売上高を最大化することを企業の最も重要な目標として掲げていた（Cross, 1970）。そうした目標を実現するべく，慣行食品スーパーは「平均的消費者」を

ターゲットに据え，品揃えについても「その商品を好む消費者が多いモノより，むしろ，その商品を嫌いな消費者が少ないモノ」を選び，成分や味などに目立った特徴のない「無難な」商品を多く取り扱っていた（Cross, 1970, p. 174）。こうした品揃え戦略の背後には，「マスマーケット向けの食品」の場合，「何らかの目立った特徴があると，結果的に，獲得する顧客より失う顧客が多い傾向がある」という慣行食品スーパーの認識があった（Cross, 1970, p. 174）。慣行食品スーパーの多くが同じような顧客層をターゲットとし，同じような品揃え戦略を採用していたため，1950 年代終盤頃には，異なる企業の店舗であっても，その中身はほとんど変わらない状況にあった。Cross（1970）は次のようなエピソードを紹介している。1959 年，ある大手慣行食品スーパーチェーンの社長がひとつの店舗を訪れ，同店舗のマネジャーと会話を交わした。しかしその社長は，会話が終わった後もなお，その店舗が自社の店舗でないことに気づかなかったという。

　一方，有機食品流通企業・販売機関の創業者達は，カウンターカルチャーの運動に自ら参加した経験に基づき，2 つのことを認識していた。ひとつは，市場には潜在的に有機食品を求める人が存在するということであり，もうひとつは，有機食品を求める人は米国では大多数ではなく，将来的にも大多数にはなりえないということであった。例えば，ホールフーズマーケットの主要な創業者であるジョン・マッキーは，米国における有機食品市場は，せいぜい有機食品スーパー 500 店舗が出店できる程度の規模にしかならないと予想していた[3]。また，有機農産物卸売企業 OGC 社の創業者の 1 人であるデビッド・ライヴリーは，米国の有機食品市場がいくら成長したとしても，食品市場全体の売上高の 20% を超えることはないと述べている[4]。有機食品市場がニッチマーケットであることをはっきりと認識した上で，このニッチマーケットをあえて選び，それに集中化するという戦略を採用したという点は，有機食品流通企業・販売機関が，経営資源と経営経験で勝る慣行食品スーパーと差別化し，生き残ることを可能にした重要な要因のひとつである。

## 3. 企業の社会的責任を果たして利益を出す経営

　有機食品流通企業・販売機関が米国の食品流通で起こしたイノベーションは，

---

3　R. Michelle Breyer（1998），"All-Natural Capitalist: How a Health Food Hippie Made Whole Foods a Retail Giant and Changed an Industry," *Austin American-Statesman*, May 10, 1998, p. A1, pp. A7–A10 による。

4　David Lively に対する筆者のインタビュー調査（調査日：2017 年 11 月 10 日）による。

品揃えの革新性だけにとどまらない。企業の社会的責任をきちんと果たしつつ，競争で生き残る方法を見出したという点もまた，有機食品流通企業・販売機関が起こした重要なイノベーションである。実際，有機食品流通企業・販売機関の品揃え自体も，社会的責任に対する考え方を強く反映したものとなっている。

　有機食品流通企業・販売機関の中には，誕生して数年以内に経営に行き詰まり，市場から姿を消したものも多い。生き残った企業・機関には共通した特徴が見られる。(1)栄養価値の高い食料品を提供し，(2)持続可能な食品供給システムを構築し，(3)顧客のみならず，すべてのステークホルダー，すなわち農業労働者や自社の従業員，立地するコミュニティに住む人々のクオリティオブライフ向上に貢献する，という理念を堅持しながら，きちんと利益を出すための経営手法を模索し，戦略を立て直し，組織改革を実施し続けてきたという特徴である。

　戦後大手慣行食品スーパーのビジネスモデルは，次の3つの方法で効率化を追求してきた。すなわち(1)仕入れや価格設定，広告宣伝に関する意思決定を本部に集中し，(2)大生産地の大規模農場から少品種を大量に仕入れ，(3)店舗従業員の賃金を非常に低いレベルに抑えることで低価格販売を実現し，マスマーケットの顧客を惹き付けていた。米国の著名な作家でジャーナリストのバーバラ・エーレンライク（Barbara Ehrenreich）は，ベストセラーとなった自身の著書 *Nickel and Dimed: On (Not) Getting by in America*（『米国の低賃金労働者：貧困から切り抜けられない人々』）[5] の中で，1990年代終盤にミネソタ州ミネアポリス市のウォルマートでアソシエート（associate：ウォルマートにおける従業員に対する呼称）を務めた経験を次のように明かしている。ウォルマートの仕事に申請した際，同社の「意見調査（Opinion Survey）」に答えることを求められたエーレンライクは，3つの調査項目について，同社が求める答えとは異なる回答をしていたことを採用担当者に告げられたという。そのうちのひとつは，「いかなる状況においても会社が定めたルールを厳守しなければならない（rules have to be followed to the letter at all times）」といった記述に対して「非常に強く賛成（very strongly agree）」から「非常に強く反対（very strongly disagree）」までの10点尺度で意見を表明する調査項目であった。この項目に関してエーレンライクは「強く賛成」と回答したというが，ウォルマートが求めた答えは「非常に強く賛成」であった。採用後，エーレンライクに与えられたのは，婦人服部門の仕事であった。顧

---

5　同書は，2003年ノースカロライナ大学チャペルヒル校（The University of North Carolina at Chapel Hill）ですべての新入生が読まなければならない図書に指定された。その後も多くの米国の大学の講義でテキストに指定されている。

客が試着したものの購入には至らなかった洋服や返品された洋服を畳んで元の陳列場所に戻すといった単純作業の繰り返しであり，「従業員同士あるいは従業員と直属の上司との間のインタラクションはほとんど必要なかった」（Ehrenreich, 2001/2011, p. 156)。ウォルマートでは，エーレンライクだけが単純作業を与えられたわけではなかった。「仕入れる商品や価格などの意思決定はすべてアーカンソー州にあるウォルマートの本部で行われるため，店舗がコントロールできることといえば，部門内のレイアウトぐらい」であり，店舗における作業は当然単純作業であった（Ehrenreich 2001/2011, p. 155)。こうして黙々と単純作業のみを午後2時から深夜11時まで9時間（中の1時間は無給の休憩時間）続けるエーレンライクの時給は7ドルであり，税込み月収は1120ドルであった（Ehrenreich 2001/2011, p. 198)。1998年当時，ミネアポリス市における簡易台所付きの1Kアパートの家賃は1週間で179ドルであり（Ehrenreich 2001/2011, p. 169)，これはひと月の家賃に換算すると806ドルであった。エーレンライクは，ウォルマートで働いた収入ではそのアパートを借りることができなかった。

　エーレンライクの経験は，世界最大手の小売企業であり，全米の民間企業として最も多くの従業員数を抱えるウォルマートのビジネスモデルをはっきりと反映している。1990年代から2000年代にかけて，ウェストバージニア州およびニューメキシコ州，オレゴン州，コロラド州の4つの州において，ウォルマートの従業員が，残業代未払いに関して同社を提訴する事態が発生した（Ehrenreich, 2001/2011)。

　一方，有機食品流通企業・販売機関は，企業にとってのすべてのステークホルダー，すなわち顧客，農業労働者，自社の従業員，店舗が立地するコミュニティに住む人々のクオリティオブライフ向上に貢献する，という理念を堅持し続けた。と同時に，きちんと利益を生み出す経営手法を模索し，組織改革を継続して実施してきた。今日における有機食品流通企業・販売機関のビジネスモデルは，以下の4点にまとめることができよう。すなわち(1)従業員の給与・福利厚生を充実させると同時に，(2)現場により多くの権限を委譲することで彼らのモチベーションを向上させ，個性と創造性を活かして消費者に質の高いサービスを提供し，(3)地元産の商品を積極的に取り扱い，(4)商品・価格に関する情報を積極的に公開することにより，消費者が納得する価値を提供するというビジネスモデルである。

　従業員の給与・福利厚生について改革を続けてきた実例として，ピープルフードコープを見てみよう。創立当初，金銭による食品売買自体に反対し，人々の協力によって無料または非常に安く食料品を提供できるようなシステムの構築を理

想として掲げていたピープルフードコープでは，店舗運営はボランティア（無給または非常に安い賃金）店員のみによって行われていた。しかしその結果，店舗で働く人と店舗利用者の双方の不満が高まり，経営が行き詰まった。その後，ピープルフードコープは，店舗運営の方法と組織のあるべき姿を模索し，改革を実施し続けてきた。2019 年 8 月，同生協のアルバイト求人情報には「時給14.75 ドルからスタート。毎年昇給あり。週 28 時間以上勤務する全従業員に対して福利厚生を提供」という雇用条件が書かれている。時給 14.75 ドル（1623円）は，2019 年 7 月 1 日に定められたポートランド大都市圏の法定最低賃金時給 12.50 ドルより 18％ も高い金額である。また，米国では一般的に週 40 時間勤務した場合にフルタイム従業員として区分される。にもかかわらず，ピープルフードコープでは，週 28 時間以上働く従業員全員に対して福利厚生を提供している。

　有機食品流通企業・販売機関はまた，従業員に大きな権限を委譲している。この点について，ニューシーズンズマーケットの例を見てみよう。筆者が同社の店舗で買い物をした際，欲しかったグレードの羊肉が品切れとなっていたことがあった。そのとき，鮮肉売場の従業員は「売り切れて申し訳ありません。よりグレードの高い羊肉があります。その肉でよろしければ，品切れしている肉と同じ値段でご提供します」と筆者に提案した。この例でも明らかなように，大きな権限を持つ従業員は，顧客に対して積極的にソリューションを提供しようと努めている。このような質の高いサービスは，顧客満足度を上げ，顧客の忠誠心を大いに高めるであろう。

　有機食品流通企業・販売機関の中でも，とりわけ地域内で高い競争力を持つ地域密着型有機食品スーパーや有機食品生協では，地元商品を積極的に取り扱う品揃え戦略をとっている。例えば農産物の場合，地元と周辺地域産のリンゴを 8 種類取り扱うといったように，その地域で産出される多様な品種を取り扱う戦略をとっている。仕入れの地理的範囲を狭めることにより輸送などの仕入れコストが低く抑えられ，地元産の多品種の商品を揃えることで集客力を高める効果が見込まれている。

　有機食品流通企業・販売機関は，「激安価格」であることを重視していない。一方でその価格戦略は，あえてプレミアム価格をつけることで高級感やステータスを顧客に感じさせるようなものでもない。有機食品流通企業・販売機関は，商品情報および価格情報を積極的に顧客に公開し，「このように生産されたこのような品質の商品を，このような企業努力により，この価格で提供している」といった内容を包み隠さず提示することで，消費者が納得するような価格設定を行

おうとしている。例えば，ファーマーズマーケットのテナント農家が，自らの栽培方法や飼育方法を買い物客に丁寧に説明するのはこの一例である。また，ニューシーズンズマーケットは，有機食品認証を取得した食品のみならず，有機認証を取得していないものの同様の方法で生産されたオレゴン州産の食品を積極

写真 終-1　ポートランド市のニューシーズンズマーケットの店舗入り口付近に大量陳列されている地元産のベリー

写真上部のポスターには「オレゴン州コーネリアス市にあるアンガーファーム（UNGER FARMS）農場産」と記載され，アンガーファームの生産方法に関する詳しい説明が掲載されている。コーネリアス市は，ポートランド市から45kmしか離れていない近隣都市である。ポスターには，「オレゴン州コーネリアス市にあるアンガーファームは，家族経営の農場であり，現在の経営者は5代目にあたる。この農場では，点滴灌漑や環境に優しい害虫管理など持続可能な農業生産手法が採用されており，最も甘くて最も美味しいベリーの生産を目指している」と書かれている。買い物客は，このポスターを目にすることで，アンガーファームが有機栽培に近い栽培方法を採用していることを理解することができる。アンガーファームのベリーは有機認証を取得しているベリーよりやや安く売られている。
写真：筆者が撮影。

的に取り扱っている。ニューシーズンズマーケットは，後者の食品について，栽培方法や生産方法を詳しく説明する店内広告を設置し，高品質の商品を多様な所得層の手の届く価格で提供することを目指した同社の企業努力を消費者にアピールしている（写真終 -1）。こうした透明性の高い価格決定は，「激安価格」だけを徹底的に追求する消費者にとっては魅力的ではないかもしれない。しかし，「激安価格」の理由を正確に知りたい顧客や，商品の品質，企業の社会的責任の取り組み，さらにこれらと価格との関係を購買意思決定の際に重視する顧客にとって，透明性の高い価格決定プロセスは企業の誠実さを感じさせるものともなろう。

　このように，有機食品流通企業・販売機関は，従業員により高い給与待遇を提供し，より多くの権限を現場に委譲し，地元商品を積極的に取り扱い，商品・価格に関する情報を積極的に顧客に提供して透明性の高い経営を実践している。有機食品流通企業・販売機関の多くの店舗では，今日，幸せに働く従業員達がより高い顧客満足の提供に励んでいる。と同時に，同店舗は立地するコミュニティの中心としての役割を果たしている。

第**4**節

## 日本へのインプリケーション

　2006 年，日本において「有機農業の推進に関する法律」（有機農業推進法）が成立した。2017 年，農林水産省が推計した日本全国の有機食品市場規模は 1850 億円[6] であり，これは，同年飲食料品小売業の年間販売額の 0.4% を占めた[7]。農林水産省が実施した消費者アンケートの結果，2017 年の日本の有機食品市場の現状について 6 つの点が明らかになった[8]。第 1 に，「週に 1 回以上有機食品を利

---

6　農林水産省生産局農業環境対策課「有機農業をめぐる事情」平成 31 年 3 月（http://www.maff.go.jp/j/seisan/kankyo/yuuki/attach/pdf/index-68.pdf，最終アクセス日：2019 年 8 月 26 日）による。

7　2017 年の日本全国の有機食品市場規模の推計値を，経済産業省「商業動態統計年報」が公表した同年の日本の飲食料品小売業の年間販売額 44 兆 5360 億円で割って計算した結果である。ただし，実際には，飲食料品小売業は，食料品の他，飲食水や飲食料品以外の商品も販売している。また，飲食料品小売業に分類されていない小売業の中にも，食料品を販売する小売業もある。そのため，有機食品が日本の食品市場全体に占める比率は必ずしも 0.4% ではないと考えられる。

8　農林水産省生産局農業環境対策課「有機農業をめぐる事情」平成 31 年 3 月（http://www.maff.go.jp/j/seisan/kankyo/yuuki/attach/pdf/index-68.pdf，最終アクセス日：2019 年 8 月 26 日）による。

用」していると答えた消費者は，全回答者[9]の 17.5 % を占めた。そのうち「ほとんどすべて『有機』を購入している」と答えた消費者は全回答者の 1.7%,「ほとんどすべて,『有機』『減農薬』など，安全や環境に配慮したものを購入している」と答えた消費者は全回答者の 5.2 % であった。第 2 に，2017 年の日本全国の「ほとんどすべて『有機』を購入している」消費者の有機食品購入金額は 1157 億円であり，これは同年の日本全国の有機食品市場規模の推計値の 62.5 % を占めた。第 3 に，日本全国の「ほとんどすべて『有機』を購入している」消費者の有機食品購入金額は，2009 年の 624 億円から 2017 年の 1157 億円へと 2 倍弱に増加した。第 4 に，購入している有機食品のイメージについて尋ねたところ（複数回答可），回答者が多い順に「安全である」（86.0%），「価格が高い」（82.8%），「健康にいい」（79.5%），「理念に共鳴できる」（65.8%），「おいしい」（63.9%），「環境に負担をかけていない」（62.5%）であった。第 5 に，有機農業で生産された農産物について生産者が利用する販売チャネルに関して尋ねたところ，消費者への直接販売が 66.3% と最多であった。第 6 に，消費者に有機食品の購入先を尋ねたところ（複数回答可），回答者が多い順に「スーパー」（87.4%），直売所（33.8%），生協（33.7%），百貨店（15.5%），自然食品店（13.4%），農家から直接（9.8%），ネット販売会社（9.4%）であった。

　上述した消費者アンケート調査の結果は，日本の有機食品市場が米国のそれと 2 つの点で類似しており，米国における有機食品流通企業・販売機関の発展プロセスが日本に対しても重要な示唆を与えることを示している。1 つ目の類似点は，数少ないヘビーユーザーによる消費額が有機食品市場全体に占める比率が非常に高く，また，彼らによる有機食品購入金額の増加率も高いという点である。日本の有機食品市場が，米国と同じように，今なお成長を続けるニッチマーケットであることがうかがえる。2 つ目の類似点は，日本の有機食品ユーザーもまた，企業理念および環境保護に高い関心を示しているという点である。一方，米国とは異なり，今日の日本では，有機食品の生産者が利用している販売チャネルと，有機食品の購入者が利用しているチャネルの間に大きなズレが見られる。購入者にとって最も利用しやすい施設が小売店舗である一方，多様な有機食品流通企業・販売機関が発達していないために，生産者の側は自らの手による直接流通を利用せざるを得ない。有機食品流通企業・販売機関の未発達は，日本における有機食品の生産と消費の拡大の足かせになっていると考えられる。

---

9　回答者総数は 4530 人であった。

　日本における多様な有機食品流通企業・販売機関の発展のみならず，日本の流通産業全体におけるイノベーションの発生を促進するために，米国の経験は以下の4つの側面で重要な示唆を与えてくれている。

　第1に，流通イノベーションを促進するためには，進取の精神に富み，革新的なアイディアを持つ人材を輩出することが不可欠である。それを実現するためには，新卒一括採用および終身雇用・年功序列の雇用制度を根本的に改革する必要がある。米国における有機食品流通企業・販売機関の発展史からわかるように，メインストリームを逸脱した生活経験を含む人々の多様な経験は，破壊的イノベーションをもたらすビジネスアイディアの源泉になりうる。一方，新卒一括採用および終身雇用・年功序列を特徴とした雇用制度は，若者達からより多様な経験を得る機会を奪っているともいえる。米国における多くの破壊的流通イノベーションは，流通業以外の分野で訓練・教育を受け，幅広い経験と興味を持った起業家・活動家達によってもたらされた。「先入観にとらわれず，何が正しく，何が間違っているかについての定説に束縛される」ことなく，多様な生活経験から習得したアイディアを流通に持ち込むことによってイノベーションが生まれた（Beveridge, 1957, p. 2）。

　第2に，米国の経験は，起業に対する公的支援のあり方について示唆を与えてくれる。短期間の補助金を与えること以上に，低所得者向け住宅などのセーフティーネットの整備や，起業に失敗した際に再就職を容易にするような雇用制度の改革が重要である。米国の経験が示しているように，1960年代後半から1970年代にかけて，こうしたセーフティーネットの存在や再就職の容易さが，米国の若者達による有機食品関連企業・機関の創業を後押しした。再就職の機会があったからこそ，起業に失敗した若者達や，有機食品にかかわる仕事以外に興味をもった若者達もまた，有機食品の主要な消費者であり続けた。彼らもまた，消費者として有機食品産業の発展に貢献し続けたのである。

　第3に，米国の有機食品流通企業・販売機関は，マスマーケットを狙って成長してきたわけではない。また，有機食品流通企業・販売機関は，有機食品を「流行」や「ステータス」として捉えていたわけでもなかった。それまで主流とされていた「人間中心」かつ「消費者至上主義」にとってかわる新しい食品生産・流通・消費の考え方・あり方として，有機食品を消費者にアピールしてきたのである。有機食品流通企業が提示した有機食品の価値を価値として認め，また，理念に共鳴する消費者は，市場の大多数を占めるわけではないが，確実に存在する。マスマーケットを狙わず，ニッチマーケットだけを見据え，従来とは大きく異なる価値と理念を大胆に提示したことこそが，米国の有機食品流通企業・

販売機関が成功をおさめた重要な要因のひとつである。日本においても，有機食品はニッチマーケットであり，今後もニッチマーケットであり続けると考えられる。ニッチマーケットで競争することを明確に意識し，そうした意識の下で，ターゲット顧客に提示すべき価値を検討するという姿勢は，日本の有機食品流通企業にとっても重要である。

第4に，米国の有機食品流通企業の経験が示したように，「細かいルールを厳守することを現場の従業員に要求し，低賃金またはアルバイト従業員の比率を高めることで人件費を削減し，低価格で集客する」というビジネスモデルは，食品流通企業の成功を導く唯一無二のビジネスモデルではない。「従業員の待遇を良くし，幸せに働く従業員の創意工夫がもたらす人間味あふれる高品質のサービスを提供し，さらにコスト構造・価格構造を消費者に積極的に公開することで実現する透明性の高い経営で集客する」というビジネスモデルは，企業が社会的責任を果たしつつ利益を出す経営を可能にする。Ehrenreich（2001/2011）が指摘しているように，「他人の賃金が不当に低く抑えられること」や「ワーキングプア」のおかげで，「自分がより安く，より便利に食料品を買える」ことについて，「恥ずかしく感じる」消費者は少なくない（Ehrenreich, 2001/2011, p. 221）。

## おわりに

米国における多様な有機食品流通企業・販売機関の存在は，メインストリームの考え方やオーソリティの意見をうのみにしない生き方と働き方を勇敢に実践した人々が残してきた足跡でもある。

週末になると，東京の青山ファーマーズマーケットでは多様な有機農産物や有機加工食品が販売されている。このファーマーズマーケットに出店しているのは，脱サラした有機栽培農家や，有機農家から商品の販売業務を一手に引き受けているベンチャー企業の若者達など様々である。このファーマーズマーケットは，価値観や生き方，さらに働き方が多様化している日本社会のひとつの縮図でもある。1960年代日本におけるスーパーの発展は，戦後米国の大量消費社会にあこがれ，豊かな物質生活を求める消費者の欲求と，その欲求に応えようとした起業家の努力の結果であった。同じように，今日日本でも見られる有機食品流通企業の増加は，物質的豊かさとは異なるクオリティオブライフを求め，また，人生の目的，人間と自然の関係，個人と企業の関係，消費者と生産者の関係について，従来の考え方を再考する人が増えた結果であろう。

1960年代後半から50年以上を経た2017年，有機食品の年間売上高が米国食

品全体に占める比率は5.5%であった[10]。有機食品は確かにニッチマーケットで
はあるが，重要な市場である。本書が示したように，このニッチマーケットは，
多くの起業家が自らの使命と位置付けたキャリアを実現する場を提供した。ま
た，有機食品を求める人々のニーズを満たしてきた。米国と同じように，今日の
日本の食品市場は細分化している。日本においても有機食品市場は重要なニッチ
マーケットとなりうる。同市場は，起業家・活動家に自己実現の場を，また消費
者に良い消費経験を提供する場となるであろう。

　有機食品といえば，多くの人が「価格が高い」というイメージを持つに違いな
い。とりわけ日本の場合，慣行栽培の農産物でさえ値段が高く，欲しい量を満足
に消費できない人が少なくない。慣行栽培より手間がかかり，生産コストが高い
ため値段がどうしても高くなりがちな有機農産物の流通を促進する必要なとある
のか，との疑問を持つ人もいるかもしれない。しかし，慣行栽培の農産物のう
ち，収穫した生産物の何割が流通企業によって買い取られ，そのうちの何割が消
費者に実際に消費されているだろうか。サイズ，色，形が「規格」に適合せず，
または小さな傷があるなどの理由で捨てられている農産物は全体の何割を占めて
いるだろうか。こうした食品の浪費は，慣行栽培の農産物のコストを上昇させ，
小売価格が高い要因のひとつとなっている可能性がある。有機農業は，戦後「工
業化」された慣行農業が抱える様々な問題に対する反省から台頭したものであ
る。生産者，流通業者，さらに消費者が一丸となって，これまでの食品評価に関
する考え方を反省し，食品の浪費をなくすよう努力し，さらに農業政策の改革を
進めることによって，消費者にとってより手の届きやすい有機農産物を供給する
ことができるのではないか。日本における有機農業の推進は，有機農産物の供給
を増やし，消費者に多様な食の選択肢を提供するだけにととどまらず，慣行農業の
改革にも新しい視点を与えるであろう。

---

10　Organic Trade Association の調査による。

# 参考文献

生田靖・西岡俊哲（1986），「一九六〇年代後半以降における生協の展開」野村秀和・生田靖・川口清史編『転換期の生活協同組合』大月書店，pp. 23-44。

ウェーバー，マックス著，阿閉吉男・脇圭平訳（1987），『官僚制』恒星社厚生閣。

小川孔輔・酒井理（2007），『有機農産物の流通とマーケティング』農山漁村文化協会。

川口清史（1992），「近代的事業組織の確立と展開」野村秀和編『生協 21 世紀への挑戦：日本型モデルの実験』大月書店，pp. 30-34。

斎藤嘉璋（2007），『現代日本生協運動小史』（改訂新版）コープ出版。

田中秀樹（1998），『消費者の生協からの転換』日本経済評論社。

中嶋陽子（1992），「生協組合員のライフ・スタイル」野村秀和編『生協 21 世紀への挑戦：日本型モデルの実験』大月書店，pp. 49-57。

浜岡政好（1992），「1980 年代後半以降のライフ・スタイル転換」野村秀和編『生協 21 世紀への挑戦：日本型モデルの実験』大月書店，pp. 41-49。

福岡正信（1983），『自然農法 わら一本の革命』春秋社。

的場信樹（1992a），「消費者運動と共同購入」野村秀和編『生協 21 世紀への挑戦：日本型モデルの実験』大月書店，pp. 25-30。

―― （1992b），「日本型生協運動の展開」野村秀和編『生協 21 世紀への挑戦：日本型モデルの実験』大月書店，pp. 35-39。

吉木双葉（2014），「米国カリフォルニア州におけるセサル・チャベス主導の農業労働者運動―成功要因再考―」『ラテンアメリカ研究年報』No. 34, pp. 65-98。

Agnew, E. (2004), *Back from the Land: How Young Americans Went to Nature in the 1970s, and Why They Came Back*, Chicago: Ivan R. Dee.

Aidala, A. A., & Zablocki, B. D. (1991), The Communes of the 1970s: Who Joined and Why?, *Marriage & Family Review*, 17 (1-2), 87-116.

Albert, S. (1969/1984), People's Park: Free for All, in J. C. Albert, & S. E. Albert (Eds.), *The Sixties Papers: Documents of a Rebellious Decade* (pp. 434-436), New York: Praeger Publishers. Originally published in *Berkeley Barb*, April 25-May 1, 1969, p. 5.

Armstrong, D. (1981), *A Trumpet to Arms: Alternative Media in America*, Foreword by B. H. Bagdikian, Los Angeles: J. P. Tarcher, Inc..

Barnett, B. J. (2003), The U.S. Farm Financial Crisis of the 1980s, in J. Adams (Ed.), *Fighting for the Farm: Rural America Transformed* (pp. 160-171), Philadelphia: University of Pennsylvania Press.

Bay Laurel, A. (1971), *Living on the Earth*, Vintage Books Edition, New York: Random House（アリシア・ベイ=ローレル著，深町真理子訳『地球の上に生きる』草思社，1972 年）.

Belasco, W. J. (2007), *Appetite for Change: How the Counterculture Took On the Food Industry*, Second

Updated Edition, Ithaca: Cornell University Press.

Beveridge, W. I. B. (1957), *The Art of Scientific Investigation*, Revised Edition, New York: W. W. Norton & Company, Inc..

Bobrow-Strain, A. (2012), *White Bread: A Social History of the Store-Bought Loaf*, Boston: Beacon Press.

Borsodi, R. (1933/2012), *Flight from the City: An Experiment in Creative Living on the Land*, London: Forgotten Books. Originally published in 1933 by Harper & Brothers.

Brown, A. (2001), Counting Farmers Markets, *The Geographical Review*, 91 (4), 655-674.

—— (2002), Farmers' Market Research 1940-2000: An Inventory and Review, *American Journal of Alternative Agriculture*, 17 (4), 167-176.

Brown, D. (2011), *Back to the Land: The Enduring Dream of Self-Sufficiency in Modern America*, Madison: The University of Wisconsin Press.

Brown, E. E. (1970), *The Tassajara Bread Book*, Berkeley: Shambala Publications, Inc..

Brown, M. D. (2011), Building an Alternative: People's Food Cooperative in Southeast Portland, *Oregon Historical Quarterly*, 112 (3), 298-321.

Butz, E. L. (1971), Crisis or Challenge?, *Nation's Agriculture*, 46 (6), 19.

Case, J., & Taylor, R. C. R. (1979), Introduction, in J. Case, & R. C. R. Taylor (Eds.), *Co-ops, Communes & Collectives: Experiments in Social Change in the 1960s and 1970s* (pp. 1-13), New York: Pantheon Books.

Cassity, B., & Levaren, M. (2005), *The '60s for Dummies*, Hoboken: Wiley Publishing, Inc..

Cheney, J. (1985), *Lesbian Land*, Minneapolis: Word Weavers.

Cheney, M. (1975/2001), *Meanwhile Farm*, An Authors Guild Backinprint.com Edition, Lincoln: iUniverse.com, Inc.. Originally published in 1975 by Les Femmes Publishing.

Christensen, C. M. (1997), *The Innovator's Dilemma: When New Technologies Cause Great Firms to Fail*, Boston: Harvard Business Review Press.

Clark, E. A. (2001), A Passion for Pasture: An Alternative to Bulk-Commodity Agriculture, *Acres U.S.A.*, 31 (11), 28-31.

Cohen, L. (2004), *A Consumers' Republic: The Politics of Mass Consumption in Postwar America*, First Vintage Books Edition, New York: Random House, Inc..

Comptroller General of the United States (1980), *Report to the Congress: Direct Farmer-to-Consumer Marketing Program Should Be Continued and Improved*.

Cook, M. L. (1995), The Future of U.S. Agricultural Cooperatives: A Neo-Institutional Approach. *American Journal of Agricultural Economics*, 77 (5), 1153-1159.

Cox, C. (1994), *Storefront Revolution: Food Co-ops and the Counterculture*, New Brunswick: Rutgers University Press.

Crawford, P. (1975), *Homesteading: A Practical Guide to Living off the Land*, New York: Macmillan Publishing Co., Inc..

Cross, J. (1970), *The Supermarket Trap: The Consumer and the Food Industry*, Bloomington: Indiana

University Press.

Davison, B. (2018), *Farm to Table: The Supermarket Industry and American Society, 1920-1990*, Thesis (Ph.D), University of Virginia.

Deutsch, T. (2010), *Building a Housewife's Paradise: Gender, Politics, and American Grocery Stores in the Twentieth Century*, Chapel Hill: The University of North Carolina Press.

Dimitri, C., & Greene, C. (2002), Recent Growth Patterns in the U.S. Organic Foods Market, USDA Economic Research Service, AIB-777.

Dimock, M. E. (1960/2018), *Administrative Vitality: The Conflict with Bureaucracy*, New York: Routledge. First published in 1960 by Routledge & Kegan Paul Ltd.

Dobrow, J. (2014), *Natural Prophets: From Health Foods to Whole Foods - How the Pioneers of the Industry Changed the Way We Eat and Reshaped American Business*, New York: Rodale.

Dragonwagon, C. (1972), *The Commune Cookbook*, New York: Simon and Schuster.

Dudley, K. M. (2003), The Entrepreneurial Self: Identity and Morality in a Midwestern Farming Community, in J. Adams (Ed.), *Fighting for the Farm: Rural America Transformed* (pp. 175-191), Philadelphia: University of Pennsylvania Press.

Ehrenreich, B. (1983), *The Hearts of Men: American Dreams and the Flight from Commitment*, Anchor Books Edition, New York: Random House.

—— (2001/2011), *Nickel and Dimed: On (Not) Getting By in America*, new Afterward by B. Ehrenreich, New York: Henry Holt and Company. First published in 2001 by Henry Holt and Company.

Freeman, M. (2011), *Clarence Saunders & the Founding of Piggly Wiggly: The Rise & Fall of a Memphis Maverick*, Charleston: The History Press.

Friedman, A. (2018), *Chefs, Drugs and Rock & Roll: How Food Lovers, Free Spirits, Misfits and Wanderers Created a New American Profession*, New York: HarperCollins Publishers.

Fukuoka, M. (1978/2009), *The One-Straw Revolution: An Introduction to Natural Farming*, Preface by W. Berry, Introduction by F. M. Lappé, New York: New York Review Books. Originally published in 1978 by Rodale Press.

Gardner, B. L. (2006), *American Agriculture in the Twentieth Century: How It Flourished and What It Cost*, First Harvard University Press Paperback Edition, Cambridge: Harvard University Press.

Gardner, H. (1978), *The Children of Prosperity: Thirteen Modern American Communes*, New York: St. Martin's Press.

Gaskin, S. (1974), *Hey Beatnik! This is The Farm Book*, Summertown: The Book Publishing Co..

Gershuny, G. (2017), *Organic Revolutionary: A Memoir of the Movement for Real Food, Planetary Healing, and Human Liberation*, Second Edition, Joes Brook Press.

Gitlin, T. (1987), *The Sixties: Years of Hope, Days of Rage*, New York: Bantam Books.

Gosse, V. (2005), *The Movements of the New Left, 1950-1975: A Brief History with Documents*, Boston: Bedford/St. Martin's.

Hall, R. H. (1974/1976), *Food for Nought: The Decline in Nutrition*, Fist Vintage Books Edition, New

York: Random House. Originally published in 1974 by Harper & Row, Publishers, Inc..

Hamilton, S. (2018), *Supermarket USA: Food and Power in the Cold War Farms Race*, New Haven: Yale University Press.

Hewitt, G. (1977), *Working for Yourself: How to be Successfully Self-Employed*, Emmaus: Rodale Press.

Hightower, J. (1973), *Hard Tomatoes, Hard Times: A Report of the Agribusiness Accountability Project on the Failure of America's Land Grant College Complex*, Foreword by Senator J. Abourezk, Cambridge: Schenkman Publishing Comapany.

—— (1976), Hard Tomatoes, Hard Times: The Failure of the Land Grant College Complex, in R. Merrill (Ed.), *Radical Agriculture* (pp. 87-110), New York: Harper & Row, Publishers.

Horton, L. (1972), *Country Commune Cooking*, Illustrations by J. St. Soleil, New York: Coward, McCann & Geoghegan, Inc..

Houriet, R. (1971), *Getting Back Together*, New York: Coward, McCann & Geoghegan, Inc..

Inglehart, R. (1971), The Silent Revolution in Europe: Intergenerational Change in Post-Industrial Societies, *The American Political Science Review*, 65 (4), 991-1017.

Jacob, J. (1997), *New Pioneers: The Back-to-the-Land Movement and the Search for a Sustainable Future*, University Park: The Pennsylvania State University Press.

Jackson, C. (1974), *J.I. Rodale: Apostle of Nonconformity*, New York: Pyramid Books.

Jones, I. (1971), *The Grubbag: An Underground Cookbook*, Vintage Books Edition, New York: Random House.

Kauffman, J. (2018), *Hippie Food: How Back-to-the-Landers, Longhairs, and Revolutionaries Changed the Way We Eat*, New York: HarperCollins Publishers.

Knupfer, A. M. (2013), *Food Co-ops in America: Communities, Consumption, and Economic Democracy*, Ithaca: Cornell University Press.

Landis, R. (2018), Farmers' Markets, *The Oregon Encyclopedia* (https://oregonencyclopedia.org/articles/farmers_markets/#.XBmQO9v7SUk, 最終アクセス日：2019 年 9 月 25 日).

Lappé, F. M. (1971/1991), *Diet for a Small Planet*, Illustrations by M. Hahn, Twentieth Anniversary Edition, New York: Random House. Originally published in 1971.

Levenstein, H. A. (1988/2003), *Revolution at the Table: The Transformation of the American Diet*, Berkeley: University of California Press. Originally published in 1988 by Oxford University Press.

Light, P. C. (1990), *Baby Boomers*, Norton Paperback Edition, New York: W.W. Norton & Company.

Linstrom, H. R. (1978), *Farmer-to-Consumer Marketing*, Washington, D.C.: U.S. Department of Agriculture, Economics, Statistics, and Cooperatives Service.

Mackey, J., & Sisodia, R. (2013), *Conscious Capitalism: Liberating the Heroic Spirit of Business*, Boston: Harvard Business Review Press.

Marine, G., & Allen, J. V. (1972), *Food Pollution: The Violation of Our Inner Ecology*, New York: Holt, Rinehart and Winston.

Markin, R. J. (1963), *The Supermarket: An Analysis of Growth, Development, and Change*, Pullman:

Washington State University Press.

Marsh, D. B. (1963), *The New Good Housekeeping Cookbook*, Illustrations by B. Goldsmith, New York: Harcourt, Brace & World, Inc..

McKenzie, S. (2013), *Getting Physical: The Rise of Fitness Culture in America*, Lawrence: University Press of Kansas.

McNamee, T. (2007/2008), *Alice Waters and Chez Panisse: The Romantic, Impractical, Often Eccentric, Ultimately Brilliant Making of a Food Revolution*, Foreword by R. W. Apple, Jr., New York: Penguin Books. First published in 2007 by The Penguin Press.

Miles, B. (2003/2013), *Hippie*, London: Bounty Books. First published in 2003 by Cassell Illustrated.

Miller, T. (1999), *The 60s Communes: Hippies and Beyond*, Syracuse: Syracuse University Press.

Mills, C. W. (1951/2002), *White Collar: The American Middle Classes*, Afterword by R. Jacoby, Fiftieth Anniversary Edition, New York: Oxford University Press. First published in 1951 by Oxford University Press.

Mungo, R. (1970/2014), *Total Loss Farm: A Year in the Life*, Introduction by D. Spiotta, Seattle: Pharos Editions. Originally published in 1970 by E.P. Dutton & Co., Inc..

Nestle, M. (2013), *Food Politics: How the Food Industry Influences Nutrition and Health*, Foreword by M. Pollan, Revised and Expanded Tenth Anniversary Edition, Berkeley: University of California Press.

Nearing, H., & Nearing, S. (1970/1989), *The Good Life: Helen and Scott Nearing's Sixty Years of Self-Sufficient Living*, with a new Preface. New York: Schocken Books. Originally published with a new introduction and afterword in 1970 by Schocken Books Inc..

Osteen, C. (1993), Pesticide Use Trends and Issues in the United States, in D. Pimentel, & H. Lehman (Eds.), *The Pesticide Question: Environment, Economics and Ethics* (pp. 307-336), New York: Routledge, Chapman & Hall, Inc..

O'Sullivan, R. (2015), *American Organic: A Cultural History of Farming, Gardening, Shopping, and Eating*, Lawrence: University Press of Kansas.

Peck, A. (1985/1991), *Uncovering the Sixties: The Life and Times of the Underground Press*, Introduction by M. A. Lee, First Citadel Underground Edition, New York: Carol Publishing Group. Originally published in 1985 by Pantheon Books.

Price, R. (2011), Huerfano, in A. Bloom, & W. Breines (Eds.), *"Takin' It to the Streets": A Sixties Reader*, Third Edition (pp. 283-285), New York: Oxford University Press.

Pyle, J. (1971), Farmers' Markets in the United States: Functional Anachronisms, *The Geographical Review*, 61 (2), 167-197.

Rorabaugh, W. J. (2015), *American Hippies*, New York: Cambridge University Press.

Rosen, J. D. (1990), Much Ado About Alar, *Issues in Science and Technology,* Fall, 85-90.

Roszak, T. (1969/1995), *The Making of a Counter Culture: Reflections on the Technocratic Society and Its Youthful Opposition*, Fisrt California Paperback Edition, Berkeley: University of California Press. Originally published in 1969 by Doubleday.

Roth, M. (1999), Overview of Farm Direct Marketing Industry Trends, Agricultural Outlook Forum 1999, Presented February 22, 1999 (https://core.ac.uk/download/pdf/7075708.pdf, 最終アクセス日：2019 年 9 月 25 日).

Rozin, E. (1982), The Structure of Cuisine, in L. M. Barker (Ed.), *The Psychobiology of Human Food Selection* (pp. 189-203), Westport: Avi Publishing Company, Inc..

Simmons, T. A. (1979), *But We Must Cultivate Our Garden: Twentieth Century Pioneering in Rural British Columbia*, Thesis (Ph.D), University of Minnesota.

Simon, J. O. (2011), People's Park, in A. Bloom, & W. Breines (Eds.), *"Takin' It to the Streets": A Sixties Reader*, Third Edition (pp. 466-470), New York: Oxford University Press.

Smith, C. (1998), Responsible Journalism, Environmental Advocacy, and the Great Apple Scare of 1989, *The Journal of Environmental Education*, 29 (4), 31-37.

Snyder, G. (1968/1984), Buddhism and the Coming Revolution, in J. C. Albert, & S. E. Albert (Eds.), *The Sixties Papers: Documents of a Rebellious Decade* (pp. 431-433), New York: Praeger Publishers. Originally published in *Berkeley Barb*, November 15-21, 1968, p. 90.

Spiotta, D. (2014), Introduction, in R. Mungo, *Total Loss Farm: A Year in the Life* (pp. VI-IX), Seattle: Pharos Editions.

Stephenson, G. (2008), *Farmers' Markets: Success, Failure, and Management Ecology*, Amherst: Cambria Press.

Strait, G. (2011), What Is a Hippie?, in A. Bloom, & W. Breines (Eds.), *"Takin' It to the Streets": A Sixties Reader*, Third Edition (pp. 269-270), New York: Oxford University Press.

Thistlethwaite, R. (2010), Innovative Business Models Case Study Series No. 4, Organically Grown Company: Eugene and Portland, Oregon, and Kent, Washington, The Center for Agroecology & Sustainable Food Systems.

Thompson, V. A. (1969), *Bureaucracy and Innovation*, Tuscaloosa: The University of Alabama Press (ヴィクター・A. トンプソン著，大友立也訳『ビューロクラシーと革新』日本経営出版会，1970 年).

U.S. Bureau of the Census (1978), *Money Income in 1977 of Households in the United States*.

U.S. Department of Agriculture (1969), *Food for Us All: The Yearbook of Agriculture 1969*.

U.S. Department of Commerce (1975), *Historical Statistics of the United States: Colonial Times to 1970, Part 1*.

U.S. National Commission on Food Marketing (1966a), *Food from Farmer to Consumer*.

—— (1966b), *Organization and Competition in the Fruit and Vegetable Industry, Technical Study No. 4*.

—— (1966c), *Organization and Competition in Food Retailing, Technical Study No. 7*.

—— (1966d), *The Structure of Food Manufacturing, Technical Study No. 8*.

—— (1966e), *Cost Components of Farm-Retail Price Spreads for Foods, Technical Study No. 9*.

—— (1966f), *Special Studies in Food Marketing, Technical Study No. 10*.

Ulrich, H. (1989), *Losing Ground: Agricultural Policy and the Decline of the American Farm*, Chicago:

Chicago Review Press.

Veroff, J., Douvan, E., & Kulka, R. A. (1981), *The Inner American: A Self-Portrait From 1957 to 1976*, New York: Basic Books, Inc., Publishers.

Verrett, J., & Carper, J. (1974/1975), *Eating May Be Hazardous to Your Health*, Anchor Books Edition, Garden City: Anchor Press/Doubleday. Originally published in 1974 by Simon & Schuster, Inc..

Vivian, J. (1975), *The Manual of Practical Homesteading*, Emmaus: Rodale Press Book Division.

Wann, J. L., Cake, E. W., Elliott, W. H., & Burdette, R. F. (1948), *Farmers' Produce Markets in the United States, Part 1: History and Description*, Washington, D.C.: Untied States Department of Agriculture.

Waters, A. (1982), *The Chez Panisse Menu Cookbook*, New York: Random House.

Weber, K., Heinze, K. L., & DeSoucey, M. (2008), Forage for Thought: Mobilizing Codes in the Movement for Grass-fed Meat and Dairy Products, *Administrative Science Quarterly*, 53, 529-567.

Whyte, W. H. (1956/2002), *The Organization Man*, Foreword by J. Nocera, Philadelphia: University of Pennsylvania Press. Originally published in 1956 by Simon and Schuster, Inc..

Wilde, P. (2013), *Food Policy in the United States: An Introduction*, New York: Routledge.

Youngberg, G., Schaller, N., & Merrigan, K. (1993), The Sustainable Agriculture Policy Agenda in the United States: Politics and Prospects, in P. Allen (Ed.), *Food for the Future: Conditions and Contradictions of Sustainability* (pp. 295-318), New York: John Wiley & Sons, Inc..

Zwerdling, D. (1979), The Uncertain Revival of Food Cooperatives, in J. Case, & R. C. R. Taylor (Eds.), *Co-ops, Communes & Collectives: Experiments in Social Change in the 1960s and 1970s* (pp. 89-111), New York: Pantheon Books.

# あとがき

　本書の校正を行っている間，新型コロナウイルスの感染拡大が発生した。この世界中の人々の働き方や消費のありようが劇的に変化する状況を踏まえて，本書が読者にとって持つ意味について考えた。

　本書は，米国の有機食品流通業を立ち上げた若者達の働き方とその消費についてのライフストーリーである。1960 年代後半以降，高学歴でありながらも，ホワイトカラーという当時の米国で主流であった，いわゆるメインストリーム・ライフから逸脱を図った若者達は，自らがコントロールできる人生，また，自然環境と共生するシンプルなライフスタイルを求めて起業をした。彼らは，流通の「ずぶの素人」達ではあったが，自分が消費したい商品を自分で提供し，また，自ら理想とするライフスタイルで生きた結果，今日，有機食品産業という米国の成長産業が確立した。

　こうした約 50 年前の米国の若者達の生き方は，彼らと同じ時代を生きた日本の若者達にとっては羨望の的であったかもしれないが，簡単に真似できるものではなかった。それは，米国の若者達と比べて，日本の若者達は起業家精神が乏しかったからではない。むしろ，高度経済成長が続き，企業における終身雇用制度が確立し，外部労働市場があまり発達していなかった当時の日本においては，会社員を続けることの経済的メリットが明らかであり，一方，そういうメインストリーム・ライフから逸脱することのリスクとコストがあまりにも高かったことが重要な理由であろう。実際，石井淳蔵神戸大学名誉教授によれば，1980 年代を境に，小売商店主の所得レベルは，ホワイトカラー（技術者，管理職，事務職，販売員が含まれる）などのそれと比べてより低くなったため，小売商人の子供が商売を継がなくなったという（石井淳蔵『商人家族と市場社会──もうひとつの消費社会論』有斐閣，1996 年）。また，1990 年代に会社員をやめて有機農場「久松農園」を起業した久松達央は，会社を辞職した当時，周囲からは「大きい会社で未来が約束されているのに，なぜそんな無謀な道を歩むのか」と驚かれたと振り返っている（久松達央『小さくて強い農業をつくる』晶文社，2014 年）。高度経済成長期においては日本的雇用制度が安定したが故に，若者達は，たとえ会社員という働き方に違和感を，与えられる仕事に不満を持っても，「退屈」な仕事に耐え，消費に楽しみを見出すという道を選択して不思議ではなかろう。

　ところが，2000 年代以降，日本の経済と雇用情勢は確実に変化してきた。高

度な経済成長を望めなくなっただけではなく，経済成長が環境に，またクオリ
ティオブライフに与える影響自体が再考されるようになったのである。また，雇
用に関しては，非正規雇用が一般化し，またたとえ大手企業であっても終身雇用
を維持することがますます困難になっている。これらの変化は，新型コロナウイ
ルス以前も顕在化していたが，その動きは必ずしもラディカルなものではなかっ
た。しかしニューノーマルという新たな生活様式を採用せざるを得ない未曾有の
状況において，こうした変化に対応すべく，新しい生き方を選ぶことへのプレッ
シャーと期待が高まっている。新型コロナウイルスは，私達に強い不安やリスク
をもたらした。しかし同時に，新型コロナウイルスは新たな生き方を選ぶ機会を
提供していると考えられないだろうか。というのも，これからの日本において，
自らがコントロールできる人生とシンプルなライフスタイルへの追求は，現実的
な合理な選択肢のひとつとして考えられるようになったからである。このような
生き方を選ぶことによって個人の幸福度を高め，さらにイノベーションを引き起
こして社会に大きく貢献した50年前の米国の若者達のライフストーリーは，こ
れからの日本の多くの若者にとって生きた見本になると筆者は考えている。

　働き方に加えて，新しい消費のあり方についても，本書のメッセージは意義が
あると思われる。米国の若き起業家達が成功をおさめた背後には，バイ・ローカ
ル，すなわち地元・コミュニティの商品・サービスを買い，地元・コミュニティ
の組織をサポートすることを積極的に取り組んだ消費者が多数存在した。米国有
機農産物流通企業の発展の歴史において，バイ・ローカルの消費者達が，消費を
通じて起業家達に精神的かつ物質的なサポートを提供し，スタートアップの成長
を助走したことを本書は明確に示している。

　消費に関する意思決定，例えば，どのような商品やサービスを，どのような企
業から購入するかという意思決定は，多くの場合，他人だけではなく，その消費
者自身の雇用にも直接または間接的に影響を及ぼす。このことは，これまで日本
では必ずしも十分に強調されていないと思われる。地元・コミュニティの中小企
業を支持することは，住民・消費者自らのセーフティネットの強化につながる。
その理由は主に2つある。ひとつは，多くの地元の中小企業がその地域におい
て，起業を含め，多様な仕事の機会を提供するためである。米国有機農産物流通
企業の発展が示したように，地域の中小規模の流通企業はその地域において，
パートタイム販売スタッフだけではなく，各種管理職やバイヤーなど多様な仕事
の機会を提供している。こうして多様な経験を積んだ従業員のうち，自ら起業し
た人も多い。もうひとつの理由は，その地域で生活し仕事する中小企業の経営者
達は，仕事上も生活上も多くの支出を当該地域に投下するからである。これはま

た，地域における起業の機会を増やし，他の中小企業の発展を促進する。

　食品は興味深い商品である。というのも，食品は生活必需品であると同時に，飽食の時代になると消費者の選択の余地が高まる商品であるからである。住民・消費者による食品購入に関する意思決定は，地域経済の活性化が頼る手段，さらに住民・消費者自身の雇用の機会に大きな影響を及ぼす。セーフティネットの整備は，政府に頼るだけでは十分ではない。住民・消費者が，その地域において多様な仕事を提供し，起業家を生み出す地元中小企業をサポートすることで，災害や不慮の出来事に対応できる強靭な地域の形成に貢献できる。こうして住民・消費者自身が頼れるセーフティネットとなるのである。このことを本書を読み終えた読者が感じられるとしたら，筆者としてこれほど嬉しいことはない。

著　者

# 人名索引

# 事項索引

■著者紹介

畢　滔滔（びい　たおたお）

中国北京市生まれ。2000年，一橋大学大学院商学研究科博士後期課程修了。博士（商学）。東京理科大学諏訪短期大学（現・諏訪東京理科大学），敬愛大学経済学部を経て，現在，立正大学経営学部教授。2008年度カリフォルニア大学バークレー校都市地域開発研究所（IURD, UC Berkeley）客員研究員（Visiting Scholar）。2017年度ポートランド州立大学ハットフィールド行政大学院（Mark O. Hatfield School of Government, PSU）客員研究員（Visiting Scholar）。主要著作は『なんの変哲もない 取り立てて魅力もない地方都市 それがポートランドだった：「みんなが住みたい町」をつくった市民の選択』『チャイナタウン，ゲイバー，レザーサブカルチャー，ビート，そして街は観光の聖地となった：「本物」が息づくサンフランシスコ近隣地区』（白桃書房，2015年，日本商業学会・学会賞（奨励賞）受賞），『よみがえる商店街：アメリカ・サンフランシスコ市の経験』（碩学舎，2014年），「広域型商店街における大型店舗と中小小売商の共存共栄：『アメ横』商店街の事例研究」『流通研究』第5巻第1号（2002年，日本商業学会・学会賞（優秀論文賞）受賞）など。

■シンプルで地に足のついた生活を選んだ
ヒッピーと呼ばれた若者たちが起こした
ソーシャルイノベーション
　　　—米国に有機食品流通をつくりだす

■発行日——2020年11月16日　初版発行　　　　　〈検印省略〉

■著　者—— 畢　滔滔（びい　たおたお）
■発行者—— 大矢栄一郎
■発行所—— 株式会社　白桃書房（はくとうしょぼう）
　　　　　　〒101-0021　東京都千代田区外神田5-1-15
　　　　　　☎03-3836-4781　fax 03-3836-9370　振替00100-4-20192
　　　　　　http://www.hakutou.co.jp/

■印刷・製本—— 藤原印刷株式会社